JN115856

FASHION

BUSINESS

PerformanceTest
Official Textbook

ファッションビジネス
3級 新版

ファッションビジネス能力検定
3級 公式テキスト

\Grade/
3

一般財団法人 日本ファッション教育振興協会

刊行によせて

　ファッションビジネスは、その素材である繊維や服飾品を生産する業界から、デザイナーによる商品の企画、デザインを経て、生産・流通・小売に至るまで非常に広範囲にわたる領域に関わるものです。そして、これまでの経済の発展、消費動向の変化、技術革新、インターネットの拡充、企業の組織体制や経営方法の移り変わり等により、多様なビジネスモデルが展開されています。

　これらの広範囲で多岐にわたる業界で活躍していくためには、それぞれ高度な専門的技術や能力が不可欠です。

　ファッションビジネスにはもうひとつ、グローバルな視点が求められます。各国や各地域の動向や情勢の分析力、国際的なビジネスの知識や国際間取引の方法の習得などが必要になります。

　生産管理、物流システムやサプライチェーンの構築と運用にあたっては、マネジメント全般の理解と情報システムの設計や活用、また企業を経営する上での倫理性や社会性も重要視されています。販売活動による利益の管理に必要な経理の知識、また、生産活動の基礎となる原価計算や、経営のための税務の知識も必要です。さらに新しい事業の形態や市場開拓が常に求められており、それはクリエイションの領域としてとらえることができます。

　当協会が進めるファッションビジネス教育は、ファッションビジネスの世界に身を置き、そこで活躍するときに必要になる基本的な知識・技術を問う段階から、高度で専門的な知識・技術を必要とする商品企画から生産、流通、販売促進などに至るまでの、企画力、創造力、総合的な能力を要する段階までを範囲としています。

　現在、日本のファッション産業は、新型コロナウィルスの流行によりECのみが好調であるアンバランスな状況です。これまでのビジネス業態と人々の生活様相に大きな変革がある今日、世界の人々を引き付ける我が国ならではの創造性を育み、更に新しいビジネススタイルを積極的に提示できる人材の育成を期待します。

　このような社会状況において当協会発行の書籍が、ファッションビジネスの世界での活躍を望んでいる皆様のお役に立つことを願っている次第であります。

一般財団法人 日本ファッション教育振興協会

目 次

ファッションビジネス知識

ファッション造形知識

FASHION

BUSINESS

PerformanceTest
Official Textbook

ファッション
ビジネス知識

第 **1** 章

ファッションビジネスの概要

1. ファッションビジネスの定義と特性

1 | ファッションという言葉

今日の生活者は、「ファッション」という言葉を聞いて、"美しく装うこと"や"おしゃれに生活すること"など、個人の美的な生活表現を連想する。また一方で、"流行"や"トレンド"など、生活文化に関する社会の変化を連想する。

このように、ファッションという言葉は、①生活者の個性表現、②流行、そして③服飾の意味で使われる。

例えば「ファッションセンス」「ファッション表現」などは「①生活者の個性表現」の意味で、「ファッション予測」「ファッショントレンド」などは「②流行」の意味として使われている。また、「ファッション産業」「ファッションビジネス」(狭義に使われる場合)などは「③服飾」の意味で使われている。

① 生活者の個性表現

人間の生活表現を、生活をする人間の立場から捉えた場合であり、個性を生活で表現する行為である「生活者の個性表現」の意味。

② 流行

社会現象として捉えた場合で、その時々の価値観の共有現象、すなわち一定の期間に、一定の人々の間に普及する社会現象である「流行」の意味。

③ 服飾

生活者の個性表現や流行が最も顕著に表れる「服飾」の意味。

①と②の違いは、人間の生活表現を生活を営む人間から見た場合と、人間が生活する社会から見た場合の違いといえる。

2 | ファッションとファッションビジネス

このようなファッションの世界における、生活者の自分らしい生活表現を動機づけ、夢や感動といった「心の満足」を提供することが、ファッションビジネスの役割である。

もとより、ビジネスとは仕事や事業の意味で、商品やサービスを提供して収益を得

る活動のことである。ファッションビジネスは、生活者が「心の満足」を得るような商品やサービスを提供して、収益を得る活動といえる。

　つまりファッションビジネスは、「生活者に夢と発見を提案し、明日のファッション生活を創造する商品やサービスを提供することによって収益を獲得する、生活文化提案ビジネス」と定義することができる。ファッションビジネスとは、ファッションの世界を企業活動に置き換えることなのである。

3 ｜ ファッション商品、ファッションサービス

　「ファッション商品」とは何であろうか。「商品」とは「売買の対象になるもの」のことで、アパレルを例にとれば、工場で製造された段階までは「製品」であるが、市場で売買を期待できる対象になると「商品」と呼ばれるようになる。

　それでは「ファッション商品」とはどのような商品であろうか。一般には①衣服（アパレル）と②服飾雑貨の2つの商品分野に属する商品がファッション商品といわれている。しかし、広義にはテキスタイルや寝具・インテリアまでも含めることもある。

① アパレル

　衣服（apparel）の意味で、この言葉はアメリカの衣服産業が産業用語として使い始めたことに由来する。なお、アメリカでも日常会話では、クロージング（clothing）、クローズ（clothes）、ガーメント（garment）、ウェア（wear）などの言葉が衣服の意味で使われる。

② 服飾雑貨

　装身具（狭義のアクセサリー）、帽子、靴、バッグ、ベルトなど。

　次に「ファッションサービス」とは何であろうか。「サービス」とは、市場において取引される形のない対象のことである。しかし消費者は、最終的には衣服や靴など目に見える形となったファッション商品を購入する際に、実際にはサービスを含んだ価値に対して代金を払っている。消費者がファッション商品を購入するときに求めるサービスには次のような内容がある。

- ●商品そのものに含まれているサービス／デザイン、コーディネート提案、時代の感性、品揃えの選択肢、情報伝達など
- ●商品購入時のサービス／接客サービス、店の空間、商品の陳列、ディスプレイ、お直し、カタログ・DM、商品購入後のアフターサービスなど

4 ｜ ファッション企業と消費者、生活者

　消費者とは、「代価を払って、商品を使用、あるいはサービスを受ける人」のことである。また、ファッション業界では、消費者の別の言い方として、生活者という言葉がよく使われる。これは、人は単に商品を消費することを目的として生きているわけではなく、それ以前に生活を楽しんでおり、自らの生活を楽しむために商品やサービスを消費しているからである。

　一般にファッションビジネスに限らず、生活者に商品やサービスを提供するビジネスは、商品の「送り手」と、その「受け手」があって初めて成立する。商品の「送り手」であるファッション企業と、「受け手」であ

るファッション生活者（消費者）の関係を図示すると図1のようになる。

　この図には、2方向の矢印がある。右から左への矢印は、ファッション企業が商品やサービスを提案し、ファッション生活者がそれを購入するという流れである。一方、左から右への矢印は、生活者が商品やサービスの購買活動、着用行動を通じて生活ニーズを発信し、ファッション企業がそのようなニーズを情報として収集するという流れである。ファッション企業と生活者は双方向で交流していることを示している。

　以前、ファッション企業が衣服というモノを提供することに主眼を置いていた時代には、左から右への流れはあまり意識されていなかった。勘と経験によって「これなら消費者に受け入れられるであろう」と思う商品を生産し、大量に商品を供給していた時代には「生活者」のニーズがあまり重視されていなかったからである。

　しかし、生活者のファッションに対する意識が高まり、しかも多様化した今日のような時代には、生活者のニーズがつかめなければ、生活者に不便や不満を感じさせることになり、作った商品も売れ残ってしまう。「作った商品をさばく」「売場に揃えた商品をさばく」という考え方から、「ニーズに沿った商品を作る」「ニーズに沿った商品を揃える」という考え方へと変わり、ファッ

ション生活者とファッション企業が双方向でコミュニケーションをするビジネスへと変化したのである。

5 ┃ ファッションビジネスの特性

　生活文化提案ビジネスであるファッションビジネスは、他産業のビジネスと比較して、人間の生活場面により密着したビジネスであり、それに伴ういくつかの特性をもっている。なかでもライフスタイル提案、デザイン創造、情報受発信の3つは、大きな特性といえる。

① ライフスタイルを提案する

　ライフスタイルとは「生活様式」を表し、人々の生活の構造、意識、行動などの意味や、生活の仕方、暮らしぶりの意味でも使われる。したがって、ファッション企業のライフスタイル提案とは、衣服のウェアリング、コーディネーションなど、自らの生活様式を創造していこうとする生活者の意識を想定して、企業側がそのための生活メニュー、特にスタイリングメニューを提供することを意味する。ファッション産業が生活文化提案産業であるといわれる理由もここにある。

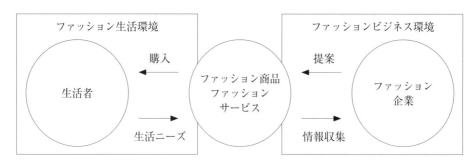

図1. 生活者とファッション企業の関係

② デザインを創造する

　ファッションの世界は、供給者（企業）によってつくられたデザインが生活者の「こころ」に訴え、生活者が自らの自由な精神と感覚によってそれを選択し、その生活者の「共感」「共鳴」によって広がっていく世界である。

　デザインはファッションをつくり、ファッションはデザインをつくる。両者が相互に刺激し合うことによって生活文化は進化していく。このようなデザイン創造とライフスタイル提案を、マーケットを通じて伝播させていくビジネスがファッションビジネスである。

③ 情報を受発信する

　図1（10頁）に示したように、ファッションビジネスは、企業と生活者が双方向にコミュニケーションをするビジネスである。

　生活者のファッションは、メディアを通して表現される。メディアとは、仲立ちをするものや、情報を伝える手段の意味で、媒体と訳されている。例えば情報を伝える新聞・テレビやインターネットなどがメディアであるが、生活者にとっては衣服も靴もバッグも、自分の描いたイメージを着装を通じて表現するメディアである。生活者は、そのようなメディア表現を通して、社会や企業にファッションの内容（コンテンツ）を発信している。

　一方、ファッション企業も、商品、人、空間から、インターネットに至るまでのさまざまなメディアを通して提案したいファッションの内容を表現する。企業も、社会や生活者に向けてファッションの内容（コンテンツ）を創造し、発信している。

　ファッションビジネスは、企業と生活者がお互いに情報を交換する、情報受発信型ビジネスとしての側面をもっている。

6 ｜ ファッションビジネスの創・工・商

　商品にかかわるビジネスに関しては、商品を製造する「工」と商品を販売する「商」に分ける考え方が一般的であるが、ファッションビジネスについては「創・工・商」の3つの機能で捉える考え方が強い。

　ファッションビジネスを担うファッション企業は、生活者に対してファッション満足価値を創造し提案することを目的としており、この目的を達成するために、「創」（クリエイション）、「工」（エンジニアリング）、「商」（コマース）の3つの機能を有機的に連携させながら、ビジネス活動を行っている。

　「創」とは、クリエイションのことで、広く企画業務のことを指す。要は、ソフトづくり、情報内容づくりといってもよい（商品開発の計画、商品構成の計画、デザインなど）。

　「工」とは、ハードを作ることである。例えば、アパレルや服飾雑貨などの生産を計画し実行する業務を指す。

　「商」とは、商うことで、消費者や取引企業に商品を買ってもらうことである（卸販売、小売販売など）。「商」があるからこそ、ソフトづくりやハードづくりの成果である商品が、消費者に使用（着用）されるのである。

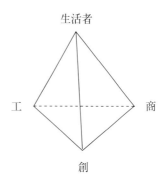

図2. 創・工・商と生活者の関係

なお、この「創・工・商」と、前述した「ファッション生活者とファッション企業の関係」を、3極を底辺にした三角錐で示すと図2のようになる。

7 | ファッションビジネスの広がり

近年、ファッションビジネスは、生活者のファッション進化により、アパレルのみならず、多様な分野へと広がっている。生活者のファッション表現は、アパレル、服飾雑貨、化粧品、インテリア、自動車のような製品だけでなく、美しい街並み、心が憩うレジャー、快適な日常生活など、生活全般にわたる。ファッションビジネスの領域は、時代の進化に伴って広がりつつある。

ファッションビジネスがこのような広がりを見せている背景には、日本経済のソフト化傾向がある。ソフト化とは経済活動の中で「目に見える形のあるモノの価値よりも、サービスや情報など形のないものの価値が高くなること」をいう。日本人のライフスタイルの変化に伴って、レジャー、教育、ファッションなど無形のものに対する社会的ニーズが高まっていること、及びそれを支えるITの進化やサービス業の発展なども影響を与えている。

現代の産業は、急速なグローバル化の進展と、快適な生活を求める生活者の欲求に引っ張られながら、単なるモノの製造・販売ではなく、理性や感性に基づいて情報内容を企画・生産・販売することに重きを置いた、知識集約型ビジネスの時代に突入している。このような知識集約型ビジネスの中でも、生活者に心の豊かさを提案するファッションビジネスは、ソフト化経済の代表的な産業として位置づけられる。

---

2. 繊維ファッション産業の概要

1 | ファッション企業のさまざまな分類

ファッション企業には、次の3つの分類方法がある。

① 段階による分類

ファッション産業は、アパレルに限定しても、アパレル素材である糸・生地の段階、アパレル製品段階、アパレル小売段階に大別できる（13頁の「2 川上・川中・川下（段階による分類）」で説明）。

② 業種による分類

業種とは、事業種目のことで、取扱商品の種類によって分類される。繊維産業を例にとれば、化合繊メーカー、アパレル企業、衣料品店などは業種別区分である。

また、アパレル企業も、レディスアパレル企業、メンズアパレル企業、スポーツアパレル企業などと細分類される。このような取扱う品目による分類を、業種分類という。

③ 業態による分類

業態とは、営業形態の略で、営業（ビジネス）の方式、商品構成、マーチャンダイジング手法などによって分類される。業態分類は、生活者に対してどのような満足価値を提案するか、どのようにビジネスを行うか、に

よって分類される。例えば、専門店、SPA、デザイナーズブランド、輸入卸商（インポーター）などは業態区分である。また小売段階では、百貨店、量販店、専門店などがあり、専門店にもセレクトショップ、ワンブランドショップなど、多様な業態がある。

2 | 川上・川中・川下（段階による分類）

アパレルは生地から作られるが、生地は繊維、糸から作られる。日本の繊維産業やアパレル産業では、繊維・糸、生地、製品などの供給企業の位置づけを川の流れに例えて、「川上・川中・川下」と表現することがある。

「川上・川中・川下」の解釈は、表1に示したように繊維素材業界とアパレル業界によって異なるが、今日では川中にアパレル産業を置き、その素材である糸・生地の段階を川上、小売段階を川下と解釈するのが趨勢である。

3 | 繊維産業の構成

繊維産業とは、繊維と糸を扱う繊維素材産業、生地を扱うテキスタイル産業と、アパレルをはじめ、タオル、寝具、インテリアなど繊維を用いた製品を扱う産業を総称している。ただし、繊維素材産業だけを、あるいは繊維素材産業とテキスタイル産業を総称して、繊維産業という場合もある。

もちろん、アパレルにも非繊維製のアパレルがあり、アパレル産業がすべて繊維産業に含まれるわけではない。多くのアパレル産業は繊維産業に含まれるが、ほかにレザーウェアや毛皮など他の産業に属するものもある。

なお、「繊維製品」とは糸や生地を用いて作られたものをいい、「繊維品」とは繊維製品に、糸、生地、わたなどを加えた場合の言い方である。

4 | 繊維素材産業とテキスタイル産業、商社

① 繊維素材産業

　i）化合繊メーカー

　　ポリエステル、アクリル、ナイロンなどの合成繊維や、アセテートなどの半合成繊維、レーヨンなどの再生繊維を生産する企業で、装置産業型の大企業である。

　ii）紡績企業

　　綿、毛、麻、化繊などの紡績糸（短

表1. 川上・川中・川下（段階による分類）

産業区分		企業のタイプ	アパレル産業の解釈	繊維素材産業の解釈
アパレル素材産業	繊維素材産業	・繊維・糸メーカー ・糸卸売業	川上	川上
	テキスタイル産業	・生地メーカー ・生地卸売業		川中
アパレル産業		・アパレル生産企業	川中	川下
		・アパレルメーカー		
アパレル小売産業		・アパレル小売業	川下	

繊維糸）を生産する企業をいう。紡績
企業には、化合繊メーカーを兼ねてい
る大企業もある。

iii）絹製糸企業

　　原料の繭から、生糸を作るメーカー
をいう。

iv）撚糸メーカー

　　糸に撚りをかけるメーカーをいう。

v）糸の染色業

　　糸の染色を行う企業をいう。

vi）糸商

　　生地メーカー、ニットウェア製造業、
アパレルメーカー等に、糸を販売する
卸売企業。

② テキスタイル産業

i）生地メーカー

　　織物、ニット生地、レースなどの製
造業をいう。織物の場合、織物メー
カー、機屋ともいう。

ii）生地卸売業

　　生地をアパレルメーカーなどに販売
する卸売業。このうち、生地のデザイ
ン、商品企画を行い、生地メーカーや
染色業者に生産・染色を委託する企業
を、テキスタイルコンバーターと呼ん
でいる。また、産地にある生地商を産
元卸売業（産元商社ともいう）、東京、
大阪、京都、名古屋など、生産地から
産物を集めて消費地へ送り出す集散地
にある生地商を集散地卸売業という。

iii）生地の染色・加工業

　　後染（生地染）の場合、織り上がっ
た生地を無地染めまたはプリントし、
染めが終わった生地に目的に応じて加
工を施して仕上げる企業を、染色・加
工業という。

③ 産地

　　以上のうち、生地のメーカーや染色・加
工業、ニットウェア製造業（後述）などは、
産地を形成している。産地とは、同一ない
しは同種の製品を生産する中小企業が集積
している地域をいう。具体的には、繊維、
雑貨をはじめ、食品、木工製品、陶磁器な
ど、生活関連製品を生産していることが多
い。繊維では織物、ニット製品、アパレル、
さらに織物でいえば長繊維織物、綿織物、
毛織物といったように細分化されている。

④ 商社

　　商社（商事会社）とは、卸売業のうち、
国内取引のみならず海外取引の比率も高い、
企業規模が比較的大きい企業を指す。

　　商社は、鉄鋼、石油、化学品、繊維、機
械、穀物、アパレル、雑貨、食品に至るま
でのあらゆる商品の輸出入や国内取引を手
広く行っている総合商社と、繊維専門商社
や機械専門商社などの専門商社に大別され
る。繊維業界ではもともと、企業規模が比
較的大きく、繊維原料から糸・生地・アパ
レルまでを手がけ、輸出入を行っている企
業を商社と呼んでいた。

　　総合商社の繊維事業部門や繊維専門商社
には、原料や糸の販売を行う部門、生地の
販売を行う生地部門、アパレルのOEM（相
手先ブランドによる生産）事業を行う部門、
海外の有名ブランドを取扱うブランド事業
部門などがある。

5 ｜ アパレル産業、服飾雑貨産業

① アパレル産業

　　アパレル産業とは、アパレルの生産と卸
販売に携わる企業群のことで、これらを合
わせてアパレル企業という。日本のアパレ

ル企業には、3つのタイプがある（表2）。

　i）ブランドを有し、商品企画・生産管理・販売管理と製造機能を担うアパレル生産企業

　ii）ブランドを有し、商品企画・生産管理・販売管理の機能を担うが、工場をもたないアパレルメーカー

　iii）OEMを中心としたアパレル製造業

　i）とii）の両タイプの中に、小売機能を有するSPA（アパレル製造小売専門店）がある。

　また、i）とiii）の製造機能をもつアパレル企業には、縫製企業とニットウェア生産企業がある。

表2. アパレル企業の3つのタイプ

	ブランド	商品企画機能	製造機能
i）	○	○	○
ii）	○	○	×
iii）	×	×	○

（詳細は「第3章 1. アパレル産業の概要」参照）

② 服飾雑貨産業

　服飾雑貨とは、アパレル小物と靴、カバン・バッグ、装身具などのことで、商品分野や品種、あるいは使用素材ごとなどに生産企業と卸企業がある。アパレル小物はネクタイ、スカーフ、マフラー、靴下、手袋、帽子などが、靴は紳士革靴、婦人革靴、ケミカルシューズ、ゴム靴、スポーツシューズなどが、それぞれの業界を構成している。

6 ｜ ファッションリテール産業、ショッピングセンター

① ファッションリテール産業

　「小売り」とは、「商品を小口に分けて、最終消費者に販売する活動」のことであり、「ファッション商品をメーカーや卸業者から仕入れて、一定のサービスを行いながら、最終消費者に販売する企業」をファッションリテーラー（ファッション小売企業）、その企業群をファッションリテール産業（ファッション小売業）という。

　小売業の業態は、まず有店舗小売業と無店舗小売業に大別できる。

　有店舗小売業は、1）総合的な生活提案を行う業態（百貨店、量販店など）、2）専門性を追求する業態（専門店）、3）低価格販売を志向する業態、4）利便性を追求する業態（コンビニエンスストアなど）、その他に大別できる。また無店舗小売業には、ネット販売などの通信販売のほか、訪問販売などがある。（詳細は「第3章 2. ファッション小売業とSCの概要」参照）

② ショッピングセンター（SC）

　小売業が集積した機能を商業集積といい、商店街や小売市場、共同店舗、ショッピングセンター等が挙げられる。なかでもショッピングセンター（SC）は、百貨店、量販店、専門店、ディスカウントストアなどの小売店が多数集まった大型商業施設である。

---

3. ファッションビジネスの歩み

1 ｜ ファッションビジネスの歩み

　ファッションは現在、世界中の主要都市で同質化が起きている。これは情報化の時代において、ファッション情報を消費者同士で共有できるようになり、また世界的な

物流も整ってきて、物の行き来も気軽に低価格で行われるようになったためである。しかし、日本のファッションの西洋化された現状のようなスタイルは、歴史としてはまだ浅く、急激な変化とともに今現在の形となっている。これまでの軌跡とともに、ファッションビジネスの変化を見ていく。

2 │ 1960年代のファッションビジネス

1960年代以前のファッションはオートクチュールやテーラーなどによるオーダーメイドで、婦人服と子供服は生地の小売りと家庭洋裁を中心に製作され、着用されてきた。1960年代に入ると、アメリカのチェーンストアの影響もあって、量販店が勢いづき、既製服の時代が始まった。

1960年代後半になると今日のファッションビジネスの原型が生まれる。それまでのオートクチュールを頂点とするファッションが、上から下へと伝わる構造であったのに対して、当時のファッションはヤング層が集まるストリートで自然発生的に形成され、下から上へと伝わってコレクションにまで影響を与えた。ミニスカートはその代表といえる。

既製服の広まりとともに、メンズは「VAN」や「JUN」などのブランドがブームとなり、レディスは後にアパレルメーカーと呼ばれるようになった総合卸商や専門卸が百貨店とファッション専門店とともに伸び始めた。海外デザイナーの商品も徐々に日本の百貨店で展開され始めるようになった。

この頃の消費者の商品知識やコーディネーション能力はまだ向上の途中にあり、企業がシチュエーションに合わせて提案するスタイルや世の中の流行がトレンドを形成し、「10人1色」の時代といわれていた。

3 │ 1970年代のファッションビジネス

1970年代にはレディスアパレルが急成長し、原宿を中心にマンションメーカーと呼ばれる小規模のファッションメーカーが勃興し始めた。これらは、その後のDCブランドとなっていく。DCブランドとは、デザイナーズブランドとキャラクターブランドの略称で、それぞれの頭文字を取って名付けられた。デザイナーズブランドとは、デザイナーの個性やクリエイションを前面に出したブランドのことで、「このブランドといえば、このデザイナー」というように、ブランドイメージとデザイナーが一致しているブランドを指す。キャラクターブランドは、デザイナーを前面に出すのではなく、デザインチームや企業によってブランドの世界観の演出やクリエイションを行っているブランドを指す。

1973年に発生したオイルショックによる消費の低迷を契機に、ファッション市場は変革する。高度経済成長を促した大量生産・大量消費により物質的な豊かさを得た消費者は、オイルショックの経験から消費行動を見直すようになり、個々人が個性をもったファッションライフスタイルを送ることに興味をもち始めた。消費者もアパレル業界も大量生産・大量消費のトレンドを意識した商品から、デザイナーズブランドのような個性的なデザインを好む傾向が出てきた。百貨店ではインショップが増え始め、ショッピングセンター（SC）やファッションビルも増えた。また、日本人デザイナーが海外で活躍し始め、国内ではニュートラブームやハマトラブームが起きたのも、この時期のことである。

消費者もアパレル業界も、「10人10色」の時代に入っていったのが、この頃だった。

4 | 1980年代のファッションビジネス

1980年代前半のDCブームに加えて、1980年代後半には円高を背景にインポートブランドブームが起こり、ブランドのロゴマークやロゴタイプをアピールするような商品が人気となった。DCブランドやインポートブランドの商品に接する機会が増える一方、個人が気軽に海外旅行に行けるようになったことで、海外のファッションに触れる機会が増え、テレビや雑誌などを通じてファッションに関する情報を簡単に手に入れられるようになった。情報とファッションアイテムのグローバル化によって、消費者の感性と知識はどんどん向上していった。

パリコレでは日本人デザイナーが人気になり始めた。量販店や百貨店ではプライベートブランド（PB）開発が本格化。カラスファッション、ボディコン、イタリアンカジュアル、渋カジなど、世の中の動きやムーブメントを映したさまざまなスタイルが登場した。東京コレクションがスタートしたのもこの時期である。

5 | 1990年代のファッションビジネス

1990年代には、DCブランドやインポートブランドがますます増え、海外旅行ブームが起き、メディアから情報を得る機会も増えて、消費者が自主的にファッション情報を収集・活用する流れが進んだ。自分自身の感性でファッションアイテムを選択し、自分でコーディネーションをする自己表現型のファッション消費が行われ始め、「人とは違う」「自分らしさ」などをキーワードに「1人10色」の時代となった。それに合わせて、独自の感性とバイアスでブランドの枠を越えて商品を集め、ファッションスタイルを提案するセレクトショップが増え、国内のSPA（アパレル製造小売専門店）も徐々に現れてきた。

バブル経済はファッション消費にも多大な貢献をしたが、1991年のバブル崩壊により、日本のファッションビジネスは2極化へ向かった。消費活動が低迷する中で消費者が求め始めたのが、「低価格で良い商品」であった。これにより、消費者の肥えたファッション知識に合わせてファッション企業が価格競争をする時代へと変容した。その流れから、紳士服のロードサイド店がシェアを拡大していった。

また、狭義のアパレルと服飾雑貨のみならず、衣・食・住をカバーした広義のファッションを提案する企業が増え始めた。アパレルを中心に集積していた百貨店やSCは、食やエンターテインメントなどを含むライフスタイル全般のテナントや商品を集め、消費者に提供し始めた。

この時期のキーワードとして、セレクトショップの台頭、日本初のアウトレットモールの登場、インディーズの台頭、ストリートファッションの浮上、裏原宿のカリスマショップの台頭、109系ファッションの台頭などが挙げられる。

6 | 2000年代のファッションビジネス

2000年代には、セレクトショップのPB商品が急増した。リーマンショック（2008年）の影響を受けながらも、それらは消費者に支持された。また、国内のファッション供給量に占める輸入製品の割合が90％を超える一方、日本のブランドは巨大消費市場となった中国へ進出し始めた。さらに銀座にはラグジュアリーブランドストリートが、表参道にはラグジュアリーブランドショップ

の集積ができ、都市部には都心型大規模商業施設が次々にオープンした。

都心型大規模商業施設

2005年には、国の政策によって冷房の節約に対応した夏場の軽装「クールビズ」がスタート。ノーネクタイ・ノージャケット・半袖シャツの着用推進に伴い、紳士服のスタイルが変化した。また、若年層に向けたリアルクローズ系のファッションショーイベント（東京ガールズコレクション）が誕生。ファストファッションが大流行し、感性が高くなった消費者のニーズやウォンツを満たすためにSPAやセレクトショップが次々に登場した。その一方、百貨店は売上げ不振を背景に経営統合が進んだ。

その後、最新のトレンドを低価格で提供する海外資本のファストファッションによる日本進出などグローバル化が進行すると同時に、アパレル、ファッション雑貨、飲食などを複合したライフスタイル提案型業態が増加し、ボーダーレス化も起こり始めた。

7 | 2010年代のファッションビジネス

2010年代に入ると、東日本大震災、気候異変、社会問題などが消費者に心理的・経済的な変化をもたらした。これによって消費者は、ファッションアイテムに対して量や安さより、質や意味という価値を求めるようになった。企業や生産背景の透明性が重視され、良いモノを長く使う、モノを大切に使うという日本人の精神性や文化に回帰するような動きも見られるようになった。消費行動が自らの価値観を表現する手段となっていったのである。

モノの買い方も多様化した。リアルではトラフィックチャネルが注目される一方で、スマートフォンやSNSが浸透し、ネット通販が普及して、ショールーミングやウェブルーミングが普通になった。ショールーミング（showrooming）とは、商品の購入を検討する際に、リアルショップで現物を触ったり、試着したりして品質やサイズなどを確かめてから、その店ではなくECショップで買うという購入スタイルのこと。ウェブルーミング（webrooming）はショールーミングの逆で、ECサイトや商品が掲載されているウェブマガジンなどで商品の詳細を調べたうえで、リアルショップで買うという購入スタイルをいう。

SNSやウェブを活用したD２Cブランドも出てきた。D２CとはDirect to Consumerの略で、企業やブランドが企画・製造した商品をリアル店舗・ウェブを問わず、他企業を中継することなく、自社のECサイトで消費者に直接販売するビジネスモデルのことをいう。ウェブ上の自社メディアやSNS等でファンを集め、販売している。在庫をもたずに受注販売を行うブランドもある。また、サステナビリティ（持続可能性）を前提に立ち上げられたブランドも増え、消費者もその考え方を支持して商品を購入したり使用したりし始めている。

4. 今日のファッションビジネスの動向

1 | 顧客と顧客満足

　顧客とは、自社の商品やサービスを購入してくれる消費者や取引先企業などを指す。ファッション業界では、単に購入してくれるだけではなく、商品を愛用してくれている消費者を指して、顧客と呼ぶこともある。

　顧客満足はCS（Customer Satisfaction）とも呼ばれ、顧客が製品やサービスを提供された際に感じる満足の程度をいう。顧客満足度が高ければ、ブランドのファンになってくれたり、商品を多く購入してくれる上顧客になったりする。

　顧客満足度は、企業の経営にも影響する。だからこそ企業は、顧客満足度を高めるために、「5適（適品・適所・適時・適価・適量）」と質の高いサービスを提供していく。市場にファッション商品やブランドが多数存在している中で、消費者の満足を高めていくためには、消費者が抱えている不満や悩みを分析して解決に導く、消費者目線の商品とサービスの提供が求められる。

2 | ファッションの進化と消費者

　ファッションの多様化が進み、消費者のファッションアイテムの選択方法も多様化した。ファッション企業が提案するファッションスタイルも、低価格だが流行を取り入れた商品から、高価格のラグジュアリーブランドの商品まで多様化し、消費者の選択肢は広がった。

　これに伴い、消費者のファッションスタイルも多様化した。低価格商品と高価格商品の組み合わせ、ジャンルやスタイルの違うブランドの組み合わせ、レディス・メンズ・キッズの枠を越えた組み合わせ、さらに古着や親からのお下がりなどを取り入れるなど、個人が自分の好きなファッションアイテムを自由に組み合わせて楽しむ時代になった。

　商品の買い方も変わった。インターネットでファッション商品を探し、購入することが容易になった。海外の企業が運営するサイトで注文すれば、海外からも商品が届く。海外に住む消費者とのやりとりをスムーズに行えるようにする企業向けのサービスも増えたことから、日本にある企業が海外在住の消費者に販売することへのハードルも低くなった。グローバルな店舗展開をする企業では、国ごとの価格設定をフラットにすることで、消費者がどこの国にいても、オンラインでもオフラインでも、同じ商品を同じ価格で買えるようにする動きも出てきている。

　ファッションアイテムの所有の仕方も、選択肢が増えた。購入せずにレンタルしたり、レンタルしてから購入したり、購入して数回着用した後にすぐに売るなど、以前のように購入・所有して楽しむだけではなくなった。レンタルする場合も2〜3日から、月額や年額などのサブスクリプションなど、期間やアイテム数もさまざまなサービスがある。スタイリストが選んでくれたり、カウンセリングやアドバイスをしてくれるなど、消費者に重宝されているサービスもある。

3 | グローバル化とボーダーレス化

　政治・経済、文化などさまざまな側面で、従来の国・地域の垣根を越え、地球規模で資本や情報のやりとりが行われるようになった。ファッション業界では、海外のブランドが日本国内に店舗をもつ、日本のブランドが海外に店舗をもつ、セレクトショップや百貨店が海外の商品を取扱うといった形でグローバル化が進んでいる。

　現在はインターネットを通じて、簡単に海外のウェブサイト上で買物ができるようになっている。個人も企業も、海外のデザイナーやブランド、企業と気軽にやりとりできる時代である。消費者はウェブ上でさまざまなファッション情報を得られるため、より効率良く、自分の好みや都合に合った情報と商品を見つけて、自ら購入することができる。個人が商品やブランド、サービスの内容についての感想を自由に発信できるようになり、そうした情報を企業が収集・分析して商品やサービスの開発に活用するようにもなっている。

　このように情報の受発信が容易になり、国と国、さらに個人と企業の際（きわ）もボーダーレスになってきている。ボーダーレス（borderless）とは、境界や国境がない、または意味をなさないことで、ボーダーレスになることをボーダーレス化という。

　ファッション業界でも、業種のボーダーレス化が起きている。アパレル企業は今や、アパレル商品だけでなく、さまざまな事業を展開している。狭義のファッションアイテムの域を越えて、ライフスタイル全体を演出するカフェやレストラン、家電やIT、ホテルや住居、またコンサルティングや人材教育など、幅広く事業を展開する企業も出てきている。以前はファッションアイテムしか市場との接点がなかったが、より消費者

の生活の中に入ることで、ブランドの世界観を楽しんでもらったり、ブランドを覚えてもらったり、ブランドを思い出してもらう機会が増え、企業やブランドのブランディングにもつながっている。

4 | ITとファッション

　IT（Information Technology）を駆使したファッションビジネスが、どんどん生まれている。それに伴い、販売スタイルも多様化している。ECサイトでの販売はもとより、ウェブ上でライブ形式で消費者とコミュニケーションを取りながら販売を行うスタイルや、スマートフォン越しに店内を歩いているように買物が行えるサービスなども出てきている。

　また、商品を所有して楽しむだけでなく、消費者同士でシェアしたり、売買したりするサービスもある。定額制のファッション商品の配送サービスを行ったり、リアル店舗であっても商品の在庫をもたず、サンプルだけを配置しておくショールームのような店舗も出現している。試着はリアル店舗で行い、在庫管理・配送・決済等は倉庫と連動させ、携帯端末上などで完結するスタイルの販売など、ITを活用した新しいビジネスモデルが増えてきている。

5 | 環境とファッションビジネス

2013 年にバングラデシュのラナプラザで起きた縫製工場の崩落事故から、より一層、エシカル的な考え方や環境の持続性を考慮したサステナブルな思想や行動がファッション業界に浸透し始めている。物があふれている現在、ファッションに対する価値判断や商品選択の軸として重視する企業や消費者が多くなった。

① エシカル

エシカル（ethical）とは、「倫理的」「道徳上」という意味で、環境だけではなく、人や社会、地域という自分たちを取り巻くすべてのものに対して、多くの人が考える良識にしたがって考えよう、行動しようという概念である。スウェットショップや未成年者・子供の労働問題などを改善し、安定した仕事の供給と安全な環境を保証するフェアトレードなどもある。スウェットショップ（sweatshop）とは、労働者を低賃金で劣悪な労働条件のもとで働かせる搾取工場のことを指す。開発途上国であることが多いが、米国などにも存在する。

② フェアトレード

フェアトレード（fairtrade）とは、文字通り「公平・公正な貿易」をいい、原料や製品の適正価格での取引を保証することで、立場の弱い生産者や労働者の生活改善と自立を目指す貿易の仕組みである。生産性を上げるために大量の農薬を使用することで、土や水などの自然環境や生産者の身体がむしばまれてしまう事態が起きている。フェアトレードでは、環境と人にやさしく、品質の良いものを生産し続けるために、生産者の労働環境や生活水準を保証しながら貿易を行っている。

国際フェアトレード認証ラベル

③ サステナブル、サステナビリティ

サステナブル（sustainable）とは「持続可能な」の意で、「人間・社会・地球環境の持続可能な発展」という意味で使われる。

世界のファッション業界では、大企業だけでなく、中規模のブランドも、スタートしたばかりの小規模のブランドも、サステナビリティの向上を最重要課題として位置づけている。環境問題、人口問題、資源枯渇、廃棄物などの社会問題を解決する循環型経済を行う循環型社会になるように、企業やブランド、コミュニティ、消費者、団体、政府、国などが情報を共有し合って、協力している。

④ さまざまな取り組み

枯渇していっている天然資源の代わりとなる素材として、リサイクル繊維などのサステナブル素材が開発されている。また、オーガニックコットンは一般綿と比較して生産量は少ないものの、近年の環境問題に見合って注目が高まっている。

日本オーガニックコットン協会によれば、オーガニックコットンとは「オーガニック農産物等の生産方法についての基準に従って 2 ～ 3 年以上のオーガニック農産物等の生産の実践を経て、認証機関に認められた農地で、栽培に使われる農薬・肥料の厳格な基準を守って育てられた綿花のこと」としている。

リサイクル繊維にはさまざまな取り組みが見られる。売れ残った在庫の焼却処分を中止したブランド・商品や回収した製品をリメイクしたり、繊維に戻して再度製品としてよみがえらせるプロジェクトを行うブランド、さまざまな素材が混じり合った混紡素材のリサイクルを行うための技術開発、マイクロプラスチックなどのごみ問題と向き合い、捨てられたプラスチックや店舗などで回収した衣服から再生した繊維で商品を作るプロジェクトなどがある。

企業も消費者もファッション業界にかかわる者としての責任ある理解と行動が求められてきている。

特定非営利活動法人 日本オーガニックコットン協会（JOCA)

● 環境と人にやさしいオーガニックコットンの栽培・生産を支援し、その製品の普及を促進し、オーガニックコットンの正しい理解を推進します。
● オーガニックコットン製品の製造工程が 人と環境にやさしく、地球への負荷を減らしていくことを目指しています。
● 日本国内のオーガニックコットン栽培を応援し、国内生産量の増加を進めます。
● JOCAマークのついている製品は、日本の技術と感性を活かして日本で製造しています。

※ JOCA 活動内容より

FASHION
BUSINESS

第2章

ファッション生活・
ファッション消費

1. 消費者行動とファッション表現

1 ｜ 消費と消費者行動

① 消費と消費者

　消費とは「欲求の直接・間接の充足のために財貨を使用したり、サービスを利用したりすること」で、ひと言でいえば「お金を支出して、物やサービスを購入すること」である。したがって、消費者とは「商品やサービスを消費する人」、言い換えれば「代価を払って、商品を使用、あるいはサービスを受ける人」を指す。消費者には最終消費者と産業消費者の両方が含まれるが、そのうち最終消費者は、アパレルであれば「アパレルを購入して、着用したり、利用したりする人」をいう。

　なお、ファッションビジネスの世界では、生活を楽しむ観点から消費活動を捉える場合に、生活者という用語が使われる。

② 消費者行動

　消費者行動とは、商品やサービスを獲得し、利用し、廃棄することに関する活動のことで、前後の意思決定の過程も含まれる。

　ファッション分野の消費者行動には、購買行動（バイイング行動）、買物行動（ショッピング行動）と、ファッション商品を利用するファッション生活行動がある。

　購買行動とは、購買場面の行動のことで、商品やサービスを選択し、入手する行動であり、さらに商品やサービスを選択する以前の情報入手活動も含む。

　買物行動とは、どの買物施設（または買物メディア）を選択するかという行動である。具体的には、どの街で買うか、どの商業施設で買うか、どのような形態の店で買うか、どの店で買うか、どのサイトで買うか、いつ買うか、などの行動である。

　また、ファッション生活行動とは、消費者が購入した商品をどのように生活場面で利用・活用しているのかという行動である。商品を購入しようとする消費者が、どのように生活しているのかという行動も含まれる。

　「心の満足」を提案するファッションビジネスでは、消費者の購買行動のみならず、購買前の買物行動や生活行動、購買後の生活行動を把握することが大切である。

2 | 生活者のファッション生活・ファッション消費

① ファッション生活者のニーズ

　消費者のものに対する要求を、消費者ニーズという。この消費者ニーズは、今日ではファッション生活行動から発生することが多くなってきている。すなわち、ファッション生活者の「その時々の生活の局面に合わせて、自分らしい服飾を表現したい」という、ファッション生活行動におけるニーズが、ファッション消費行動に大きな影響を与えている。

　今日のファッション生活者は、自分の個性に合ったものを選択し、自分らしく表現することを重視する傾向がある。企業の提案をそのまま取り入れるのではなく、自分でコーディネートして着装する傾向が強まっている。また、デザインや感性など「心の満足」を重視して商品を選択する傾向も強くなっている。それだけ消費者ニーズは多様化しており、ファッション生活行動におけるニーズを理解することが、ファッションビジネスでは重要になってきている。

　ファッションビジネスでは、ニーズのほかに、ウォンツ（欲求）という言葉が使われることがある。その場合、ニーズとは生活者の状況判断、過去の経験、現状の分析など客観的な条件から割り出した必要性を指し、ウォンツとは内面から出てくる主観的な欲求・願望を指している。

② 生活者のファッション表現

　ファッション生活者の服飾表現のニーズ（図3）には、ⅰ）生活のニーズとⅱ）自己表現のニーズ（自己表現欲求）の2つのニーズが大きく影響する。

ⅰ）生活のニーズ
　　生活場面（オケージョン、TPO）に大きく左右される。例えば、職場で自分を表現する衣服と、週末のプライベートな生活場面で着用する衣服は異なる。生活者は、それぞれの生活の場面によって気持ちのもち方が異なり、それに応じた着こなしをするからである。

ⅱ）自己表現のニーズ（自己表現欲求）
　　生活者自身のパーソナリティや、その時々の気持ちが影響している。例えば、着用する衣服にこだわりをもち、他人とはひと味違う装いをしたいといったニーズが、自己表現のニーズである。

　生活者の自分らしいファッション表現は、このような自分自身の服飾表現のニーズのみならず、社会の変化であるファッション変化（流行）の影響も受ける。ファッション変化を受け入れるか拒否するかは、その時々の気持ちのもち方に大きく左右されるが、いずれにしても自分らしいファッション表現とは、意識するしないにかかわらず、ファッション変化と大きく関係している。

図3. ファッション生活者の服飾表現のニーズ

3 | マズローの欲求の5段階とファッション消費

人間の欲求には、身体的欲求と精神的欲求があるが、そのような人間の欲求を説明した学説に、マズローの欲求の5段階説（図4）がある。

① 生理的欲求

人間が生きていく上で、生存できる環境（太陽、空気、水、食料、睡眠など）が必要であるが、それを維持するための欲求が生理的欲求である。

② 安全と安定の欲求

生理的欲求が満たされると、より安全な状況のもとで、外界からの脅威を受けずに生きていきたいという安全の欲求をもつ。衣服に対しては、気温の変化に対応したり、皮膚を清潔に保ったりする、保健衛生的な機能が最優先される。

③ 所属と愛の欲求

こうした身体的な欲求が満たされてくると、次に精神的欲求が生まれるが、ここからがファッションに対する欲求である。第3段階の欲求である「所属と愛の欲求」は、人間がある社会集団に属していたい、家族とともに生きたいという欲求で、生活行動でいえば「人と同じでありたい」とする欲求である。衣服を選ぶにあたっては、人と同じ衣服を着たい、流行の衣服を着たいとする欲求が強くなる。

④ 自尊心と尊敬の欲求

所属と愛の欲求が満たされれば、そうした社会集団の中で、自分は他人から目立ちたい、尊敬されたい、という第4段階の「尊敬の欲求」が生まれる。衣服を選ぶにあたっては、人から注目を浴びる衣服、人から尊敬される衣服を着たいとする欲求が強くなる。

⑤ 自己実現の欲求

この尊敬の欲求が成熟してくると、自分らしい生き方や生活の仕方に基づいて生きたい、生活したいとする「自己実現の欲求」が芽生えてくる。自分の目的を追求して努力することの、充足感や生きがいである。ファッションの世界では、自分自身の生活空間で「美」を追求する欲求が、自己実現の欲求である。

ファッション表現は、人間が生存、安全といった物質的レベルで充足していることを前提に、最終的に人々の心の中に芽生えてくる、自由な精神活動と結びついた自己実現の欲求を、衣生活などで充足させる表現なのである。

図4. マズローの欲求の5段階

4 | 家計と消費

収入を一緒にして暮らしている人たちは、消費の面では1つのまとまり、単位になっている。その単位が家計である。また、財布だけでなく、住居もともにする単位を世帯という。

家計を維持する、つまり経済的に自立し

て生活するには、生活に必要な収入を得な
ければならない。収入（実収入）には、勤
務先からの収入や、自営業で得る利益など
のほかに、利子や配当などの財産収入や社
会保障給付などがある。

　収入は、支出や貯蓄などに向けられる。
支出には、消費支出（衣・食・住などの生
活費）と、非消費支出（社会保険料や税金）
がある。そして、実収入から非消費支出を
差し引いた金額を可処分所得という。

　この可処分所得のうち、消費支出の占める
比率を消費性向という。消費性向が高ければ
消費支出の割合が高く、消費意欲が高いとい
うことになる。また可処分所得のうち、貯蓄
の占める比率を貯蓄性向（貯蓄率）という。

　可処分所得＝実収入－非消費支出

　$消費性向 = \dfrac{消費支出}{可処分所得} \times 100$

5 ｜ エシカル消費

① エシカル消費とエシカルファッション

　エシカルとは「倫理的な」という意味で、
「法律などの縛りがなくても、みんなが正し
いと思っていること」を表している。そして
「エシカル消費」とは、その商品を購入する
ことで、世界の課題である環境や貧困や人
権の問題に貢献し、そうではない商品は購
入しないという消費行動である。

　エシカル消費の対象となる商品の中に、エ
シカルファッションがある。エシカルファッ
ションとは、生産にかかわるすべての人と
地球環境に配慮したファッションのことをい
う。例えば、労働搾取をしない、環境破壊
の問題に取り組むといった、倫理的な基準の
もとに作られているファッションである。

② シェアリングエコノミー

　エシカル消費の高まりに合わせて、
- ものを極力もたない
- ものを長く使う
- ものを借りる

といった生活も注目されている。

　このうち、欲しいものを購入するのでは
なく、必要なときに借りればよい、他人と
共有すればよいという考えをもつ人やニー
ズが増えている。このようなニーズに応え
る、物・サービス・場所などを、多くの人
と共有・交換して利用する社会的な仕組み
をシェアリングエコノミーという。

③ サステナブル

　サステナブルとは、持続可能である様の
ことで、特に地球環境を保全しつつ持続が
可能な産業や開発などについていう。

　近年ではファッション業界でも注目され
ており、天然素材に頼らないものづくりや、
最新のリサイクル技術を用いて廃棄物から
新しいアイテムを生み出す、質が良く長く
愛用できるような服を作る、などの取り組
みを指している。

④ 3R

　環境配慮に関するキーワードに「3R」、
すなわちリデュース（reduce）、リユース
（reuse）、リサイクル（recycle）がある。

　リデュースは「減らす」という意味で、ご
みを減らす活動のことである。同じものを長
く使うことや、無駄なものを買わないことを
指す。また、製造や販売の段階で廃棄物が
少なくなるように工夫すること、不良品在庫
を少なくすることも、リデュースに含まれる。

　リユースは「再利用」という意味で、使
えるものを繰り返し使う、あるいは古着など
中古品として流通させることや、修理して
再利用することも含まれる。

リサイクルは「再資源化」といった意味で、ごみとして出たものを焼却したりして廃棄するのではなく、資源に戻して再び原材料として使うことである。

6 ┃ 消費者問題

消費者は、生活の欲求を満たすためにさまざまな商品を購入しているが、この商品を生産し販売するのは企業である。しかし消費者は企業に比べ、商品に対する知識が十分ではないことも多く、組織力・資金力も小さい。企業が消費者のことを考えずに生産や販売を行えば、時として消費者は不利益や被害を受けることになる。これが消費者問題である。

消費者問題は、かつては商品の安全性や品質、表示に関するものが多かったが、最近では無店舗販売（訪問販売、通信販売など）の増加とともに、商品の販売方法、契約、サービスに関する被害も増えている。

商品の安全性に関しては、製造物責任法（PL法）があり、欠陥商品による事故で消費者が被害を受けたとき、消費者は製造業者や輸入業者にその責任を負わせることができる。

また、契約に関するトラブルを防止するためには、訪問販売法や割賦販売法がある。訪問販売法では、消費者を保護するクーリングオフの権利を認めており、一定期間内であれば消費者が一方的に解約できる制度である。

---

2. ライフスタイルとファッション

1 ┃ ライフスタイル

ライフスタイル（lifestyle）とは、人々の生活の仕方、意識、思考、行動、人生観、信条までを包括する用語である。「生活全般に対する価値観の型」を意味し、生活の中で何を重視するかを表す。

人々の考え方や生活のスタイルは多様化し、性別、年齢、学歴、職業といったデモグラフィック（人口統計学的）な分類方法では消費者のニーズや細分化された市場の実態をつかむことができなくなっている。それに代わって登場したのがサイコグラフィック（心理学的）な分類・分析法で、その1つがライフスタイル分析である。この手法によって、個人や特定のグループがどのような生活をしているか、あるいはした

いと考えているかが行動心理学的に捉えられるようになった。

ライフスタイル分析の代表的な方法には下記がある。

- 商品やサービスの「購入と使用方法」による分析
- 商品に対して、どのような価値と意味を見つけ、どのような期待をしているかという「利益」による分析
- 活動・関心・意見といった広範囲な「生活の面」からの分析
- 「心理的」な分析
- 「性格や気質などの特徴」による分析

ファッション業界では、市場や消費者の分類・分析にこのライフスタイル分類やライフサイクル分類（後述）などを組み合わせて使うことが多い。生活の中でデジタル

化が進むにつれ、ライフスタイルや消費の
あり方はより一層多様化しており、多面的
な視点での考察が必要となっている。

2 | ライフスタイルの変化

　人々のライフスタイルは、10人1色であっ
た1960年代までに対して、1970年代以降
は高度経済成長によって生活水準が高まり、
国民全体に"中流"の意識が生まれ、ライ
フスタイルもまた多様化していった。生
活の豊かさが10人10色のライフスタイル
を生み、さらに1人10色となり、衣・食・
住・遊・休・知・美といった生活全般で
中級以上の商品やサービスを求めるように
なった。その後、1990年代初頭のバブル経
済崩壊、2008年秋からの世界同時不況は中
間層を減少させることになったものの、ライ
フスタイルの多様化はますます広がること
となった。

　そして、2010年代のインターネットの浸透・
拡大はライフスタイルの変化を加速させるこ
ととなる。若年層を中心に商品やサービスを
ネットショップで購入することが当たり前と
なり、使用して満足することを目的に消費す
るのではなく、SNSに投稿して共感してもら
うことを目的に消費するという現象も生まれ
た。また、情報についてもマスメディアから
でなく、独自のコミュニティや影響力のある
個人から得るなど著しく変化している。

　ライフスタイルが多様化する中で着実に
増えているのが、環境・社会・経済などを
考慮したエシカルな消費への支持である。
大量生産された物より原料から生産工程ま
での追跡が可能なトレーサビリティに取り
組んだ物を選んだり、フリマアプリなど二
次流通システムを利用したり、フェアトレー
ド商品を意識的に選択したりなどは、その

象徴といえる消費者意識、消費者行動とい
える。今後はサステナビリティ（持続可能
性）やSDGs（持続可能な開発目標）への取
り組みが活発になることから、さらにエシカ
ルな消費やライフスタイルへの関心が高ま
るだろう。

3 | 4つのファッション空間

　ライフスタイルが多様化することで、ファッ
ションビジネスはアパレルのみならず、さま
ざまな分野へと広がりを見せている。生活
者のファッション表現は、アパレル、服飾
雑貨、化粧品、インテリア、自動車のよう
な製品だけでなく、街並み、日常生活、休
暇の過ごし方など生活全般、つまりライフ
スタイル全般にわたる。ファッションの領域
はライフスタイルの多様化とともに広がると
いえる。

　ファッションの領域は「4つの生活空間」
として分けられ、人間の皮膚に近い順に、
第1、第2、第3、第4と設定されている。

① 第1の生活空間／「ヘルシー＆ビューティ」
　の生活空間

　　健康と身だしなみのニーズを満たすも
　ので、ビューティ産業（化粧品、理美容、
　エステ）、スポーツ・健康用品、クリーニ
　ング産業などがある。

② 第2の生活空間／「ワードローブ」の生活
　空間

　　着こなし（服飾表現）のニーズを満たす
　もので、アパレル産業、アクセサリー産業
　（靴、バッグ、ベルトなどの身回品）、テキス
　タイル産業、皮革産業、副資材産業、着物
　産業、アパレル小売業、SC、ファッション
　関連産業など。

③ 第3の生活空間／「インテリア」の生活空間

暮らし方のニーズを満たすもので、インテリア、家具、寝具、生活雑貨、家電、文具、食品、DIY、花・グリーンなどの産業。

④ 第4の生活空間／「コミュニティ」の生活空間

住まいごこちのニーズを満たすもので、住宅、エクステリア、スポーツクラブ、乗り物、レジャー、ホテル、リゾート、外食、出版、配信、広告などの産業。

4 | ライフサイクル

ライフサイクル（life cycle）とは、「人の年代、生活周期による生活環境の段階的な変化に関する類型」のことである。その例として下記がある。

● 乳児期、幼児期、少年少女期、青年期、壮年期、老年期
● 独身期、家族形成期（結婚期）、家族展開期（子育て期）、家族分散期（教育期）、巣立ち期（子供の独立期）
● 卒業就職期、平社員期、管理職期、役員期

ライフサイクルはもともとは生物学の用語で、個体の誕生から死までの変化過程を意味し、「生活周期」と訳されている。

このライフサイクルの各段階がライフステージ（life stage）である。ライフステージは生活の節目であり、その節目ごとに生活環境もライフスタイルも変化する。例えば、独身期から結婚期へとライフステージが移行すれば、結婚式や新居移転などのイベントがあり、独身期と結婚期では家計の配分も異なる。企業にとっては、顧客の維持や新規顧客獲得の両面から、ライフステージごとに必要となる商品やサービスを提供することが重要で、マーケティングの面でも必要な着眼点である。

5 | 商品のライフサイクル、ファッションサイクル

ライフサイクルという言葉は商品の寿命（商品が市場に出てから売れなくなるまで）の意味にも使われ、「商品のライフサイクル」「プロダクトサイクル」といわれる。この場合は普通、①導入期、②成長期、③成熟期、④衰退期の4期に分ける。

また、流行の周期は「ファッションサイクル」といわれ、①発生期、②成長期、③成熟期、④衰退期の4期に分ける。（「第4章 1. マーケティングの基礎知識」参照）

6 | シーズンサイクル

シーズンサイクル（season cycle）とは、ファッション企業が商品分野やブランドごとに設定している「シーズン循環区分」のことで、春夏と秋冬の2シーズン制を軸にすることが多い。さらに、年間4シーズン制（春・夏・秋・冬）、7シーズン制（梅春・春・初夏・盛夏・初秋・秋・冬）、12カ月区分（マンスリーマーチャンダイジング）、52週マーチャンダイジング（ウィークリーマーチャンダイジング）も行われている。ファッションは季節と密接に結びついており、暑さ寒さから身を守る機能のほかに、季節ごとの気持ちの変化を表す心理的な面もある。また、社会行事はファッション商品を購入するモチベーション（動機づけ）になるため、次のようなシーズンサイクル表（表3）を販売促進に活用することも多い。

表3. シーズンサイクル

月	シーズン名	社会行事			販促テーマ
1	梅春	●初詣　　　　　●防寒 ●正月休み・冬休み ●成人の日	●ウインタースポーツ		●福袋 ●冬物セール
2		●新入学・卒業準備 ●バレンタインデー			●春のフォーマルウェア ●冬物クリアランスセール
3	春	●卒業式　　　　●ホワイトデー ●春休み　　　　●歓送迎会 ●ひな祭り　　　●国際女性デー	●お花見 ●春のウエディングシーズン ●春物最重要		●入学おめでとうセール ●春のブライダルフェア ●新社会人フェア
4		●入学式　　　　●ゴールデンウィーク ●入社式　　　　●アースデー ●初月給　　　　●お花見	●歓送迎会		●ゴールデンウィークフェア ●春のトラベルフェア ●エシカルファッションフェア
5	初夏	●ゴールデンウィーク ●子供の日 ●母の日	●行楽シーズン		●母の日ギフトフェア
6		●衣替え ●父の日 ●梅雨			●レインフェア ●父の日ギフトフェア
7	盛夏	●お中元　　　　●スポーツの日 ●夏休み　　　　●サマーレジャー ●海の日　　　　●盛夏物最重要			●リゾートウェアフェア ●夏物セール
8	初秋	●夏休み　　　　●帰省 ●夏祭り ●山の日			●リゾートウェアフェア ●夏物クリアランスセール
9	秋	●敬老の日　　　●秋のウエディングシーズン ●初秋物準備			●秋のブライダルフェア ●秋のフォーマルウェアフェア
10		●ハロウィン　　●秋物最重要 　　　　　　　　●行楽シーズン 　　　　　　　　●秋のウエディングシーズン			●ハロウィン（仮装グッズ）フェア ●秋のトラベルフェア
11	冬	●シルバーウィーク ●七五三 ●感謝祭・ブラックフライデー			●コートフェア ●ウィンタースポーツフェア
12		●お歳暮　　　　●忘年会 ●冬休み ●クリスマス			●パーティウェアフェア ●クリスマスギフトフェア

7 ｜ TPO

　TPOとは、「時（Time）、場所（Place）、場面（Occasion）」の頭文字を綴り合わせた和製英語である。1960年代にメンズファッションの団体が、消費者に対しては"装いの基本ルール"として、またファッション業界に対しては"用途別の商品開発"のキーワードとして提唱したことから広がった。

　私たちは生活の中で、職場、リゾート、

結婚式、就寝時など、生活場面によって着こなしを変え、ファッション表現をしている。どこで何を着るかは個人の自由とする考えもあるが、場面によっては、ふさわしくない服装は周囲の人に違和感や不快感を与えてしまう。その結果、人間関係や社会生活に支障をきたすことも考えられる。つまり、TPOは社会生活を営む上でのマナーと捉えられる。

8 | ジェネレーション

ジェネレーション（generation）とは「世代」のことで、生まれた年や成長時期が近いとライフスタイルに共通要素があることから、マーケティングにおいても活用される。下記は海外でも共通して使用される世代の表現である。
- ●ベビーブーマー／米国では 1946 〜 64 年生まれ、日本の団塊世代は 1947 〜 49 年生まれ
- ●ジェネレーションＸ／ 1965〜80 年生まれ
- ●ジェネレーションＹ／ 1981〜96 年生まれ、ミレニアル世代とほぼ同じ世代
- ●ジェネレーションＺ／ 1997 年以降生まれ

中でも、物心ついた頃からインターネットやスマートフォンが身近にあり "デジタルネイティブ" でもあるジェネレーションＺ世代のライフスタイルは、インターネットを主軸とするコミュニケーションや情報収集、購買方法などすべてにおいてそれ以前の世代と大きく異なるため、それに対応したファッションビジネスのあり方が求められる。

9 | リユース

先に述べたように、エシカルなライフス

タイルやサステナビリティへの関心が高まる中、ファッションビジネスで注目されるのが、リユース（reuse）に関する消費行動である。リユースは、循環型社会の構築を目指して掲げられた3R（リデュース＝廃棄物の発生抑制、リユース＝再使用、リサイクル＝再資源化）の１つで、消費者においては不用品の再使用、事業者においては使用済製品の回収や再使用などの行動を指す。古着屋やリサイクルショップの利用のほか、2010 年代後半になるとフリマアプリを使った個人同士の売買が一般化し、二次流通産業が生活の中に定着。大手アパレルもこの二次流通産業に参入し始めた。

10 | 衣服の洗濯・保管

エシカルなライフスタイルの浸透に伴い、正しい洗濯・保管を実践し、1 着の衣服を長く愛用することが支持されるようになった。フリマアプリなどを活用して着用した衣服を個人同士で売買するという消費行動も、衣服を大切に扱う流れを後押ししている。

洗濯においては、衣服に付けられている取扱表示を遵守することが第一である。取扱表示には、JIS（日本産業規格）で定められた表示（ファッション造形知識「第３章 4. 品質・品質表示の知識」参照）により、洗い方、漂白処理の可否、乾燥処理、アイロン処理、商業クリーニングについて表示されている。

衣服の保管方法には家庭での保管と専門業者（トランクルーム、クリーニング業者）による保管があるが、家庭での保管には下記に注意するとよい。

ⅰ）保管前には十分に乾燥させる
湿気を除くためにアイロンかけを行うか、風通しの良い所で乾かし、吸湿剤を

保管容器の中に入れる。

ⅱ）清潔に手入れする

　ブラッシング、しみ抜き、洗濯をして清潔に整える。

ⅲ）形を整える

　着崩れしたものは、アイロンをかけるなどして、もとの形になるように正しく整える。

　以上を確認した後、湿気、虫害、温度な

どの影響を受けにくい容器と場所で保管することが望ましい。

　また、傷んだ部分をリペア（補修）したり、リフォーム（お直しや補正）したり、デザイン変更して作り直すリメイクをしたりすることで、衣服はより長く愛用することができる。いずれも自身でできることもあるが、プロの業者に依頼すれば、完成度が高く、安心感も得られる。

3. お客様の購買動向

1 ｜ お客様に対する表現

　商品を購入してもらう「客」について、ファッションビジネスの現場では下記のような表現が使われている。

- お客様／自店に来店される、すべての人に対して使う。来店に対する感謝の気持ちを込めた敬称
- 顧客／ご愛顧をいただいているお客様のことで、商品やサービスの購入者を、企業側から見た場合に使う。顧客とほとんど同じ意味の用語に、固定客、常連客、お得意様、贔屓客、馴染み客などがある
- 固定客／特定の商品はその店で購入する常連のお客様のことで、その店のファンといってもよい。小売企業にとっては、固定客数が多いと経営が安定する
- 常連客／常に来店されるお客様のこと。良くも悪くも店の個性をつくる存在となる
- 得意客／日常よく商品を購入してく

ださるお客様
- 贔屓客／特別に目をかけてくださる、ありがたいお客様
- 馴染み客／店になれ親しんで、商品を購入してくださるお客様
- リピーター／繰り返し来店してくださるお客様のこと。リピート客
- 一見客（いちげん）／初めて来店されたお客様
- ふりの客／通りすがりに来店されたお客様。フリーの客の意味ではない

2 ｜ 消費者行動

　消費者行動とは、消費者が商品を買い入れたり、サービスを受けたりするときの選択行動のことである。どの地域の店にするか（地域の選択）、どの店にするか（ブランドの選択）、どの商品にするか（商品の選択）、数量は、回数は、など「消費者が、多くの品揃えを目の前にして、"買う""買わない"という判断をする行動」である。

　ファッション商品に関する消費者・生活者

の行動は、「購買行動」「買物動向」「ファッション生活行動」の3つから構成される。そのうちの購買行動は日々の売上データを集計していれば何とかつかめるが、他の2つは消費者のその時々の心理がかかわるため、把握は難しいとされる。

3 | 購買動機

　購買動機とは、消費者が商品やサービスを購入する動機のことである。実店舗、ネットショップ、二次流通など購入先の形態が多様化する中で、購買動機は極めて複雑であり、それを調べるために行う調査をモチベーションリサーチ（購買動機調査）という。

　この動機は、例えば、ある服種の、あるタイプの商品という特定の「カテゴリー（商品範囲）を選定」する動機と、あるブランドや店舗という特定の「銘柄を選定」する動機などに分けられる。また、商品を見た瞬間に気に入って欲しくなり、購入する「衝動買い」もある。デジタルの発達によって、コミュニケーションや情報収集の方法も購買動機も多様化しているが、これらに常に関心をもち、知識と経験を積んでいくことが、ファッションビジネスでは重要である。

4 | 購買心理

　購買心理とは、購買という行動に至る心の動きのことである。人は、必要だからという以外に、外部からの情報の刺激を受けて、購買という行動に走ることが考えられる。下記は、購買に至るまでの購買心理のプロセスを表現した法則である。

① AIDMA（アイドマ）の法則

　消費者が広告に掲載された商品を見て、購買するまでの心理のプロセスを表したもの。広告を成功させるための基本原則とされる。

　　注目（Attention＝アテンション）
　　→興味（Interest＝インタレスト）
　　→欲望（Desire＝デザイア）
　　→記憶（Memory＝メモリー）
　　→行動（Action＝アクション）

　この順序で「注意をひきつけ、商品に興味をもたせ、欲しがらせ、心に刻みつけさせ、購買行動を起こさせる」と効果的であるとされる。下記の2つの基本原則も同様である。

② AIDCA（アイドカ）の法則

　消費者がディスプレイを見て、購買するまでの心理のプロセスを表したもので、小売店舗が店頭販売を成功させるための基本原則とされる。

　　注目（Attention＝アテンション）
　　→興味（Interest＝インタレスト）
　　→欲望（Desire＝デザイア）
　　→確信（Conviction＝コンビクション）
　　→行動（Action＝アクション）

③ AISAS（アイサス）の法則

　消費者がネットショップで購買するまでの心理のプロセスを表したもので、デジタルマーケティングで注目される法則である。

　　注目（Attention＝アテンション）
　　→興味（Interest＝インタレスト）
　　→検索（Search＝サーチ）
　　→行動（Action＝アクション）
　　→情報共有（Share＝シェア）

5 | 購買心理のプロセス

　心理的にどのような過程を経て購買を決定するかは、「購買心理のプロセス」の考え方が知られている。この購買心理のプロセスは、買いたい商品のイメージがまだはっきりしていない状態での来店であるときに、購買決定に至るまでの一般的なプロセスである。最も広く支持されているのは、下図のように「注意→興味→連想→欲望→比較検討→確信→行動」の7段階で把握する考え方である。

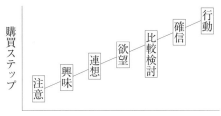

図5. 購買心理のプロセス

　もちろん人には個性があり、消費者の心理は簡単に判断できない。買物経験が豊富だったり商品に対する知識が深いと反応が薄くなることもあり、図の順序通りに進む場合もあれば、そうではない場合もある。しかし店頭では、消費者の小さなしぐさや、商品に注がれる視線、気持ちが表れる表情、気持ちを表す手の動きなどを注意深く観察することを続けていけば、購買の決定に至る心理のプロセスが見えるようになってくる。それは、ネットショップにおいても、より買物しやすいサイトの構築や提供する情報の内容、SNSを通じた消費者とのつながりの構築の参考となるだろう。

　その7段階に沿って、具体的に購買心理のプロセスを見ていく。

① 注意

　「目を留める」という動きの段階。ウインドーディスプレイを見たときや、店内に並んだ商品、ネットショップでパソコンやスマートフォンの画面に並んだ商品を見たときに、特定の商品やそのシルエット、デザイン、色、素材などに目を留めるという動きは、注意を引きつけたことになる。

② 興味

　「立ち止まる」という動きの段階。店の前を通り過ぎたが気になって戻ってきた、ネットショップで他のページを見ていたが戻ってきたという行動が、強い興味を示したときの行動である。商品の細部までじっと見る、考えているような様子のときは、興味をもっている状態である。実際に触れて素材や肌触りを確認したり、ネットショップの画面でサイズや色展開など詳細を確認したりするのは、興味をもっていることを示す動作といえる。

③ 連想

　特定の商品に対して、「この服は本当に自分に合うのか」「今、もっている服とコー

ディネートできるのか」などを考える段階。食い入るように見る、手に取って身体に合わせてみる、という動作が出てくる。支払いについて考える段階でもある。

④ 欲望

気持ちが高まり、商品に対する欲望が強まっている段階。特定の商品を手元に引き寄せて触れたり、画面で紹介されているコーディネート例を見たり、それまで以上に熱心に商品と向き合う動作が出てくる。気に入った商品を手に入れた後のことを想像して、顔がほころぶ人もいる。店頭では、この段階になると販売スタッフの薦め方によって購買につながる確率が高い。

⑤ 比較検討

価格と価値、別の店の商品などと比較検討する段階。すぐに購入を決める人もいるが、程度の差はあれ迷う人も多い。試着したり、ほかの商品を見たりして、「似た商品でもっと価格の安い商品はないか」「ほかの店にもっといい商品はないか」「ほかに自分に合うデザインや色はないか」などと比較検討するわけだが、この迷い、考え、販売スタッフに相談するプロセスは、買物の楽しみな時間でもある。

⑥ 確信

購買に結びついていく意思決定の最終段階。購入しようとする商品に対して、納得して確信するための質問や行動をとる。その商品のデザイン、素材、サイズ、価格などについて、自分自身が納得するための行動といえる。試着をしてサイズや雰囲気が自分に合っていることを確認し、販売スタッフに同意を求めるなどは、この段階での具体的な動作といえる。

⑦ 行動

購入の意思決定をする段階。販売スタッフに購入の意思を伝えたり商品をレジに持参したり、ネットショップでは決済画面に移るなどの行動をとる。

実店舗とネットショップでは、消費者の行動や店側の対応に多少の違いはあるが、消費者は通常、こうした心理プロセスを通って商品を購入する。SNSでのコミュニケーションが活発になった現在は、購入した商品の情報が消費者によって拡散・共有され、それが販売促進や広告活動の一端を担うこともある。

これらのプロセスを十分理解した上で、適切な提案や助言、その商品に関連する情報を提供しながら、消費者が納得し、心から満足して買物ができるようにする知識と工夫が必要である。その認識を店頭の販売スタッフだけが実践するのではなく、ブランドやショップにかかわる全員がもつことが大切である。

6 | 実店舗とネットの来店動機と購買行動

実店舗とネットショップの来店や購買に至る経緯には共通点と相違点の両方がある。

テレビや新聞、雑誌、ウェブサイトなどへの広告や商品掲載が実店舗にも、ネットショップにも来店を促す大きな要因となる一方、インターネットを通じたコミュニケー

ションが定着した現在は、ブログやSNS、メルマガなどを通じた、より細かく丁寧なアプローチが求められる。若年層を中心に、商品購入までのプロセスでSNSの情報を活用する動きも顕著だ。多くのフォロワーをもつインフルエンサーや、より身近な存在のブランドのPR担当者や販売スタッフなどが情報を発信することは、来店促進につながる。また、多くのネットショップの中から選ばれるためには、検索して上位に表示されることが有効である。そのためにはブランドやショップのコンセプトや商品の魅力が表現されているキーワードを分析し、それをちりばめ、ターゲットがたどり着きやすいように導くことが重要となる。

　実店舗では、目的のない通りすがりの消費者でも魅力的なディスプレイや陳列、POPなどの工夫によって店内に誘導し、店内での滞留時間を長くすることができるが、ネットショップの場合は目的をもって来店するケースがほとんどである。単に目的の商品を選ぶだけでなく、リピーターやファンになってもらうことが大切である。画像や動画で世界観を伝えたり、ものづくりや商品セレクトに対する想いを伝えたりと、魅力的なコンテンツを設けることでお客様の商品への興味は増し、売上げの向上にもつなげることができる。

　また、ネットショップでは、実店舗のようにお客様の様子を見ながら接客できないことがネックだが、SNSの動画配信などで双方向コミュニケーションを行うなど、実店舗とは違う方法でお客様との関係を築くことができる。実店舗とネットショップは売上げを競い合う関係ではなく、相互に補完し合う関係である。ネットショップで商品を見て店頭で購入を決心するウェブルーミングや、店頭で見た商品をネットショップで購入するショールーミングなどは、補完関係を象徴する購買行動である。

FASHION BUSINESS

第3章

ファッション産業構造

1. アパレル産業の概要

1 | アパレル生産企業

「第1章 2.5 アパレル産業、服飾雑貨業」で、日本のアパレル企業には次の3つのタイプがあると説明した。

① ブランドを有し、商品企画・生産管理・販売管理と製造機能を担うアパレル生産企業
② ブランドを有し、商品企画・生産管理・販売管理の機能を担うが、工場をもたないアパレルメーカー
③ OEMを中心としたアパレル製造業

①のアパレル生産企業は、アパレルを生産するための設備をもち、生産に必要な人員を雇用している企業で、大きくは縫製企業（アパレルソーイング企業）とニットウェア生産企業に分けられる。

ニットウェア生産企業には、糸から直接製品（横編のセーターなど）を作る企業と、カットソー製品などニット生地を裁断・縫製して製品を作る企業の2タイプがある。

②のアパレルメーカーについては後述する。

③のOEMを中心にしたアパレル製造業には、次のタイプがある。

- 受託加工型生産企業／最も多い形態で、いわゆる下請工場である。発注先の商品企画と支給された素材に基づいて生産し、工賃を受け取る
- 協力工場型生産企業／発注先の商品企画と素材の指示に基づいて生産するが、素材の購入機能はもっている。発注先はこの企業から素材を仕入れる形をとる

なお、アパレル生産企業のうち、ブランドを有し、商品企画・販売管理などの機能を有する①のタイプは、アパレルメーカーといわれることも多い。

2 | アパレルメーカー

次に、②のブランドを有し、商品企画・生産管理・販売管理の機能を担うが、工場をもたないアパレルメーカーについて説明する。

このタイプのアパレルメーカーは、工場

37

で生産していないことから産業分類では卸売業の分類に入り、アパレル卸売業ともいわれる。卸売業とは完成した製品を右から左に転売するというイメージが強く、その言葉からは「ファッションをメーキングする」イメージが伝わってこない。

しかし、現にアパレルメーカーは、
- アパレルのデザインをしており、ファッションをメーキングしている
- テキスタイル企業から、素材である生地を調達している
- 自社工場をもっていなくても、専属ないしは専属に近い受託加工工場や協力工場を組織化していることが多い

ことから、生産機能はなくても、ブランド運営機能、商品企画機能、素材調達機能、生産管理機能など、生産企業がもつべき機能をもっており、その意味からアパレルメーカーと呼ばれるようになった。

また近年、SPA化した専門店では、アパレルメーカーのもつ商品企画・素材調達・生産管理機能をもつケースもある。その場合は、アパレルメーカーと同様に専門店がアパレル生産企業などに生産を委託する。

アパレル製品を卸売りする企業には、上記のアパレルメーカーのほかに、国内・海外のアパレルメーカーやアパレル生産企業から、完成したアパレル製品を仕入れて他の企業に卸売りをする地方卸商、現金卸商、輸入卸商などがある。

3 │ アパレルメーカーの業種分類

アパレルメーカーは、業種で分類する場合と、業態で分類する場合がある。
業種分類は次のようになる。
- レディスアパレルメーカー
- メンズアパレルメーカー
- ベビー・子供アパレルメーカー
- インナーアパレルメーカー（インティメートアパレルメーカーともいう）
- ジーンズアパレルメーカー
- ユニフォームアパレルメーカー
- スポーツアパレルメーカー
- ニットアパレルメーカー
- レザーウェアメーカー
- 毛皮アパレルメーカー　など

また、レディスウェア、メンズウェア、子供ウェア、ニットウェアなどをトータルで扱うアパレルメーカーを、総合アパレルメーカーと呼称している。

4 │ アパレルメーカーの業態分類

生活者志向が強まっている今日では、アパレルメーカーは、業態によって説明されることが多い。大別すると、小売機能を有するアパレルメーカーと、卸専業のアパレルメーカーがある。

小売機能を有するアパレルメーカーの業態には、デザイナーズブランド企業やSPAなどがある。

卸専業のアパレルメーカーは、百貨店アパレル、量販店アパレル、専門店アパレルなど販路別に分類されるが、現在は百貨店アパレルと専門店アパレルの際がほとんどなくなっている。また、小規模事業者であるインディーズアパレルなどもあり、これらは通常、卸を主体にしている。

5 │ アパレルメーカーのSPAビジネス

SPAとは、アパレル製造小売専門店（アパレル製造小売業ともいう）を指す。もともとはアパレルメーカーの機能を有する

ファッション専門店を指していたが、日本では専門店の機能（店頭販売、VMD、ショップMD等）を有するアパレルメーカーの業態に対しても使われる。

アパレルメーカーによるSPAビジネスは、1980年代に隆盛であったDC（デザイナーズ＆キャラクター）アパレルメーカーのビジネスにそのルーツを見ることができる。

DCアパレルメーカーのビジネスは、次のような特性をもっていた。

- 対象とする生活者／マスマーケットを対象とせず、顧客を絞り込む
- ブランド戦略／絞り込まれた顧客に対し、店舗やメディアを通じてブランドプレステージを追求する
- マーチャンダイジング／クリエイターの感性によるデザインコンセプトに基づいて、トータルファッションを提案する
- 販売方法／ショップをメディアとして捉え、直営店等でダイレクトに提案する（作り手の感動をダイレクトに生活者に伝える仕組み）

このようなDCアパレル企業も、1980年代後半に入ると、①徹底してクリエイションを追求するデザイナーズブランドと、②顧客との双方向コミュニケーションを重視するSPAの2極化へ進んだ。

DCアパレルメーカーと、その後DCビジネスを開始した大手アパレルメーカーによるSPAは、鋭い感性をもち合わせ、ファッション進化した生活者と双方向でコミュニケーションをするステージとして店頭を位置づけることからスタートしている。

アパレルメーカーによるSPAは、メーカーの強みである商品企画機能や生産管理機能を活かしつつ、店頭をベースにしたマーチャンダイジングやVMDを遂行するなど、専門店的なマーチャンダイジングを行っている点に特徴がある。

6 | デザイナーズブランドビジネス

クリエイションを追求するデザイナーズブランドビジネスには、それを専業とする企業と、部門として展開する企業の2タイプがある。

デザイナーズブランドのビジネスは、新時代のデザインを創造する方向性が強く、ビジネスとしては店頭情報に基づいた商品企画よりも、デザイナーのクリエイションを市場にアウトプットすることを重視している。この点でデザイナーズアパレルは、欧米のラグジュアリーブランドビジネスと共通している。

また、専業・部門の両タイプとも、コレクションと同じ仕様で作る「コレクションライン」と、その普及版であるディフュージョンブランドをもっているのが普通である。

デザイナーズブランドのディフュージョンブランドと同価格帯で展開されているブランドに、コンテンポラリーブランドがある。コンテンポラリーブランドとは、デザイナーズブランドと同じレベルの品質でありながら、高価格ではなくアフォーダブルな価格帯で商品を提供する、現代的な消費者のためのブランドである。

7 | ラグジュアリーブランドビジネス

ラグジュアリーブランドとは、主にヨーロッパの高級なアパレルや服飾雑貨を製造・販売する業態を指す。ラグジュアリーブランドは歴史が古く、ブランドのアイデンティティやクリエイションによって高付加価値を生み出している。

ラグジュアリーブランドビジネスは、デザイナーズブランドビジネスと同様、①対象とする顧客を絞り込む、②ブランドプレス

テージを追求する、③アパレルから服飾雑貨・化粧品までトータルファッションを提案する、④直営店等でダイレクトに生活者に提案する、という特徴を備えている。

なお、ラグジュアリーブランドの延長線上に、高価なラグジュアリーブランドと一般的なブランドの間に位置する、手の届くぜいたく品を提供するアフォーダブルラグジュアリー、またはアクセシブルラグジュアリーといわれるブランドがある。

8 | インポートアパレルビジネス

商品の輸入・販売を主要業務としている卸売業は、一般に大手を輸入商社、中小規模を輸入品卸商といい、業界ではインポーターと呼ぶこともある。

これらの企業が行っているインポートアパレルビジネスには、次のようなタイプがある。

- 輸入総代理店※契約を結び、卸商や小売商に販売するタイプ
- 海外で独自に買付けを行うタイプ
- 並行輸入※を主要業務とするタイプ

   ※輸入総代理店／海外の企業やデザイナーなどと契約を結び、そのブランド商品について、自国に関する独占的な輸入・販売の権利をもっている企業

   ※並行輸入／海外の有名ブランド商品を、その輸入総代理店以外の業者が別のルートから輸入すること

〈ジャパン社〉

ジャパン社とは、日本に設立された外資系企業のことで、100％外資の会社と日本企業との合弁会社の２つのタイプがある。ジャパン社は、輸入品の場合は日本における輸入総代理店となり、ライセンス商品の場合はブランドのイメージ管理・広報や日本におけるライセンス管理を行う。

9 | ライセンスビジネス

ライセンスビジネスとは、海外や国内の他の企業、デザイナー、タレントなどと、デザイン、技術、ブランドネームなどを使用する契約を結んで、国内や近隣諸国で生産し、主として国内の市場で販売するビジネスである。

ライセンス契約の許諾者側をライセンサー、受権者側をライセンシーといい、ライセンシーはライセンサーに対してライセンス料を支払う。また、受権者から権利の分与を受けたところをサブライセンシーという。

現在、日本のマーケットには、

- 海外デザイナー、国内デザイナーのライセンス商品
- 特定キャラクター、タレント、スポーツ選手のライセンス商品
- 有名ブランドのライセンス商品

などがあり、アパレルのみならず、服飾雑貨（シューズ、バッグ、革小物、ハンカチ、手袋、靴下など）、時計、メガネ、寝具、タオルなど多くの品目で展開されている。

10 | 商社アパレル部門

総合商社や繊維商社がもつアパレル部門やブランド事業部門のことで、別会社になっていることもある。一般に次のような業務を行っている。

- 国内生産や海外委託生産によるアパレル卸販売
- 欧米からのアパレルの輸入と卸販売、欧米企業とのライセンスブランドの契約と生産委託・卸販売
- 欧米企業などとアパレル企業などのライセンス契約の仲介
- アパレルメーカーや小売業のブランド

商品に関する生産の受託（ＯＥＭ＝相手先のブランドでの生産）、企画・生産の一括受託（ＯＤＭ＝相手先のブランドでのデザイン・生産）

11 | 地方卸商

日本のアパレルメーカーの多くは、東京、大阪、京都、名古屋、神戸、横浜、岐阜に本社を置いている。それら都市以外の地方都市に本社を置く卸商が地方卸商である。

地方卸商は、アパレルメーカー、商社のアパレル部門、アパレル生産企業から商品を仕入れ、周辺の小売店に販売するのが一般的であるが、最近は減少している。

12 | 現金卸商

現金卸商とは、小売店に対して、掛売りではなく、現金引換えで商品を販売する卸商のこと。東京の横山町・馬喰町、大阪の丼池には現金卸商街が形成されている。

現金卸商は、キャッシュ＆キャリー（小売企業が現金で商品を仕入れ、自ら持ち帰る）を原則としている。

2. ファッション小売業と SC の概要

小売業の業態は、有店舗小売業と無店舗小売業に大別できる。

有店舗小売業は、①総合的な生活提案を行う業態、②専門性を追求する業態、③低価格販売を志向する業態、④利便性を追求する業態、その他に大別できる（図6）。

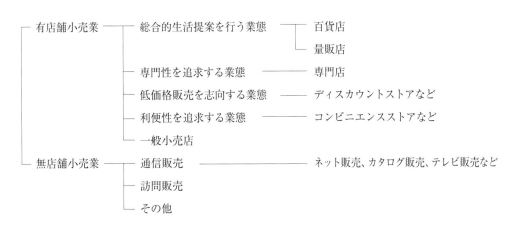

図6. 小売業の分類

1 | 百貨店

　総合的な生活提案を行う業態には、百貨店と量販店がある。百貨店とは、大規模な売場面積で、主に買回品を中心に対面販売を行う小売店であり、次のような特徴をもっている。

- 商品の種類が多い（衣食住の広範囲にわたり品揃えする）
- 豪華なムードがある（ファッション品など買回品を中心に構成する）
- 対面販売である（接客サービスを重視する）
- 取替え・配達などのサービスを行う

　百貨店は、小売業態の中で最も幅広い客層を対象とし、人口が集中する交通の利便の良い場所に立地している。また、ほとんどの買物が間に合うこと（ワンストップショッピング）を特徴としているため、商品部門別にわかりやすく区分して商品の仕入れ・管理・販売を行っている。さらに、趣味・娯楽に関する各種施設や文化イベントも充実し、一種のレジャー・文化センター的な役割も果たしている。

　百貨店のファッション売場は、おおむね次の3つのタイプに分けられる。

① ショップ・イン・ショップ

　文字通り、店舗の中の店舗という意味で、百貨店の中にあって、品揃えから販売まで独自に運営しているショップを指す。箱型ショップともいい、アパレルメーカーの直営店や専門店などが百貨店内に店を構えることが多い。

② 平場

　百貨店などの大型店で、間仕切りがなくフロア全体が見渡せる売場。百貨店の平場は、複数の仕入先から納入された商品や百貨店のＰＢ商品で構成される。

③ コーナー

　売場の一角が、何らかの意図によって括られている場所。百貨店業界ではコーナー展開という言い方もあり、この場合は仕入先のブランドごとに区画分けされた売場展開を指す。

百貨店

2 | 量販店（GMS、SM）

　量販店とは、セルフサービスで、実用的な商品の大量販売を行う大型店のことで、いわゆるスーパーのことである。

　アメリカでは、食料品以外の日常生活に必要な商品を幅広く扱う小売業態をGMS（ゼネラル・マーチャンダイズ・ストア）というが、日本では食品も含めた幅広い展開を行っている大型量販店をGMSと呼んでいる。総合スーパーともいう。

　GMSが扱うファッション商品は、いわゆるマスファッション商品が主体であり、百貨店や専門店と比べれば、少し低い価格帯を取扱っている。

　GMS以外にも量販店には食料品・日用品を中心に扱うSM（スーパーマーケット）がある。GMSと比べて近隣の消費者が来店するため、生活に密着した最寄品で構成さ

れ、衣料品も靴下・肌着・エプロンなどが品揃えされている。なお、食料品だけを扱うスーパーマーケットを、日本では食品スーパーともいう。

3 │ 専門店

専門店（スペシャルティストア）とは、専門性を追求する業態であり、1）取扱商品や客層を絞って深みのある品揃えを行う、2）対面販売など顧客にアドバイスしながら販売することを特徴とする小売店である。

なかでもファッション専門店は、個性化した特定の消費者の、特定の目的に適った、専門的な品揃えと専門的な接客に特徴がある。

専門店には多種多様なタイプがあるが、大まかに整理すると次のようになる。

- 店舗数別／同じ店名で、ほぼ同じ商品を販売している店舗を11店舗以上もつ場合は、チェーン専門店という。1店舗だけの専門店を単独専門店という
- 規模別／売場面積が大きい店をストア、小さい店をショップというが、明確な線引きはない
- 業種別／レディスショップ、メンズショップ、子供服専門店、ジーンズショップ、スポーツ専門店、ランジェリー専門店、シューズ専門店、バッグ専門店、アクセサリー専門店など（さらに細かく分けて、ブラウス専門店、Tシャツ専門店などワンアイテムだけを扱うアイテムショップもある）
- 業態別／SPA、セレクトショップ、オンリーショップなど

なお、アパレルメーカーの直営店も、専門店としての1）と2）の特性を有していることから、専門店として位置づけられる。

4 │ チェーンストア

チェーンストアとは、同じ店名で、ほぼ同じ商品を、11店舗以上で展開する小売業やフードサービス業をいう。量販店、専門店、ディスカウントストア、コンビニエンスストア、ファストフードなど、さまざまな小売業・フードサービス業で、この手法が採用されている。チェーンストアには、全国にチェーン店をもつナショナルチェーン（NC）と、特定地方に集中して出店するローカルチェーン（LC）がある。

チェーンストアの特徴は、仕入れと販売を分離することによって小売業にありがちな小規模性を克服して、規模のメリットを活かそうとするところにある。

チェーンストアの規模のメリットは、

- 本部集中仕入（セントラルバイイング）による効率追求とコストダウン
- 多店舗化による広告宣伝効果
- POSシステム等による情報管理

である。

一方、このようなチェーンストアの仕組みも、ファッション分野においては、ファッション進化した消費者に対する個性化対応や、地域特性に応じた品揃えの必要性という点から、デメリットも指摘されている。

チェーンストアには、大きくはレギュラーチェーン、フランチャイズチェーン、ボランタリーチェーンの3タイプがある（ボランタリーチェーンについては2級テキストで解説する）。

① レギュラーチェーン

単一資本によるチェーンストアで、量販店やファッション専門店のチェーンも主にこのタイプである。販売代行システムは、レギュラーチェーンの1つの形式で、メーカーもしくは小売企業が店舗を設置し、そ

の店舗における販売業務を地域の小売店に委託するシステムである。

② フランチャイズチェーン

　チェーン本部（フランチャイザー）が加盟店（フランチャイジー）に対し、一定の看板料を取り、直営店と同じような店舗空間、品揃え、接客サービス、販促をするように経営指導をして、販売活動をさせるチェーンをいう。

5 ｜ ファッション専門店の主な業態

　ファッション専門店には、さまざまな業態の店舗がある。主な業態は次の通りである。

① SPA

　SPAとは、スペシャルティストア・リテーラー・オブ・プライベートレーベル・アパレル（Specialty store retailer of Private label Apparel）の略で、アパレル製造小売専門店のことである。1) アパレルメーカーの機能を有するファッション専門店と、アパレルメーカーの項（38、39頁）で述べた2) 専門店の機能（店頭販売、VMD、ショップMD等）を有するアパレルメーカーの2つのタイプがある。

　1) の専門店によるSPAは、ショップの方針に基づいて、自ら商品企画、デザイン、パターンメーキングを行い、素材を選択し（調達する場合もある）、縫製工場やニット工場に直接発注して、店頭販売をする専門店である。

② セレクトショップ

　顧客のニーズや立地の特性に合った商品構成をするために、複数の取引先から商品を買い付け、最適な商品を組み合わせて販売する専門店を、品揃え型専門店という。

　このような品揃え型専門店の一形態をセレクトショップという。セレクトショップは、複数の仕入先から商品を買い付けて売場を編成する点は従来の品揃え型専門店と共通するが、明確なショップコンセプトとバイイング方針に基づいて品揃えし、独自のファッションを提案している。インポート商品の比率が高いことも特徴的である。

　最近の大手セレクトショップでは、セレクト商品に加えて、自社企画のオリジナル商品を品揃えする例も見られる。これをセレクト編集型SPAやSPA型セレクトショップなどと呼称する場合もある。

セレクトショップ

③ ブティック

　もともとはプレタポルテを販売する小さな店を指していたが、今日では高感度ファッションを提案する小さな店に対して使われる。

④ ライフスタイルショップ

　広い店舗スペースで、統一したショップコンセプトのもとに、アパレルや服飾雑貨から、インテリアや生活雑貨までの個性ある商品を品揃えして、新しいライフスタイルをビジュアルに表現するショップである。

⑤ アイテムショップ

　ワンアイテムを基本として品揃えしている専門店のこと。シャツだけを扱う専門

店、靴下だけを扱う専門店、Ｔシャツ専門店などがある。

⑥ オンリーショップ

セレクトショップが複数のブランドを品揃えするのに対し、単一のブランド商品のみを扱う専門店のこと。ワンブランドショップともいう。

⑦ フラッグシップショップ

旗艦店の意味で、多店舗展開する専門店（メーカーのブランドショップを含む）が、ブランドのコンセプトやイメージを最適に表現して、全店舗の中心になってリードしていく店を指す。東京や大阪など大都市の一等地に出店するケースが多い。

⑧ メガショップ

広い店舗スペースを有した大型の専門店のことで、メガストアともいう。有名ブランドのフラッグシップショップ、SPA、ライフスタイルショップなどに多く見られる。

⑨ ロードサイドショップ

幹線道路に面したゾーンに展開するショップのこと。地方都市や郊外では、車でのショッピングが一般化したことから、ロードサイドが商業立地としてクローズアップされた。

⑩ 路面店

ショッピングセンターや百貨店などのビル内（ビルイン）ではなく、道路に面した立地に出す店舗のこと。一戸建ての場合と、ビル1階の道路に面した場所に出す場合がある。

⑪ アンテナショップ

アパレルメーカーなどが、自社の経営や

マーチャンダイジングに有用な消費動向、購買動向、ファッション動向などの情報収集や、新商品のテスト販売、人材育成などを目的に開設する店舗をいう。

⑫ ポップアップストア（ポップアップショップ）

ある一定期間、集客力のあるショッピングセンターなどのスペースを借りて出店する期間限定店舗のこと。最近では、ネットショップが出店することも多い。

以上のほか、ファッション専門店には、古着ショップやレンタルショップなどがある。

6 | 低価格販売を志向する業態、利便性を追求する業態

近年、消費者の価値に対する価格の判断がシビアになったことを受けて、低価格販売を志向するさまざまな業態が登場している。特に次のような業態が注目されている。

① ディスカウントストア

アメリカでいうディスカウントストアは、世界最大の小売企業であるウォルマートに代表される、大規模な低価格販売業態である。ヨーロッパで普及している倉庫型大型ディスカウントストアのハイパーマーケットも類似した業態である。

日本では、ディスカウントストアという用語は、「安売り店」の総称としても使われている。

② アウトレットストア

アウトレットとは出口・はけ口という意味で、アウトレットストアとは常設の残品処分店のことである。アウトレットストアには、メーカーが自社残品を処分するファクトリーアウトレットと、小売企業が自社残品を処

分するリテールアウトレットがある。

③ オフプライスストア

有名ブランド品を大幅に値下げして販売する専門店である。

④ その他の低価格販売を志向する業態

ワンプライスショップ、ツープライスショップのほか、多様な業態がある。

⑤ 利便性を追求する業態

コンビニエンスストア、駅売店、従業員向け販売店などがある。

7 | 無店舗販売小売業

無店舗販売小売業には、通信販売（ネット、カタログ、テレビ）、訪問販売、自動販売機、宅配サービスなどがある。

最近では、インターネットによるネット通販（BtoC）、BS・CS放送を含めたテレビ通販などが急成長している（詳細は47頁の「3. ネットビジネスの概要」で説明）。

8 | 商業集積、ショッピングセンター

① 商業集積

商業集積とは、小売店、飲食店、サービス業などが数多く集まることによって、集客機能を発揮している商業区域や商業施設を指す。商業集積には、商店街や小売市場、共同店舗、ショッピングセンター等が挙げられる（図7参照）。なかでもショッピングセンターは、百貨店、量販店、専門店、ディスカウントストアなどの小売店が多数集まった大型商業施設として、ファッション産業が最も注目しなければならない商業集積である。

② ショッピングセンター

ショッピングセンター（SC）とは、ディベロッパーにより、1つの単位として、計画、開発、所有、管理運営される商業・サービス施設の集合体で、駐車場を備えるものである。その立地、規模、構成に応じて、選択の多様性、利便性、快適性、娯楽性等を提供するなど、生活者ニーズに応えるコミュニティ施設として都市機能の一部を果たしている。

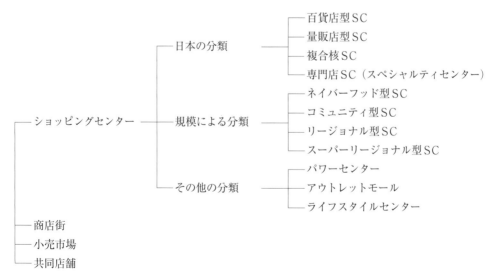

図7. 商業集積の分類

大型SC

SCは、キーテナントの業態によって、量販店型SC（キーテナントが量販店）、百貨店型SC（キーテナントが百貨店）、複合核SC（キーテナントが複数）、専門店SC（キーテナントのないスペシャルティセンター）に分類できる。最近では上記のSC以外に、アウトレット店舗を集めたアウトレットモールをはじめ、多様な業態がある。

SCの形態には、独立型のビル形式のほか、オフィスビル、ホテル内、地下街、駅ビル、高架下、エキナカなどがある。

ファッションビルもSCの1つの業態であり、業界では通常、先進的なファッション専門店が多数入居しているビル形式のスペシャルティセンターを指している。ファッションビルは、商品を販売するファッション専門店が多く入店しているビルであって、ファッションビル自体は小売販売を行っていない。

ファッションビル

3. ネットビジネスの概要

1 | ネットビジネス

インターネット上で行われるビジネスは、ファッション業界でも不可欠となった。材料や商品の仕入れ（BtoB）から、消費者への商品の販売（BtoC）まで、多くの企業がネット上で取引を行っている。また、消費者間のオークションやフリーマーケットのような取引（CtoC）も活発に行われている。

2 | BtoB

BtoB（Business to Business）は、企業間取引を意味し、B2Bと表記されることもある。企業が企業に向けて商品やサービスを提供するウェブ上の取引のことで、企業やブランドが材料や商品の仕入れを行うケースが多い。展示会や相手先の企業へ行かなくても、ウェブ上のショールームや展示会に参加したり、ウェブカタログや動画などを閲覧して資材や商品を購入したりすることができる。

ウェブ上の取引は、出張の宿泊費や交通費などのコストをかけずに行えるので、経費の節約にもなる。移動時間がかからないので、スピード感をもって取引を行うことができる。またデータでのやりとりのため、人為的なミスの少ない正確な取引情報のやりとりが可能になるというメリットもある。

個々の企業のECサイトやモール型のサイトなど多様なサイトがあり、ネットビジネスの取引金額の8割はB to Bで占められている。ECモールやウェブ上のセレクトショップ、オンラインマガジンなどメディア・情報系サイトが運営するECサイトでは、もう一つの側面として、アパレルメーカーなどが商品を提供し、ウェブ上のセレクトショップに卸す、つまりB to Bの取引が行われていたりする。

3 | B to C

B to C（Business to Consumer）とは、企業が個人に対して商品・サービスを提供する取引のことで、B2Cと表記されることもある。B to Cの形態は、リアル店舗と同様にさまざまある。メーカーや小売店が自社ECサイトを運営して消費者に直接販売する形態や、既存のECモールに出店して販売する形態などがあり、それぞれにメリットとデメリットがある。

自社でECサイトを運営し、自社商品を消費者に直接販売することで自社の顧客の動向を把握したり、消費者と直接コミュニケーションを取ることで、ニーズやシーズを探し出すことも可能になる。ただし、サイトへの集客や接客、物流、商品の撮影、サイトの更新まで、すべてを自社で行うことが条件となる。

4 | C to C

C to C（Consumer to Consumer）とは、消費者が消費者に販売するビジネスモデルのことで、C2Cと表記されることもある。

近年は消費者同士でのインターネット上の取引が盛んになってきた。C to Cのスタイルはオークション型やネットショップ型、モール型などさまざまあり、消費者が気軽に売る側や買う側になれるサービスが増えた。互いの住所や名前を匿名で取引できるようにするなど、金銭や商品のトラブルが起きにくいシステムをプラットフォーム運営企業が整えることで、消費者は安心して商品の売買を行えるようになっている。PCやスマートフォンのアプリなどさまざまなデバイスで利用できるというメリットもある。

C to Cの増加により消費者には、使わなくなった不要な商品を売るだけではなく、使用した後に売ることを想定して商品を購入するという新しい購買マインドと消費スタイルも生まれた。

また、ハンドメイド商品を中心に売買サービスを提供するサイトも増加した。そのプラットフォーム運営企業が、サイトに出店している人気のあるクリエイターを集めて、商業施設でポップアップ展開するケースもある。このような新人の発掘や登竜門のような機能をもつC to Cサービスも現れている。それをきっかけにプロに転身するケースもある。

5 | ネットショップの運営

ネットショップのみを運営している場合は、あえて実店舗を出店しなくても効果的な集客が図れる方策もある。

ネットショップのみの場合、消費者は運営側の背景や実態がつかみづらく、購入に不安を感じることもあるため、信頼感の獲得が必要になる。有効なのが、フェイス・トゥ・フェイスで話せる店頭イベントの開催や、ポップアップストア（期間限定店）の出店である。自社のターゲット層が多く集まる商業施設に短期間でも出店することで、消費者の認知度を高め、生の声を聴くことができる。こうしたイベントの告知やリアルタイムでの実況、ポップアップストアの状況報告などをサイトやSNSで発信することで、さらに効果は高まる。コストをかけずとも、ネットとリアルの連携を工夫し、大きな相乗効果を引き出すことが大切である。

6 │ オンラインモール

オンラインモールには数多（あまた）のブランドが集積している。企業やブランドはオンラインモール運営者に出店料を支払い、出店ページを確保して商品情報を掲載する。サービスや契約条件によって、サイトや商品在庫の管理、お客様とのやりとりや発送までも行ってくれるフルフィルメント型のオンラインモールもあれば、オンライン上の販売場所を提供するのみで、すべてを出店企業が行うスタイルのモールもある。自社のブランドの商品の魅力や、社内の人材のバランス、コストなどを把握して、どこまでオンラインモール側に頼るかを判断する必要がある。

オンラインモールのメリットとしては、モール自体の知名度や他ブランドの顧客の流動による自社ブランドの知名度の向上や購買機会の創出などにより、ある程度の集客が見込めることが挙げられる。その分、競合との競争やコストがかかるなどのデメリットもある。

7 │ ネットショップとリアルショップの関係性

ネットショップの飛躍は著しく、消費者はリアルショップとネットショップを併用して、好きなように使い分けているのが実情である。ファッションアイテムはリアルな商品であり、購入後の着用・使用が前提のため、購入前に見て確かめたり、触ったり、試着できる機会が求められるケースもある。そのため今や、ショールーミングやウェブルーミングが普通になっている。ネットでもリアルでも消費者が欲しいときに購入できるように、どちらかを選ぶのではなく、両方のメリットを活用した店舗展開が理想である。商品の受け取り方も、実店舗で購入したからといってその場でもって帰るだけではなく、消費者の好きな場所、好きな時間に受け取れるシステムをつくることも重要になっている。

ネットとリアルの融合で重要になるのが、顧客情報の管理と運用である。顧客がシームレスにショッピングを行えるよう、企業は情報の収集・管理・運用を工夫する必要がある。

ネットショップの場合、消費者が商品を購入したり資料請求をしたりする際には、住所、氏名、連絡先などの個人情報の入力が求められる。こうした消費者の基本情報や購買履歴情報は、次の購買商品や関連商

品の提案に結びつけることができる。数多くのショップが出店している大型ネットモールの場合は、顧客が一度登録した情報を他店でも共有することになるため、消費者はワンクリックで、さまざまなショップでの買物を楽しむことができる。

　一方、モールに出店していない企業やブランドの単独のネットショップでは、独自の登録フォームに登録してもらう必要がある。独自のネットショップであっても、大手のモールやECサイトのIDと連携することで、会員登録することなく、ワンクリックで購入できるシステムを導入しているケースもある。そうして顧客の会員情報を得ることで、その後の顧客側へのアプローチが可能となる。

　さらに、実店舗でもポイントカードやハウスカードなどから顧客情報を得ることもできる。リアルショップとネットショップを連携させて、顧客情報の一元管理を行う企業が増えてきた。

　実施段階において重要なのは、ウェブ上の媒体だけでなく、あえて従来の紙媒体の

カタログやシーズンのグリーティングなども送付することである。特にファッションアイテムの場合、デジタルにはない温かみが感じられる媒体を併用することで、より効果的な顧客サービスへとつなげていくことが可能である。

　また、在庫をもたずに、オンラインで受注販売を行っているブランドもある。3D-CADなどのビジュアルの精度も上がり、コンピュータ上で糸の情報データなどに基づいて製品の完成イメージをつかんだ上で、生地を織って縫製したり、編んだりして製品化することも行えるようになった。これに伴い、ウェブ上に掲載するサンプルを実際の製品ではなく、デジタルデータでビジュアル化してECサイト上に掲載し、受注を取ってから製品化する流れをとっているブランドもある。これにより、サンプル作成のコストと時間がかからず、スピーディに商品を消費者に提供することができる。在庫を抱えなくてよくなるため、最終的に売れ残りを処分するリスクなどもなくなる。

第**4**章

ファッションマーケティング

1. マーケティングの基礎知識

1 | マーケットとは

マーケティング（marketing）とは、market（マーケット）+ing である。まず、マーケットとは市場のことで、マーケティングでは「需要の集積」を表す。需要は「商品を購買しようとする欲望、またはその総量」の意味であることから、マーケットとは「特定の商品を購入しようとする、現実の消費者や潜在的な消費者の集合」といえる。アパレルマーケットといえば、「アパレル商品・アパレルブランドを購入し着用する現実の消費者や、これから購入し着用しようとする潜在的な消費者の集合」ということになる。

マーケットには「売り手と買い手が特定の商品を取引する場所」という意味もある。これはスーパーマーケットなどと使われる場合の、マーケットの意味である。

2 | マーケティングとは

このようなマーケットの定義からも、マーケット +ing である「マーケティング」とは、ひと言でいうと「マーケットを創ること」であり、「消費者に商品を購買してもらうようにすること」である。マーケティングが「顧客を創造し、保持するための仕組み」といわれる所以である。マーケティングについて、その活動内容まで含めてもう少し詳しく説明すると次のようになる。

- 目的／消費者が満足する価値を創造し、消費者に購入し使用してもらうこと
- 対象／消費者が満足して購入する、商品やサービス
- 活動内容／満足価値を創造するために、商品やサービスを企画し、価格を付け、促進（情報伝達）させ、流通させること
- 活動のプロセス／計画立案（プランニング）と実行
- 活動主体／個人（自営業、自由業など）と組織体（企業、団体など）

マーケティング活動とは、消費者志向を基本にして、次に述べる 4P を駆使して、顧客が満足する価値を創造するための計画の立案と実行といえる。

3 ｜ マーケティングの4P

顧客が満足するマーケティングを進めるには、商品のみならず、価格、販売店舗、情報発信など、いろいろな要素を組み合わせて提案することが重要である。マーケティングの構成要素のうち特に有名なのが、マーケティング学者のマッカーシーが提唱した4Pである。

- Product（製品、商品）
- Place（売場、販売経路）
- Promotion（プロモーション）
- Price（価格）

4 ｜ マーケティング戦略

マーケティング戦略とは、「全体的展望に立って、マーケティング活動を準備し、計画し、運用することの方法」をいう。マーケティング戦略は、基本的に次の3つのプロセスからなる。

① 市場機会の分析

新ブランドや新商品を開発する前に、市場の環境を社内と社外の両方から分析する。社内・社外の環境のうち、特に分析を必要とするのが、次に挙げる3Cである。

- Company（カンパニー＝会社）／商品を開発する自社
- Customer（カスタマー＝顧客）／自社商品を購入する消費者
- Competitor（コンペティター＝競争相手）／自社と同じような顧客に対して自社商品に近い商品を販売しているライバル企業

② ターゲット市場の選定

「誰に買ってもらうのか」、市場を形成する消費者の中から対象となる顧客を選定することである。

③ マーケティングミックス

顧客に満足を与えるための最適なマーケティング諸要素を組み合わせることである。具体的には、プロダクト（顧客に買ってもらいたい商品やサービスの企画）、プライス（顧客に買ってもらえる適切な価格）、プレイス（商品やサービスが顧客に届くまでの経路）、プロモーション（顧客に商品の特性を知ってもらい、購買の動機づけを行うこと）の4Pをうまく組み合わせて、顧客満足を引き出しながら、ビジネス活動を行っていくことである。

5 ｜ ターゲットとコンセプト

4Pを組み立てる基本となるのが、ターゲットとコンセプトである。

ターゲットとは、自社の商品を購入する消費者のことである。ターゲットを設定するとは、「誰を顧客とするのか」「誰の、どういったニーズやウォンツに応えるのか」を明確にすることである。

ファッションの分野では、生活者は一人ひとり異なった感性や個性をもっている。また、1人の生活者であっても、その時々の気持ちのもち方や目的によって、商品、ブランド、ショップを使い分けている。そのためファッション企業では、自社が対象とする生活者であるターゲット顧客の特性を知り、その顧客がいつどこで、自社の商品を着用するかを明確にした上で、商品の企画や販売が進められる。

次にコンセプトとは、「概念」「観点」「考え方」の意味である。ファッションマーケティングにおけるコンセプトづくりとは、設

定されたターゲット顧客に対し、「いつ、どこで、何を、どのように提案するのか」という、ブランドやショップの基本的な考え方を設定することである。ファッション企業では、ブランドコンセプトに基づいて、前述の4Pが組み立てられていく。

6 | ブランド

マーケティング活動の基軸となるのは、その業態のコンセプトである。アパレル企業の場合は業態のコンセプトがブランドとして、ファッション小売企業の場合はショップという形で表現されることが多い。ファッション提案とは、ライフスタイルやスタイリングの提案であるため、単品が集合した商品群（ブランドまたはショップ）としての提案が必要とされるからである。

ブランドとは、「商標」「銘柄」の意味で、競争企業のものと区別するための名称、用語、サイン、シンボル、デザイン、あるいはその組み合わせをいう。つまり、ブランドとは競争相手企業の商品と差別化するためのものであるが、アパレル企業にとっては、そのような効用に加えて「商品の集合体」としての効用をもっている。

ファッション企業にとってのブランドの効用として、次の点が特に指摘できる。
- 単品の集合体として、ライフスタイル、スタイリングが表現できる
- 消費者から見て、商品の背景にあるストーリーが理解できる
- その結果、効率的に商品を購買できる
- 企業から見て、コンセプトが的確に消費者に伝えられる
- その結果、マーケティングミックス戦略、マーチャンダイジング戦略、VMD戦略が実践しやすい

またブランドには、上記のファッション企業ならではの効用に加えて、次のような一般的な効用もある。
- 自社商品であることの誇りと信念が生まれる
- 品質、デザインに対する責任が生まれる
- 市場細分化、他社商品との差別化を容易にする

ブランドにはさまざまな種類があるが、ブランドの主宰者から見て、次の2つに大別できる。

① ナショナルブランド（NB）

全国展開ブランドの意味であるが、そこから派生してメーカーのブランドを指す。

② プライベートブランド（PB）

商業者ブランドのことであるが、日本では小売業が商標権を所有するブランドの意味として使われる。プライベートレーベルともいう。

7 | ファッション企業のマーケティング特性

ファッションビジネスに携わるファッション企業は、生活者や生活者をめぐるファッション生活環境をよく知った上で、生活者に満足していただける確かな商品を、確かな仕組みによって提供していくことが重要である。

ファッション企業がマーケティングの対象とするのは、ファッション商品である。そして、生活者にとってのファッション商品の購入・着用とは、変化する社会で自分らしさを表現する行為であり、一人ひとりの「心の満足」を表現する世界である。

このような「心の満足」は、一人ひとりの個性によって異なるため、選ばれる商品も多様化する。また、時代の変化とともに、

生活者が求める商品も変化する。生活者が求めるファッション商品は多種多様であることから、ファッション企業のマーケティングは、次のような特徴をもっている。

- すべての生活者を同時に満足させることができない
- モノの価値以上に、情報内容の価値が商品価値となる
- ライフスタイルを提案するため、多品種である
- 生活者が求める価値が短サイクルに変化する

そのため、ファッション企業では、「ターゲット顧客の選定」「コンセプトづくり」や、「ファッションサイクル」に留意することが、より一層重要になってくる。

8 | 市場細分化

市場細分化（マーケットセグメンテーション）が必要とされる要因として、消費者の多様化・個性化傾向が挙げられる。現実のマーケットでは、消費者一人ひとりのニーズやウォンツは多様化しており、また同じ消費者であっても、生活局面に応じて購買動機が異なる。市場細分化戦略とは、このような多様化・個性化傾向にある消費者を、好みや欲求によって属性ごとに細かく細分化して、最適にマーケティング活動を行うことである。

市場細分化戦略を進めるにあたっては、何よりも生活者のライフスタイルを熟知し、どういった生活シーンに応じた、どういったスタイルを提案するかが重要となる。ファッション生活者を分類するには、さまざまな方法があるが、個性化時代に対応した市場細分化戦略に際しては、自社独自の分類方法で生活者を捉えることが、企画の第一歩となる。

さまざまな分類方法を使って生活者を分類することによって、似た者同士、似たタイプを1つのかたまりとして括ることができる。このような、全体の中で共通項をもつ、似たような属性の消費者が集まった一群をクラスターという。クラスターとは「房（ふさ）」とか「塊（かたまり）」の意味である。それぞれのクラスターの特徴や相互の差異を明確にすることを、クラスター分析という。

9 | コンセプトとアイデンティティ

このように選定されたターゲットに対しては、「いつ、どこで、何を、どのように、提案するのか」というブランドやショップの独自のコンセプトを設定することになるが、マーケティング戦略の根幹は、何といっても、このコンセプトの設定と具体化にある。コンセプトは、4P（商品政策、価格政策、販路政策、プロモーション政策）などのマーケティングミックスの基軸となる。

コンセプトが明確であれば、顧客から見たブランドらしさ、ショップらしさが感じられる。つまり、BI（ブランドアイデンティティ）、SI（ショップアイデンティティ、またはストアアイデンティティ）が形成される。BIとはブランドらしさ、SIとはショップらしさのことで、いずれも他者（実際には消費者や取引先など）から見たブランドやショップのパーソナリティのことである。

なお、BIやSIは、ブランドやショップのネームやロゴに象徴されている。例えば、個人の名前を聞いて、その人の人となりが浮かんでくるように、ブランドやショップのネームやロゴを見ただけ聞いただけで浮かんでくるイメージが、BIやSIである。

10 ポジショニング

ブランド（ショップ）コンセプトの設定は、自社が提案するブランド（ショップ）のポジショニング（位置づけ）を明確にすることから始まる。ポジショニングとは「自社のブランド（ショップ）を、市場において相対的に位置づけること」で、消費者から見て他社とは違う優位性を見つけ出すことを目的とする。

ファッション企業では、ブランドポジショニング（またはショップポジショニング）を設定するために、何らかの座標軸（縦軸と横軸）を設定し、競合ブランドや競合店とのコンセプトの違いを明確にする。座標軸の設定基準となる、いくつかの分類方法の例を列記すると、以下のようになる。

- ●マインドエイジによる分類
- ●テイスト（キャラクター）による分類
- ●オケージョンによる分類
- ●ファッション感性による分類
- ●グレード（クオリティ）による分類
- ●商品タイプによる分類

それぞれの内容については次節（2. 消費者分類の手法）で解説する。

11 商品のライフサイクル

商品（またはブランド）は、人間の一生と同じように、あるとき新商品として生まれたものが、次第に成長し、成熟し、ついには衰えていく。その歩みを「商品のライフサイクル」「プロダクトライフサイクル」といい、一般に次の4つの段階から成り立つ（図8）。

① 導入期

商品が市場に導入されたばかりの時期で、売上高の伸びも少なく、また顧客1人当たりのコストが高く利益は上がらない反面、ファッション変化に敏感なイノベーター（革新者）が消費者となることが多い。

② 成長期

商品が急速に市場に受け入れられていく時期で、利益面で伸びが目立ち、情報に影響を受けやすい追随型の消費者が多い。

③ 成熟期

商品が市場のかなりの部分に行きわたる時期で、売上げも利益もピークに達すると同時に、売上げは伸び悩み、利益も減少に転ずる。また、多くの消費者（マス消費者）が購入することが多い。

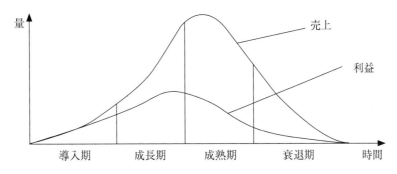

図8. 商品のライフサイクル

④ 衰退期

　売上げが急降下を始め、利益もゼロ近く
まで落ち込む時期である。

12 ファッションサイクル

　このような商品のライフサイクルの変化
は、ファッションの変化にもあてはまる。そ
れをファッションサイクル（図9）といい、
①先端ファッション（導入期に相当、発生
期ともいう）、②コンテンポラリーファッ
ション（成長期に相当）、③普及したファッ
ション（成熟期に相当）、④流行遅れ（衰退
期に相当）と、商品のライフサイクルと同様

の歩みを見せる。

　ファッションサイクルはファッション商品
のさまざまな側面に現れる。期間的には、ワ
ンシーズンから数年を1つのサイクルとして、

- アイテム、シルエット、ディテール、
  色、柄、素材、コーディネーションの
  トレンド
- 人気ブランド、人気のあるブランドの
  個性（ブリティッシュトラディショナル
  人気、フレンチカジュアル人気、スト
  リートカジュアル人気など）

が移り変わる。

　他方、ファッションの分野にはファドとい
う現象も存在するが、これは市場に登場し
てたちまち衰退してしまう動きを示す。

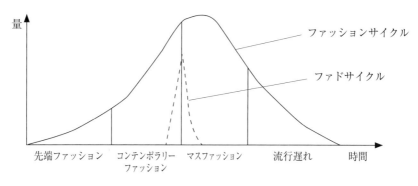

図9. ファッションサイクル

2. 消費者分類の手法

1 消費者分類、商品分類（ブランド分類）

　ファッション業界では、市場細分化を行
う際、さまざまな方法で消費者（生活者）
を分類する。

- マインドエイジ分類
- ジェネレーション分類
- テイスト分類
- ファッション感覚による分類
- 革新度による分類
- オケージョン分類

　また、商品（ブランド）のポジショニング
を行う際には、上記の消費者分類の方法に
加えて、次のような分類の方法がある。

- グレード分類
- 商品タイプ分類　　など

2 ｜ 消費者分類の手法

① マインドエイジ

　マインド（mind）とは、「個人や集団が何かをしようとする意識」を指す言葉であり、マインドエイジ（mind age）とは、実際の年齢ではなく、精神的な年齢・気持ちの年齢・心の年齢のことを指す。

　例えば、若々しく見られたい人は、若者が着るようなブランドの服を好んで着用する。その逆で、落ち着いて、大人のように見られたい人は、自分の年齢よりも上の消費者層を対象としたようなブランドを選択したりする。このようにマインドエイジは、実際の年齢に関係なく、消費者を分類する際に使用する。

　マインド分類では、以下のような区分が使用される。

　ⅰ）ベビー
　　　0歳から満2歳までの赤ん坊のこと。2カ月～24カ月と表すこともある。

　ⅱ）トドラー
　　　3歳から小学校入学までの幼児のこと。

　ⅲ）スクール
　　　7歳から12歳の小学生のことで、ボーイズ＆ガールズ、キッズ、チャイルドともいう。

　ⅳ）ジュニア
　　　13歳から18歳までの中高生のマインドで、ティーンズともいう。

　ⅴ）ヤング
　　　19歳から22歳くらいの学生のマインド。

　ⅵ）ヤングアダルト
　　　23歳から34歳くらいのマインド。

　ⅶ）アダルト
　　　35歳から44歳くらいのマインド。

　ⅷ）ミドル
　　　45歳から54歳くらいのマインド。

　ⅸ）シニア
　　　55歳から64歳くらいのマインド。

　ⅹ）シルバー
　　　65歳以上の高年齢の人のマインドで、エルダーともいう。

　この分類は、企業やブランドのコンセプトなどによって設定を細かく変化させたりすることもあり、例えばジュニアの後半をピュアヤングとしたり、25歳から29歳をヤングアダルト、30歳から34歳をトランスアダルトなどと呼んだりすることもある。

　また、最近は使われることが少なくなったが、女性のマインド分類には次のようなものがある。

　ⅰ）キャリア
　　　仕事に本格的に取り組んでいる時期のマインド。ＯＬという場合もある。

　ⅱ）ミッシー
　　　末の子が小学校入学までの母親のマインド。

　ⅲ）ミセス
　　　末の子が小学校に入学した後、長子就職までの母親のマインド。

　ⅳ）ハイミセス
　　　ミセスより年齢が上の女性のマインド。

② ジェネレーション

　年齢にかかわる分類には、実年齢や世代による分類方法もある。世代の分類はジェネレーション分類とも呼ばれ、同じ年や数年の期間、10年単位などの一定の層で区切り、団塊世代、ハナコ世代、ミレニアル世代、Ｚ世代などと呼び名を付けて分類する方法である。近しい年齢の人たちは同じような文化・政治環境・経済動向環境のもとで教育され、育っていることから、おおよそ同じような思考・行動で括ることができる

傾向にあるため分類しやすく、その内容が消費の傾向にもつながるからである。

③ テイスト

テイスト（taste）とは、「好みや趣味」のことで、消費者のファッションに対する感度のレベルを指す。アバンギャルド、コンテンポラリー、コンサバティブの3つのレベルに分けられる。

i）アバンギャルド（avant-garde）

フランス語で「前衛」の意味をもつ。革新的で、急激な変革を求めるようなファッション、若手デザイナーの新しい感覚など、最先端の流行を好み、積極的に取り入れるようなスタイルをもつ人々を指す。

ii）コンテンポラリー（contemporary）

英語で「現代的な様、当世風な様」の意味をもつ。そのときのファッションとして、後れることなく、行き過ぎることなく、ちょうどいいスタイルを指す。

iii）コンサバティブ（conservative）

英語で「保守的な様」の意味をもつ。流行に左右されずに、長年一定の層に愛されている、基本的なファッションスタイルのこと。伝統的な良さをもち合わせ、変化しないスタイルである。

④ ファッション感覚

感覚とは、「（美醜・善悪など物事について）感じ取ること。また、感じ取る心の働き。感受性。感じ方」のこと。ファッションに関しては、商品やブランド、サービスに対して、受け手側である消費者がどのように感じ取るかは感覚次第となる。感覚にもさまざまなタイプがあり、その分類法としてファッションタイプ、ファッションスタイル、ファッションイメージの3つを説明する。

i）ファッションタイプ

ファッションタイプ別の分類としては、例えばフェミニン、クラシック、スポーティなどがある。

ii）ファッションスタイル

ファッションスタイル分類だと、例えばヨーロピアンスタイル、ブリティッシュスタイル、アメリカンスタイルなどがある。

iii）ファッションイメージ

ファッションイメージ分類の例としては、エレガンス、ロマンティック、エスニック、カントリー、アクティブ、マニッシュ、モダン、ソフィスティケートなどが挙げられる。

（ファッション造形知識「第2章 2. ファッションスタイリング、3. ビジネスにおけるスタイリング提案」参照）

⑤ 革新度

アメリカの社会学者のロジャース（Everett M.Rogers）が1962年に提唱したイノベーター理論によって、革新度を分類する方法である。

消費者全体を受け入れのタイミングの早い順からイノベーター（革新者）、アーリーアダプター（初期採用者）、アーリーマジョリティ（前期追随者）、レイトマジョリティ（後期追随者）、ラガード（遅滞者）の5つに分類する。

i）イノベーター（innovators）

流行に敏感で、いち早く最先端のものを取り入れる人たちのことを指す。

ii）アーリーアダプター（early adopters）

イノベーターの行動後にすぐに動き、市場に新しいものを浸透させていく役割を果たしている人たちのことを指す。

iii）アーリーマジョリティ（early majority）

majority（大多数・多数派）の言葉の通り、アーリーアダプターが普及させているのを見てから取り入れることを決心して、取り入れていく多数派の人たちのことを指す。流行を取り入れながらも、安定志向ももち合わせている。

iv）レイトマジョリティ（late majority）

新しいことを取り入れることに対して、慎重に動くタイプの人たち。ある程度、流行するまでは、その購入や採用を待ち、多くの人々に普及してから取り入れる人たちのことを指す。

v）ラガード（laggards）

新しいものや流行に無関心の人たちを指す。

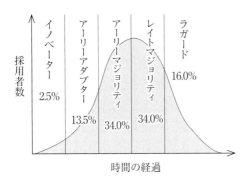

図 10. イノベーター理論

このように、流行の取り入れ度合いによる分類を革新度による分類としている。イノベーター理論では、**図 10** のように、2.5％のイノベーターと 13.5％のアーリーアダプター（合計して 16％の人々）の支持を受けた商品・サービスは、市場に広く受け入れられると考えられている。

⑥ オケージョン

オケージョン（occasion）とは、英語で「場合・時・機会」の意味をもつ。和製英語で、Time（時間）、Place（場所）、Occasion（場合）の頭文字をとった TPO、つまり時と場所、場合に応じて、アパレルや服飾雑貨などの使い分けをするように、シチュエーションで時と場合により選ぶ服にも変化が生じる。このオケージョンによる大きな分類としては、オフィシャル、ソーシャル、プライベートの 3 つがある。

i）オフィシャル（official）

英語で「公式的・公認」の意味をもつ、通勤や勤務中の公的な立場にある際の服装をいう。スーツや制服などを指すことが多いが、職業や立場によってさまざまである。

ii）ソーシャル（social）

英語で「社会の・社会的な」といった意味である。ファッションの場合は、社交的の意味で、かしこまったパーティなどで着用する服装などを指す。ドレスやタキシード、着物など、オフィシャルとは違った特別なシーンでのウェアを指す。

iii）プライベート（private）

英語で「個人にかかわる様・私的なこと」を意味する。オフィシャルやソーシャルと違い、制限のない自由な状況下で、個人が好きなアイテムを好きなように、好きなスタイルで着こなす状況を指す。

3 商品分類（ブランド分類）の手法

① グレード

グレード（grade）とは、英語で「階級・等級」の意味をもつ。ファッションでは、商品、ブランド、店舗などの品質、デザイン、イメージ、価格などの位置づけによる分類である。グレードは、プレステージ、ブリッジ、ベター、モデレート、ボリューム、バ

ジェットの6つに分類される。

i）プレステージ（prestige）

　英語で「社会的な高い価値づけ・威信・名声」の意味をもつ。ファッションでは、ラグジュアリーブランドやデザイナーのコレクションラインなど、品質、デザイン性、グレード、価格などが最も高い商品ゾーンを指す。

ii）ブリッジ（bridge）

　英語で「橋・橋をかける」の意味で、ファッションでは、デザイナーのセカンドラインなど、プレステージに比べてリーズナブルなアイテムを指す。

iii）ベター（better）

　英語で「比較的より良い状態」を意味し、ファッションではアパレル企業のプレタクチュールやプレカジュアルと呼ばれる商品を指す。

iv）モデレート（moderate）

　英語で「節度のある・穏健な」を意味するが、ファッションでは極端に高かったり安かったりするわけではなく、品質も値段も手頃な商品を指す。

v）ボリューム（volume）

　英語で「量・量感」を意味し、ファッションでは売上げの中で最も高い比率を占める価格帯の商品を指す。

vi）バジェット（budget）

　英語で「予算・予算案」のことで、ファッションでは低価格に設定してある商品を指す。

　これらのグレード分類は、明確な線引きがされているわけではなく、人や企業によって捉え方が多少異なることがある。表4は、価格とグレードの一例である。

表4. グレードとあるアイテムの価格例

プレステージ	200,000円以上
ブリッジ	50,000円〜200,000円
ベター	10,000円〜50,000円
モデレート	5,000円〜10,000円
ボリューム	1,000円〜5,000円
バジェット	1,000円以下

② **商品タイプによる分類**

　ブランドやショップのポジショニングを行うにあたっては、次のような商品タイプによって座標軸を設定して、分類することもある。

●買回品か、最寄品か
●遊び感覚の強い商品か、日常的な商品か
●デザインクリエイション性の強い商品か、品質にこだわる商品か
●トレンド性の強い商品か、ベーシックな商品か

など。

3. 市場調査の基礎知識

1 ｜ 市場調査の目的

　マーケティング活動に際しては、市場調査を行う。自社と競合ブランドを含む市場の大きさや市場の特性を知るための調査で

ある。

　市場調査という言葉は、マーケットリサーチとマーケティングリサーチの両方の意味で使われる。マーケットリサーチとは、「自社商品や競合商品の市場の大きさやその

特性を知るための調査」である。

それに対して、マーケティングリサーチは、単に市場の実態や生活者のニーズを捉えるためだけでなく、「マーケティング活動のすべての面にわたる市場環境を調査分析すること」。マーチャンダイジング、販売計画、プロモーション計画などを含む、マーケティング活動全般の目的のために行われる調査研究である。

ファッションビジネスで店舗の運営やブランドの展開にあたり、対象とする市場を知ることは不可欠であり、街や消費者などの市場を観察することで多くの情報を得ることができる。そのために、さまざまな手法で市場調査が行われている。

店頭では、各ブランドの最新の商品が揃い、VMDや接客などからもさまざまな情報を得ることができる。また街にいる消費者を観ることで、街ごとのファッションのリアルタイムな流行の様子など、生の情報を得ることができる。今、どのようなファッション商品が消費者に着用されているかを知ることで、その瞬間の消費者の傾向を見ることができる。それらの情報をもとに、ブランドや企業は自社の商品やブランド自体をどのような方向にもっていくかの参考にしたり、出店の参考情報にしたりしている。

2 | マーケティング活動のための情報源

マーケティング活動を進めるために必要な情報源は、1次データと2次データに大別できる（図11）。

1次データとは、調査者が観察し、取得し、記録したデータであり、実査（フィールドサーベイ）データと呼ばれる。1次データには、次のタイプがある。

●共感レベル／実査する者が直接、街に出る、ビジュアル資料を見るなどして、自分の感性で社会や消費者の変化を感じ取るレベル
●調査レベル／狭義の実査で、アンケートや写真撮影等による記録を通じて、客観的に情報を収集・分析するレベル
●実験レベル／テストマーケティングともいわれ、消費者に自社の商品を使ってもらったり、自社の店舗で買ってもらったりと、ダイレクトなテストによって消費者の反応を知るレベル。アンテナショップを開設したり、実験的にポップアップショップを開設したりすることも含む

次に、2次データには、企業内データと企業外データがある。

企業内データには、自社で過去に調査したデータや、社内の売上データ、取引先のデータなどがある。

企業外データとは、すでに社外の機関（具体的には、政府、自治体、協会・団体、研究所、ファッションソフトハウス、ジャーナリズム等）が調査したデータや、メディア情報（インターネット、新聞、雑誌、テレビなど）のことで、既存データとか加工データと呼ばれる。

情報収集を行う場合、前段階として2次データの収集から始め、後に実査に入っていくことが一般的である。

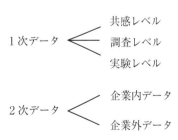

図11. マーケティング活動のための情報源

3 | ファッション企業が市場調査で得る情報

市場調査は市場を理解するために行われるが、現在の消費者は年齢や属性にかかわらず高度化・成熟化しており、市場はますます細分化される傾向にある。

ファッション商品は多品種・少量生産の商品が多いことから、市場調査に際してはターゲットを限定したり、調査目的をはっきりさせたり、調査仮説を明確にするなど、さまざまな調査をかけ合わせる。調査手法を多様化させることで、より良い商品の開発や店舗の開発に活用できる情報を得ていくのである。

ファッション企業が市場調査で収集する情報には、消費者情報、店舗情報、競合企業情報がある。

① 消費者情報

消費者の消費行動や趣味趣向（好きなファッションスタイルやジャンル、色、店舗や商業施設、ブランド、街や人、サイト、アプリ、ファッションに対する想いや考え方）などの情報を収集して分析を行う。また、特定のブランドに対する認知度や好感度などを調査することで、ターゲットとする消費者がもつイメージなどの情報を得ることもできる。

② 店舗情報

店舗から得られる情報はとても多く、重要なものばかりである。競合企業やブランドの店舗を調査することで、競合ブランドの顧客や商品展開、店舗のディスプレイとVMD、接客などのサービスなどについて、良い点や悪い点を含めたさまざまな情報を得ることができる。消費者の目線と運営側の目線をもって情報を収集し、その情報と自社のブランドを比較・研究することで、ブランドや商品に反映していくことが可能になる。また、競合店舗だけでなく、話題の店舗や人気のある商業施設などを調査することで、その時代の消費者ニーズを探ることもできる。

③ 競合企業情報

同質化が進む市場の中で競合との差別化を図り、優位性を見出せるかは、ビジネスの成否を決定する重要な要素となる。そのためにはまず、競合企業・競合ブランド・競合店舗の強みと弱みを把握することが重要である。

4 | 調査方法

調査には、いろいろな方法がある。調査したい内容によって調査方法を変え、必要な情報を効率良く正確に得ることが重要である。

① 観察調査

現在のファッショントレンドは、ストリート起点で始まるものも少なくない。ストリートでは、そのときのファッション傾向、クラスター別のスタイリングや色の傾向などを把握することも可能である。通常は、対象とするファッションスタイルが集中して観察可能なエリア（街）を選択し、一定地点で観察調査を行う。観察調査の方法はさまざまあり、調査目的に応じて臨機応変に選択する。例えば任意写真撮影調査、スタイルカウント、入店退店調査などにより、消費者のファッション傾向を調査する。

　ⅰ）任意写真撮影調査

　　トレンド、色、スタイル、髪型などの任意のテーマに基づいて、消費者の写真を撮影する。時間を決めて定性的にシャッターを切る方法と、特定の人物を選定して写真撮影する方法がある。1地点100枚以上など撮影した写真は、テー

マに基づいて分類して分析に使用する。

ii）スタイルカウント

　　あるエリアに特定のスタイルの消費者がどのくらいいるかを調査する手法。あらかじめ「ストリート」「モード」などスタイルを決めて、そのスタイルに当てはまる消費者が一定時間に何人通行するかをカウントする。

iii）入店退店調査

　　特定店舗を調査する手法。ある店舗を定め、入店客と退店客を数える。退店客がその店舗のショッピングバッグなどをもっているかどうかで、購入客数も推定することができる。その値に推定客単価を乗じることで、売上高を推定し、競合店調査にも活用できる。

② 消費者アンケート調査

　消費者アンケート調査とは、街頭で調査担当者が消費者に直接行う、最も多く行われている調査の方法である。調査したい項目を聞いていく手法をとり、調査の内容によって、多様な分析が可能となる。調査の設計内容（例）は**表5**の通りである。

表5. アンケート調査の設計内容（例）

調査したい項目	調査の内容
対象者属性	対象者の年齢、性別、職業、居住地域など
目的に応じた項目	好きな音楽・購読雑誌、よく行く店などの対象者の好み、好きなブランド、好きな店舗など
自由意見を求める自由回答	「あるブランドについてどう思うか」など

③ グループインタビュー

　グループインタビューとは、消費者を数人ずつのグループに分け、インタビュー形式で調査テーマに基づいて話し合ってもらう方法である。その内容を分析し、グループの嗜好性の共通項、非共通項を明らかにしていく。インタビュアーの臨機応変な質問次第で、紙やウェブ上の非対面で行うアンケートでは引き出せないような内容を聞き出すことも可能となる。

5 ｜ 競合店調査の実施方法

　競合店調査の実施方法には、①競合店観察調査、②ミステリーショッパーズリサーチ、③競合店顧客インタビュー、④取引先インタビューなどがある。

① 競合店観察調査

　競合店観察調査は最もよく行われる手法で、環境調査と価格帯調査と競合店顧客調査の3つがある。

i）環境調査

　　観察によって取扱いブランドやファッションテイストなどを明らかにしたり、店舗環境やディスプレイなどを把握する。

ii）価格帯調査

　　観察によって競合店の価格帯を明らかにする。

iii）競合店顧客調査

　　観察によって競合店の顧客スタイルを明らかにする。

② ミステリーショッパーズリサーチ

　ミステリーショッパーズリサーチは、覆面買物調査とも呼ばれる。競合店に顧客を装って出向き、実際に買物をする過程で接客レベルやクレーム処理、顧客サービスなどの内容を調査する。

③ 競合店顧客インタビュー

対象とする競合店から退店した顧客にアンケート調査を行う。これにより、競合店の顧客がどのような心理で商品を購入したかなどの心のうちを知り、自社の店舗や商品に生かしていく。

④ 取引先インタビュー

対象とする競合店の取引先の担当者を対象にインタビューを行う。

6 ｜ 売上データの分析

小売店やアパレルメーカーの多くがPOSシステムを導入していて、店舗の売上データはコンピュータ上に、ネットショップの売上データはサーバー上やデバイス上に蓄積されている。それらの情報を分析することで、今後の運営に役立てる。

前年との売上比較、前年同月との売上比較、前年同月同日との売上比較など、現時点での売上結果を判断する前年実績対比を行う。気温や天気、イベントの有無など、売上げ以外のデータを蓄積することもできるので、売上げ以外の複数の要素と売上げの関係を把握することができる。販売エリアごとの売上げを分析することでエリア間の業績差異を把握するエリア別売上分析、販売担当者ごとの業績の差異を把握する担当者別売上分析などがある。

ネットショップであれば曜日別、時間帯別、流入源別、顧客に関してはより詳しく

居住地域や年齢、職業などと照らし合わせて分析を行う。ほかにも、入店客数、買上客数、客単価を把握して、計画買上客数や計画客単価から売上げを予測したりする。

7 ｜ インターネットを活用した情報分析

ウェブ上には、企業が発信した情報から個人の投稿まで、幅広い情報が莫大に蓄積されている。この中で自社に有効な情報を抽出して分析を行う。インターネット調査は、①質問型の調査、②分析型の調査の2つに大きく分けられる。

① 質問型

対象者に質問を投げかけ、回答を収集する調査方法。

② 分析型

すでにある情報の中からデータを抽出して分析することで、自社のターゲットのニーズやウォンツを見出す調査方法。

分析型で取扱うデータは、質問型と比較すると質問への回答と身構えていない状態での発言のため、自然体の生の声による情報が収集できる。

また、どこで生まれた情報がどのメディアを通って人に広まったかという情報の経路がわかるので、自社の情報や商品を、届けたいターゲットに届ける際の参考にできるというメリットがある。

第5章

ファッションマーチャンダイジング

1. マーチャンダイジングの基礎知識

1 ｜ マーチャンダイジングとは

マーチャンダイジング（merchandising）とは、マーチャンダイズ（merchandise＝商品）＋ing である。「商品に関する計画」のことであり、商品計画、商品企画、商品化計画などと訳されている。

マーチャンダイジングを、その内容まで含めてもう少し詳しく定義すると、

「市場が求める、最適な商品を、最適な場所と時期に、最適な価格と数量で提供する計画」

である。つまりマーチャンダイジングは、次の「5適」を基本要素としている。

① 適品／適正な商品の企画と構成
② 適所／適正な販売場所（適正な商品配置）
③ 適時／適正な販売時期
④ 適価／（商品価値とのバランスを考えた）適正な価格
⑤ 適量／適正な数量

マーチャンダイジングは、もともと小売業で使われていた用語である。定まった店舗で商品を販売する小売業にとって、顧客に対して適正な価格で適正な商品を揃えることが重要だからである。そのため、小売店は店頭に多品種を品揃えすることから、仕入れるべき商品と、その陳列場所、販売時期、価格、数量を決定することが重要な要素であった。

それに対して、製造業ではもともと、製品計画（プロダクトプランニング）という用語が使用されてきた。しかし、ファッション・アパレルメーカーでは、単に新製品を計画するのみならず、店頭を想定して、最適な時期に、最適な量の製品を、揃えることも重要である。多品種・少量・短サイクルのファッションビジネスだからこそ、マーチャンダイジングの「5適」が重要になったのである。

以上のことから、ファッション業界では、小売業のみならず、アパレルメーカーにおいても、マーケティング活動の中核としてマーチャンダイジングが重要な役割を果たしている。

2 | アパレル企業とファッション小売店の マーチャンダイジング

ファッション業界におけるマーチャンダイジングは、アパレル企業と小売業では業務内容が異なっている。アパレル商品を作るアパレル企業では「新商品開発と商品構成の計画と管理」、ファッション商品を仕入れる小売企業では「商品構成と商品の選定・仕入れの計画と管理」が、マーチャンダイジングの主要な業務となっている。

商品構成とは、商品のアイテム、色、サイズとその数量を取り揃えることをいう。ファッション商品には、ジャケット、シャツ、スカート、パンツなど多種のアイテムがあり、色やサイズも多種である。さらに多種の商品をコーディネートして、服飾表現を提案する。ファッション企業では、アパレル企業、小売業を問わず、このような多種の商品を、その時々に応じて最適な数量で構成する「商品構成」を行っている。なお小売業では、商品構成のことを品揃え（アソートメント）とも呼ぶ。

一方、商品開発とは、新商品を開発することをいう。具体的にはブランドのコンセプト（基本的な考え方）に基づいて、デザインや素材を計画し、パターンメーキングを行い、工場での生産をコントロールする機能である。アパレル商品開発とは、服飾表現を創造するために、それぞれの服を作り上げる機能といえる。

仕入れ（バイイング）とは、企業が、販売することを目的に、商品を買い入れることをいう。ファッション小売店における仕入れとは、ショップのコンセプトに基づいて、国内・海外のメーカーなどの仕入先から、適切な商品を選んで買い入れる機能である。

3 | マーチャンダイザー

マーチャンダイジングを行う担当者を、マーチャンダイザーという。アパレル企業におけるマーチャンダイザーは、商品開発計画や商品構成計画、価格計画など広くマーチャンダイジング業務に携る職種で、商品別の販売予算・利益予算までも責任をもつ。

また、小売業におけるマーチャンダイザーは、商品計画に基づいた商品仕入計画を作成し、さらに商品別の販売予算・利益予算までも責任をもつ。

日本のファッション業界ではMDという略語を使用することも多いが、この言葉はマーチャンダイジングの略語として使われる場合と、マーチャンダイザーの略語として使われる場合がある。

4 | アパレル企業のマーチャンダイジング 業務

前述したように、アパレル企業のマーチャンダイジングでは「新商品開発と商品構成の計画と管理」が主要な業務となっている。具体的には、ターゲット顧客のニーズやウォンツを満足させるために、次のような内容の業務が行われる（図12）。

①ブランドコンセプト（ブランドマーチャンダイジングの基本的な考え方）の作成
②シーズンコンセプト（今シーズンの基本的な考え方）の作成
③スタイリング計画／シーズンコンセプトに基づいたスタイリングの計画
④商品開発／デザイン（シルエット、ディテール、素材、色、柄など）、機能の計画
⑤商品構成／アイテム、色、サイズごとの商品構成と数量の計画

⑥価格計画／原価（コスト）、価格の計画と設定

⑦生産の計画と管理／素材の調達、工場への発注、納期、生産数量のチェック

⑧販売方法の計画／展示会や店頭の商品構成、VMD、プロモーションの計画

⑨商品別の販売予算・利益予算の作成と管理

（詳細は69頁「2. 商品の企画・生産・販売の流れ」で解説）

④販売計画／販売予算の作成と月別展開計画

⑤品揃え計画／シーズンコンセプト、月別コンセプトに基づいた、アイテム、色、サイズごとの商品構成、価格、数量の計画

⑥仕入れの計画と実施

⑦VMD（ビジュアルマーチャンダイジング）

⑧販売方法の計画／販売サービス、プロモーションの計画

⑨商品別の販売予算・利益予算の作成と管理

（詳細は72頁「3. リテール品揃えの基礎知識」で解説）

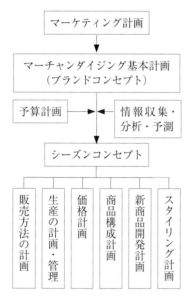

図12. アパレル企業の商品計画

図13. ファッション小売店の商品計画

5 ｜ ファッション小売店のマーチャンダイジング業務

ショップのマーチャンダイジングとは、ショップのマーケティング方針に基づいて、「商品構成と商品の選定・仕入れの計画と管理」をすることである。具体的には、店舗が立地するエリア内の顧客のニーズやウォンツを満足させるために、次のような内容の業務が行われる（図13）。

①ショップコンセプトの作成
②シーズンコンセプト、月別コンセプトの作成
③スタイリング計画

6 ｜ SPAのマーチャンダイジング

SPAは、アパレル企業の機能と専門店の機能が一体となった業態である。そのため、マーチャンダイジングにおいては、顧客満足を達成するために、アパレル企業の強みである商品企画機能や生産管理機能と、専門店の強みであるVMDや店頭品揃え機能の両方の機能を備えている。

具体的には、アパレル企業出身のSPAは、商品開発について他のアパレル企業と

同様の機能を担いながら、ブランドの方針に基づいて、店頭特性（顧客特性、立地特性、店舗面積など）を想定した商品構成やVMDを行っている。

また、専門店出身のＳＰＡは、品揃えやVMDについて他の専門店と同様の機能を担いながら、ショップの方針に基づいて、自ら商品企画、デザイン、パターンメーキングを行い、素材を選択し、工場に直接発注している。

7 | コンセプト設定の留意事項

ブランドコンセプトやショップコンセプトを作成するには、「誰にどのような場面で着てもらうか」、着装するターゲット顧客とオケージョンを想定しなければならない。

まず、マインドエイジ、テイスト、革新度、ファッション感性、オケージョンなどの観点から、ターゲット顧客像を明確にする。

次に、明確化されたターゲット顧客に対して、どういった特性をもつブランド（ショップ）を提案するか、コンセプトを設定する。コンセプトの設定にあたっては、上記のマインドエイジ、テイスト、ファッション感性、オケージョンなどのほか、スタイリング、グレード、アイテム、商品タイプなどを位置づける。

そして、そのようなブランド（ショップ）の位置づけに基づいて、基本的な、

- スタイリング特性
- デザイン、パターン、縫製特性（アパレル企業やＳＰＡの場合）
- アイテム構成、素材構成（布帛、ニット、カットソーの比率など）
- 価格ゾーン
- 生産特性（アパレル企業やＳＰＡの場合）
- 店舗の立地や規模（小売店やＳＰＡの場合）
- VMD（小売店やＳＰＡの場合）
- 販売方法
- 店頭展開時期のガイドライン

を作成する。

8 | シーズンマーチャンダイジング

ファッションは、シーズンごとに変化するだけでなく、同じ春夏というシーズンであっても昨年と今年では異なる。そこでファッションマーチャンダイジングでは、○○年春夏コンセプトといったように、次期シーズンにどのようなファッションを打ち出していくかを方向づけるためのシーズンコンセプトが作成される。

シーズンコンセプトは、ブランド（ショップ）コンセプトに、ファッション情報の収集・分析やファッション予測活動を加味して作成される。このように、シーズンを単位として展開されるマーチャンダイジングをシーズンマーチャンダイジングという。

シーズンマーチャンダイジングは、少なくとも年２回のシーズン（春夏、秋冬）に分けて展開される。商品はもちろん、売場づくり、販売サービス、プロモーションまでも考慮した形で展開される。

9 | VMD

マーチャンダイジングが顧客にとって現実に目に見える形で存在するのは、売場における商品陳列やディスプレイである。特に小売店やＳＰＡでは、商品と売場は一体のものとして計画・実行されて初めて、顧客の購買意欲を引き出すことができる。

このように、マーチャンダイジングを顧客

に見える形で展開する視覚的マーチャンダイジングをVMD（ビジュアルマーチャンダイジング）という。VMDは、導線計画、ゾーニング（売場構成の区分・計画）、什器構成、商品陳列、ディスプレイ、照明、POP、サイン（看板など）から店舗デザインまで多岐に及ぶ。マーチャンダイジングの主要なポイントを、視覚的にわかりやすく、美しく、時にはエキサイティングに、時には楽しく見せる総合表現が、VMDである。

10 | 商品の価格

　消費者が商品を購入する際の重要な判断要素の1つに価格がある。消費者は、その商品の価値と価格をつき合わせて、価値があると判断したときに購入を決定する。

　価格（プライス）とは、「商品やサービスを購入する際に、買い手が支払うべき、商品やサービスの値打ちを金銭で表現したもの」である。アパレル商品では、価格は商品の値札や価格表示サインなどによって表現されている。なお、誰に対しても同じ価格で販売することを伝えるために、値札等で表示された価格を定価という。

　価格には、卸売価格と小売価格がある。卸売価格とは、メーカーや卸売業が小売業に納める価格で、小売価格とは小売業が消費者に販売する価格をいう。

　小売店では、消費者に販売する価格を販売価格といい、産業界では上代（じょうだい）と呼んでいる。一方、小売店がメーカーや卸売業から購入する価格、すなわち卸売価格は、小売店から見れば仕入価格である。卸売価格のことを、産業界では下代（げだい）と呼んでいる。

　アパレル商品の小売販売価格は、次の点を考慮して付けられている。
- 顧客から見た適正な価格
- 原価
- 競争相手商品の価格

---

2. 商品の企画・生産・販売の流れ

1 | アパレル企業のマーチャンダイジング

　アパレル企業のマーチャンダイジングは、「新商品開発と商品構成の計画と管理」が主要な業務と前述した。

　アパレルマーチャンダイジング業務は、
- 商品を具体的に企画するデザイン
- 服を作るためのパターンメーキング
- 開発した商品を生産する生産管理
- 開発した商品を販売する営業実務や店頭販売

などの業務と密接な連携をとりながら進められている。

　アパレル企業におけるマーチャンダイジングは、シーズン別に進められる。

　シーズンマーチャンダイジングは、年2回（春夏、秋冬）のシーズンコンセプトをもとに、年4回（春、夏、秋、冬）、年5回（梅春、春、夏、秋、冬）などの展示会を、1つの区切りとして進められる。ただし、SPAではシーズンコンセプトを基本にして、売場の展開計画（一般的にはマンスリー展開計画）に基づいて進められることが多い。

2 | アパレル商品の企画・生産・販売の流れ

シーズンマーチャンダイジングの流れは次のようになる（図14）。

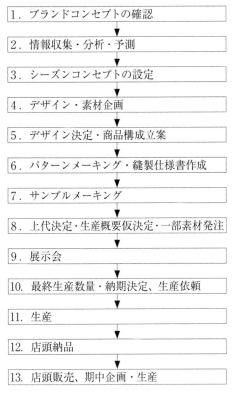

1. ブランドコンセプトの確認
2. 情報収集・分析・予測
3. シーズンコンセプトの設定
4. デザイン・素材企画
5. デザイン決定・商品構成立案
6. パターンメーキング・縫製仕様書作成
7. サンプルメーキング
8. 上代決定・生産概要仮決定・一部素材発注
9. 展示会
10. 最終生産数量・納期決定、生産依頼
11. 生産
12. 店頭納品
13. 店頭販売、期中企画・生産

図14. シーズンマーチャンダイジング業務の流れ

① ブランドコンセプトの確認

ブランドコンセプトは、シーズンごと・月ごとの商品構成やデザイン、素材、カラー、サイズ、品質、縫製など、商品開発を進める上での基本となるものである。こうしたブランドコンセプト、ターゲット顧客像、ブランドイメージ、マーチャンダイジング方針などを確認する。

② 情報収集・分析・予測

次シーズンにどのようなファッションが注目されるか、種々の情報を収集し、分析して、ファッションを予測する。また現在の市場や売場の動向を分析して、次シーズンの企画に役立てる。

③ シーズンコンセプトの設定

自社ブランドの販売実績情報やファッション予測情報などの分析結果を参考にしながら、春夏、秋冬など、次シーズンのブランドとしての「ライフスタイル」「スタイリング」「デザイン」「商品構成」「価格」などの基本方針を設定する。

④ デザイン・素材企画

チーフデザイナーを中心に、シーズンコンセプトに基づいて、シーズンのスタイリング（コーディネーションなど）を検討し、デザイン、素材企画（素材づくり、または素材のセレクト）をする。

⑤ デザイン決定・商品構成立案

シーズンコンセプトに沿ってデザインを決定し、どのような商品構成にするかを決める。SPAや直営店舗を有している企業ではVMDも立案する。

⑥ パターンメーキング・縫製仕様書作成

決定したデザインを形にするために、製品設計（パターンメーキングなど）を行う。併せて、サンプルを製作するための縫製仕様書を作成する。

⑦ サンプルメーキング

パターンと縫製仕様書に基づいて、サンプルを製作する。

⑧ 上代決定・生産概要仮決定・一部素材発注

出来上がったサンプルをもとにして、縫製工賃や生地値を想定した原価や競争市場を考慮しながら、上代を決定する。また、生産数量・納期や素材ロットを仮決定し

て、一部の素材は発注する。

⑨ 展示会
　小売店からの受注を目的として、展示会を開く。

⑩ 最終生産数量・納期決定、生産依頼
　展示会の結果をもとに、工場に指示する最終的な生産数量と納期を決定する。すべての素材・副資材を発注し、委託をする工場に生産を依頼する。

⑪ 生産
　工場で生産する。

⑫ 店頭納品
　生産された商品を、店頭に納める。

⑬ 店頭販売、期中企画・生産
　納品された商品を店頭に陳列して販売する。最近では、店頭に商品を納めた後に、店頭の顧客動向を見ながら展示会企画商品で不足している商品を企画・デザインし、生産することも多い。

3 ｜ 商品構成

　商品構成とは、商品の服種、アイテム、色、サイズとその数量を取り揃えることをいう。アパレル企業では、シーズンコンセプトとスタイリング方針（デザイン画のスタイルなど）を基本に、まず布帛、ニット、カットソー、小物などに分類し、それぞれワンピース、ジャケット、スカートといったようにアイテム別の構成比率を検討する。
　アイテム構成の次に、アイテムごとの型数（デザインの数）を検討して、採用するデザインを決定する。そしてデザインごと

の色とサイズの構成を組み立てていく。

4 ｜ 展示会

　展示会とは、小売業に対して、新商品を展示して商品の注文を取る場面である。展示会に際しては、事前にマーチャンダイザーやデザイナーから営業担当者に向けて、シーズンのテーマ、ストーリー、月別展開計画、デザイン特性、スタイリング特性などが説明される。展示会当日には、小売業のバイヤー等に、月別の展開計画やキャンペーン計画を提示しながら、アイテム・品番ごとの数量・納期までを詳細に詰めて注文を取ることになる。

5 ｜ アパレル企業の生産管理

　生産管理とは「生産を計画、交渉、準備、指示、チェックする」ことである。
- 計画／何を、どこで、どれだけ生産するか
- 交渉／いくらで、いつまでに
- 準備／主資材（生地、ニットの場合は糸）と副資材（裏地、芯地、ボタン、ファスナーなど）の投入
- 指示／生地の上がる日と数量の指示、縫製仕様書に基づく裁断・縫製の指示
- チェック／途中の進捗状況のチェック、完成品のチェック

　このような生産管理にも、アパレル業界では2つの側面がある。1つの側面は、アパレル工場における生産管理であり、もう1つの側面は、アパレルメーカーにおける生産管理である。（前者については、「ファッション造形知識「第5章3.アパレル製造の基礎知識」で解説）。

後者のアパレルメーカーの生産管理では、具体的には次のような業務が行われる。

- 外注工場の選定／商品構成計画に基づいて、商品別に生産する工場を選定する
- 数量管理／商品ごとの生産数量を決定する
- 素材調達／商品構成計画に基づいて、使用する生地を選択し、テキスタイル企業等から生地を調達する
- 副資材調達／アイテム・品番ごとに、使用する副資材を選択し、副資材企業から調達する
- 原価管理／商品ごとの原価（コスト）を管理する
- 納期管理／各商品をいつまでに生産して自社に納品してもらうか、納期を計画・管理する
- 品質管理／各製品の品質（クオリティ）を管理する
- 外注工場進捗管理／生産途中の進行状況をチェックすると同時に、仕上がった時点で完成品の品質等をチェックする

6 | 商品デリバリーと店頭販売

アパレルメーカーでは、工場で生産された商品は、アパレルメーカーのオフィスや倉庫に納品される。アパレルメーカーでは、営業担当者などが、自社のどの商品を、どこの店舗に、いつ、どれだけ納めるか、商品のデリバリー（配送）を決定する。そして各商品は、自社の物流部門（または外部の運送会社）によって、指示された小売店舗に配送される。

店頭では、アパレルメーカーの倉庫（またはオフィス）から納品された商品を、整理して、店頭に陳列し、消費者に販売する。

SPAでは、商品は自社の直営店舗（または、それに準ずる店舗）に納品され、自社の販売スタッフが商品を整理して、店頭に陳列し、消費者に販売する。

---

3. リテール品揃えの基礎知識

1 | 売場の商品構成

商品を販売する「売場」には、数多くの商品が陳列されているが、単に売れそうな商品をかき集めればよいとはならない。設定されたショップコンセプトのもと、自店の顧客の特性やファッショントレンド、季節性、アイテムバランスといったさまざまな要素を考え合わせたうえで、戦略的に商品の種類と数量を取り揃える必要がある。これを「品揃え」という。

2 | シーズン品揃え計画の手順

シーズンの品揃え計画の立案にあたっては、ソフトとハード、両面からの検討がなされる。特にソフト面では情報収集の徹底が基本となるため、日頃から広く社会や経済の状況を注視するようにして、世の中に漂う「気分」を把握しておく必要がある。そして次シーズンに近づくにつれ、コレクションや川上から川下までのファッション業界の動向、自店のターゲット顧客や地域に関連が深

い事柄といった具合に、範囲を狭めながら情報を収集・分析していく。このように膨大な情報量を集め、そぎ落としていくことで、より確度の高い情報に絞り込むことができる。

これらの情報を自店のコンセプトに加味して、シーズンMDコンセプトを策定する。シーズンMDコンセプトとは、そのシーズンをどのような商品政策で戦っていくのかの基本方針である。MDコンセプトが決まったら、シーズンテーマ、代表的ウェアリングを決定し、次にハード面、すなわち数値に落とし込む作業に入る。アイテムバランスやプライスゾーンを設定し、さらに売上げや在庫、利益などの計数計画を作成し、具体的な商品調達方法を検討する。ファッションリテールにおける商品調達は、さまざまなブランドから完成品を仕入れる「品揃え型」と自店のオリジナル商品を企画・生産する「SPA型」に大別されるが、現状ではこの2つをミックスすることも多い。

3 | 仕入れ

セレクトショップに代表される品揃え型専門店では、基本的に商品を仕入れ（バイイング）で賄（まかな）う。仕入れとは、販売する商品

をファッションブランドなどから買い入れることで、仕入れの担当者をバイヤーという。

バイヤーは通常、ファッション関連の展示会や見本市などに出向き、シーズン品揃え計画を念頭に置きながら、展示されているサンプル商品の中から、売場にいつ、どのような商品を、どれだけの数量で並べれば、お客様に購入してもらえるかを検討しながら発注する。とはいえ、実際には3カ月〜6カ月先の売場を想定した作業になるため困難が伴う。例えば真夏の時期に冬物を発注するとなれば、想像力を駆使しても、実際には不確実な要素が多く、見切り発車を強いられる場面も多い。したがって、自店の前年実績などのデータと店が主張したいファッションメッセージの両面から判断を下していくことになる。

4 | 売場分類

売場分類とは「自店で展開する商品を、シーズン性などを考慮しながら、一定の基準でおおまかにグループ化して売場に配置すること」をいう。限られた面積の売場をどのように分類すれば、顧客にとって魅力的で買いやすいものになるか、また店に

表6. 春／夏 計数計画の例

（単位：万円）

予　算	2月	3月	4月	5月	6月	7月	合計
売上高	450	550	560	500	480	600	3,140
粗利益高	153	209	196	175	192	174	1,099
粗利益率	34%	38%	35%	35%	40%	29%	35%

							上代
予　算	2月	3月	4月	5月	6月	7月	合計
売上高	450	550	560	500	480	600	3,140
仕入高	470	710	680	410	260	450	2,980
月末在庫	670	830	950	860	640	490	

とって売上効率が上がるか、この両面から検討がなされる。

ひと口に売場分類といっても、売場面積や売上高などの「店舗の規模」や、百貨店、量販店、専門店などの「営業や企業の形態」の特性によっても、その方法は異なる。特に大型店の場合は、取扱う商品の幅が広くなるため、より多くの要素を考え合わせる必要がある。

5 ゾーニング

レディスやメンズ、スポーツなどに分類された売場では、さらに商品をテーマ別、ブランド別、アイテム別、カラー別、価格別といった切り口でグルーピングして、どの位置に、どれくらいのスペースで配置するかを決め、ビジネスを展開する。こうした「区分けした商品群を売場に配置することや、その計画」を「ゾーニング（zoning）」という。

近年では程度の差はあれライフスタイル提案を打ち出すショップが多いため、ライフシーンやオケージョンなどのテーマで関連する多品種の商品をミックスするゾーニング手法を中心に据え、重点アイテムや価格訴求などの戦略的ゾーンで補完するスタイルの売場構成が多い。

基本的なゾーニング計画は、シーズン前に商品群の季節性や顧客の買物動機の推移を考慮して立案される。また売場のスペースごとの特徴を踏まえ、単価の高い商品や購買決定までに時間を要する商品は、売場の奥に配置して、ゆっくり落ち着いて選んでもらう、戦略的にアピールしたい商品は売場の前面に打ち出し、店の外から、あるいは売場に入った瞬間に強く印象づける、といった要素も加味される。

ただし、こうした計画はあくまでも基本計画であり、実際の売場運営においては想定外のことが多く起こる。例えばカラーを「白と黒」に絞り込んだテーマで、白ばかりが売れてしまえばゾーニングは成立しなくなる。そうしたとき、臨機応変にゾーニングを組み替える技術も必要になる。

いずれにしても日頃からキメ細かいゾーニング調整を行うことにより、たとえ商品の大半が同じであっても、顧客の目には新鮮な売場に映るという点に留意するべきである。

6 演出と陳列

商品訴求は、商品の利用価値を訴えかける「演出」と、商品自体がもつ価値を訴えかける「陳列」に大別される。

売場の演出は、視覚的にインパクトのあるディスプレイ、それらを際立たせる照明、雰囲気を盛り上げるBGM、販売スタッフのビジュアル性や動きなど、総合的な要素から組み立てることが大切である。

一方、陳列は、商品のデザインやカラー、サイズ、素材などの違いが、顧客にわかりやすく伝わるような表現を心がける。基本的な商品陳列は、使用する什器に見合う品種やアイテム、数量などを決める。その際、商品群を漫然とではなく、「短いから長いへ、薄いから濃いへ」といったように、丈や色などの並べ方のルールを定めておくと、顧客にとって見やすく美しいフェイシングになり、また店側にとっても迅速な商品整理や補充が可能になる。

以上は、売場における「演出や陳列」の基本であるが、実際には店のMD特性によっても異なりが生じる。定番商品が主体のSPAなどでは基本的な手法を踏襲しやすいが、ブランドごとにコーナリングするセレ

クトショップやさまざまなアイテムをミックスするライフスタイルショップでは、陳列にも演出要素が求められるため、売場づくりに高度なスキルを要する。そのため、日頃から自店のMD特性を理解するようにして、いかにしたら顧客にとって「魅力的で買いやすい売場になるか」という視点から、売場づくりの技術を高めることに努めることが大切になる。

7 | 百貨店の売場構成

百貨店とは、「衣・食・住」の商品を取扱い、主に対面販売を行う大型小売店である。ショッピングセンターなどに比べ、多層階となる百貨店では、婦人服、紳士服、子供服、生活用品、インテリア、雑貨など、客層や商品カテゴリーごとにフロア展開がなされている。それぞれのフロアは、ブランドなどが独自に運営する壁に囲まれた「箱型ショップ」、フロア全体が見渡せるような間仕切りのない、複数の仕入先の商品を販売する「平場」、簡略的に什器を設置し、スポット的に商品を販売する「コーナー」の3タイプで構成されている。

百貨店の売場構成には、上下階にわたっ

て垂直的にフロアを構成するバーチカルゾーニングと、1つのフロアの売場を構成するフロアゾーニングがある。バーチカルゾーニングは、全館の顧客の回遊性を考慮して、フロアごとに特徴をもたせている。

上層階にはレストラン街やイベントスペース、ギャラリーなどを配置する。こうした集客力が高い施設を充実させることで「シャワー効果」、すなわち上から下への利用客の流れを作り、百貨店全体の売上げを増加させることを狙う。

中層階は高い坪効率が見込めるアパレルが中心となるが、近年では専門店やネットショップなどによる低価格帯商品の台頭により、中心となる中間価格帯の伸び悩み傾向も見られる。

1階は顧客を招き入れるフロアであり、良好なイメージと高い坪効率が望める化粧品やラグジュアリーブランドを中心とした服飾雑貨が配置されることが多い。

地階、いわゆる「デパ地下」では、話題のスウィーツや総菜など購買頻度の高い食品で集客を図るケースが多い。これにはシャワー効果とは逆の下から上への顧客の流れを作り、「ついで買い」をしてもらうという「噴水効果」への期待が込められている。

---

4. ファッション資料の知識

1 | ファッション情報の重要性

ファッションビジネスにとって、情報はとても重要である。ある商品が、どのブランドなのか、デザイナーは誰なのか、どこで販売されたのか、どこで生産されたのか、素材は何か、誰が着たか、いつ発売されたか、いくらか、どれくらい生産されているのか、在庫はあとどれくらいあるのか、どの雑誌に載っているのか、どんな色なのかなど、ファッション商品は目に見えない情報の塊（かたまり）として存在している。情報は、商品

そのものの情報だけではない。商品として世の中に出た後に付加された情報が付加価値となり、アイテムの価値を上げることもある。例えば、どの有名人が着用したか、どこの百貨店・セレクトショップで販売されたかなどが挙げられる。

2 | さまざまなファッション資料

次のシーズンに、どのようなファッション（スタイル、デザイン、色、柄、素材、コーディネートなど）が注目されるか、情報を収集・分析してファッション予測を行う。

ファッション資料となるものには、以下のようなさまざまなものがある。

① ファッション系雑誌・新聞・サイト

　ⅰ）ファッション業界人・関係者を読者として想定した雑誌・サイト・新聞・専門誌—ファッション系

　　各協会や団体が発行している業界誌や専門誌・雑誌・新聞などは重要な資料となる。特化された専門知識とともに、その時代の情報がタイムリーに掲載されている。

　ⅱ）ファッション業界人や関係者を読者として想定したもの—ファッションビジネス系

　　業界を広く捉えたり、全体像を把握したりするために、政府や国、各団体や協会などが発行しているデータを市場分析や消費者動向を見る際の資料として活用することもある。知見者を招集して実施した会議などの情報は、今後のファッションビジネスにも大きくかかわる事項が含まれていることもある。

　ⅲ）一般消費者向けの雑誌やサイト—ファッション系やストリート系

　　一般消費者向けのファッション雑誌・テレビ・ウェブ上に掲載されている情報は、企業・ブランドが発信する情報として、市場の現状を写し出す鏡となり、市場分析に活用されている。国内のみならず、海外のファッション雑誌やサイトなども、世界の市場を知る上で重要な参考資料となる。

　ⅳ）トレンド情報誌・サイト

　　ファッションのトレンド予測やインサイト分析をする企業が提供しているデータなどは、今後のファッション業界の流れを把握するために使用する。

　　このような、情報提供サイトやトレンド情報を発信している専門の企業がある。紙媒体で提供していたり、ウェブ上で発信したりしている。ウェブ上ではタイムリーに多くの情報にアクセスできるが、紙媒体のほうが見る側がバイアスをかけずに全体を網羅して情報を収集するのに適している。

　　このようなトレンド情報を提供している企業は、月単位や年単位の契約でより詳細な情報を得たり、自分たちの企業が望むピンポイントの情報を依頼したりすることもできる。いずれにしろ、コストはかかってくるので、どのような内容が必要なのかを見極めてから発注する。

　ⅴ）コレクションに的を絞った雑誌・サイト

　　各国で行われたコレクションを、まとめて掲載している雑誌やサイトがある。また、レディスやメンズ、キッズなどのカテゴリー別、デニムやドレスなど素材別やアイテム別に分けているものや、そのシーズンのトレンド別に分けてまとめているものもある。

② 書籍

雑誌以外にも、さまざまな関連書籍があ

る。統計データや専門書などから情報を収集することもできる。デザインやクリエイションのソースとして、自然やアート、建築、アニメ、音楽など、さまざまな文化からインスピレーションを受けて作成した資料も、ファッション資料として活用される。

③ 広義のファッション関連雑誌・サイト

インテリア、コスメ、自動車、アウトドアなど、広義のファッションアイテムに関する雑誌やサイトも情報源となる。

④ CGM（Consumer Generated Media）

個人が発信している情報も、市場の現状把握や自社の商品の紹介・レビューなどを収集することで、分析等に活用できる重要な資料となる。

3 | インターネット上の情報収集

インターネット上には、企業やブランドが発信している情報や、それを活用した情報掲載サイト、また消費者が情報を発信しているサイトなど、情報があふれている。その中から、欲しい情報を収集していく。文字情報だけでなく、画像・動画情報も検索して得ることができる。ファッションはビジュアルを活用して情報を伝えることが多い。また、シーズンとともに情報が変化していくため、スピードが求められる。そのため、インターネットはファッション情報を収集し、発信していく最適なツールとなっている。

ウェブ上では、消費者の意見などの情報も収集できる。商品やサービスについての良かった点や悪かった点などの感想が率直に書かれていることもあるので、そのような声を拾う場としても活用することができる。それらの声をもとに、商品やサービスの改善・改良につなげたり、そのコメントを残した人に直接コンタクトを取ったりと、公開・非公開を問わずコミュニケーションを重ねることで、クレーマーを顧客へ、また顧客をロイヤル顧客へと変えていく手法を採っているブランドや企業もある。

4 | ファッション情報の活用

収集した情報をどのように活用するかは、ブランドの意向次第になる。特にトレンド予測を活用するか否かはブランドの方針次第だが、色と素材に関しては川上の企業や、ボタンやファスナーなどのさまざまな付属メーカーなどが実需期の1年以上前から予測を立てて動き始めるため、小規模のブランドこそ、今後のブランド拡大を見越して、それらの情報をもとに今後の方針を決めていくことが効率の良い生産につながる。

また、今までに発表されたコレクションやブランド・商品情報を収集して、まとめて提示する企業もある。それらの情報から今後の動きを読んだり、振り返って参考にする材料として活用することもできる。

第 **6** 章

ファッション流通

1. 流通に関する基礎知識

1 | 流通とは

今日の経済社会では分業が高度に発達し、メーカー（生産企業）によって生産された商品は、さまざまなルートを経て最終消費者に渡る。この生産者から最終消費者までの流れを「流通（ディストリビューション）」という。そして生産者から最終消費者に商品や情報が流れるルートを「流通チャネル」「流通経路」という。

また、このような商品の流通に携わる産業を、「流通産業」または「流通業」という。流通産業には通常、卸売業と小売業がある。

2 | 流通の役割と機能

生産と消費の間には、次のような隔たりがある。
- ●生産者と消費者が異なる人的隔たり
- ●生産地と消費地の場所が異なる地理的隔たり

- ●生産と消費の時期が異なる時間的隔たり
- ●生産と消費の数量単位の違いからくる数量的隔たり
- ●資金利用上の隔たり

以上の隔たりを結びつけて、商品が生産者から消費者まで円滑に渡るようにするには、企業の流通活動が必要である。流通の機能は、商流（商取引流通）、物流（物的流通）、情流（情報流通）に大別できる。

① 商流（商取引流通）

商流は、人的・社会的な隔たりを少なくするために需要と供給を結びつける機能で、売買を指す。売買とは、企業と企業、企業と消費者の間の商品の交換活動であり、商取引ともいう。売買活動を行うことによって、商品の所有者が変わる。卸売業や小売業が、この機能を担っている。

② 物流（物的流通）

物流は、生産した商品を最終消費者まで届ける機能で、地理的隔たりを少なくする「輸送機能」、時間的な隔たりを少なくする

「保管機能」、そして荷役やピッキング、包装、流通加工などの機能がある。

- ●入荷／荷物が到着すること
- ●出荷／荷物を送り出すこと
- ●荷役／荷物を積み下ろしすること
- ●ピッキング／保管場所から商品を取り出すこと
- ●包装／輸送や保管のために、段ボールなどに詰めること
- ●流通加工／タグ付け、値札付けなどのこと

企業の物流部門や、運送業者や倉庫業者などが、この機能を担っている。

③ 情流（情報流通）

情流は、人的・社会的な隔たりを少なくするために、生産者の情報と消費者の情報を結びつける機能である。消費者の嗜好や変化を生産者に伝えたり、生産者の考え方や商品特性を消費者に伝えたりする機能で、情報収集・分析や情報発信など、両者の間で情報を循環させる活動を指す。

この機能は、メーカー、卸売業、小売業のほか、市場調査会社、広告代理業、情報ネットワーク業者なども担っている。

④ 流通支援機能

流通には、上記の３つの機能のほかに、流通支援機能がある。流通支援機能には、「金融機能」「保険機能」などがある。

生産者の商品を消費者に手渡すまでには、多額の費用が必要となるが、そのための資金を融通する機能が「金融機能」である。また、商品が消費者の手に渡るまでには、火災・盗難・破損などの危険があるが、これらによって生じる損害を負担する機能が「保険機能」である。ほかに国内的・国際的な「規格化・標準化機能」なども挙げられる。

流通支援では、銀行、損害保険会社、信販会社などの役割が重要である。

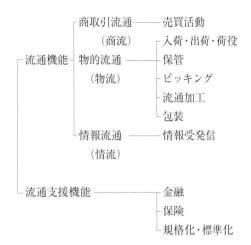

図 15. 流通の機能

3 | 流通とコミュニケーション

流通のうち、情報流通は情報を結びつける機能であり、つまりコミュニケーションのことである。コミュニケーションには、情報の発信者と受信者が存在する。発信者は伝達したい内容を受信者に伝達する。そして受信者は、発信者の情報を受信する。

現在のファッションビジネスでは、企業も消費者も発信者であり受信者である。企業はビジネス活動を通して情報内容を消費者に伝達し、消費者は消費生活や購買活動を通して情報を活用すると同時に、新たに企業に情報を伝達する。

企業が情報を受信する活動には、POS情報やSNS情報などの情報収集・分析活動がある。また企業が情報を発信する活動には、マーケティングの4Pの1つであるプロモーション活動がある。

プロモーション活動は、ターゲット市場に対して商品やサービスの特性・価値・価格を市場に伝達し、購買につなげるために

説得することである。

　プロモーション活動は、つまり広告、パブリシティ、販売促進、人的販売の4つの手段に大別される。

① 広告（アドバタイジング）

　特定の広告主によって、アイデアや商品やサービスを、有料の媒体を用いて、ノンパーソナルに宣伝すること。マスコミ広告のほか、ミニコミ誌等の広告、チラシ広告、屋外広告、交通広告、ネット広告などがある。

② パブリシティ

　アイデアや商品やサービスを、無料の媒体を用いて、ノンパーソナルに発信すること。プレスリレーション（プレスリリース作成、取材対応、メディアへの商品貸出し等）などがある。このようなパブリシティを含め、企業を取り巻くさまざまな利害関係集団と良好な関係を構築することを広報（パブリックリレーション）という。

③ 販売促進（SP＝セールスプロモーション）

　商品やサービスの購買ならびに販売の意欲を高めるための短期的なインセンティブ（動機づけ・刺激の意）のことである。
　店頭でのVP・PP・IP、DM、ポイントカード、プレミアム商品、試供品、招待、懸賞・景品、割引などがある。
　また、展示会やファッションショーなども

ファッション業界らしい販売促進活動である。

④ 人的販売（パーソナルセリング）

　アイデアや商品やサービスの内容を、人が媒体となって提示することである。店舗では販売スタッフが、メーカーでは営業担当者がこの機能を担っている。

　以上のほか、コミュニケーションで重要なのが口コミである。口コミは消費者対消費者のコミュニケーションで、消費者間の口頭によって伝達するものや、インターネット上でSNSを介して伝達されるものがある。口コミは、基本的には企業がコントロールできないが、積極的に企業情報を公開するなどして間接的にかかわることができる。

4 ｜ アパレル商品の流通チャネル

　アパレル商品の流通チャネルは多種多様だが、一般に図16に示した4タイプがある。
　最も一般的なのがBのタイプで、専門店、百貨店、量販店などの小売業がアパレルメーカーなどのアパレル企業から商品を仕入れ、消費者に商品を販売するケースである。
　CとDは、アパレルメーカーと専門店の両方の機能を有したSPAなどの流通チャネルを表している。Cのタイプはアパレルメーカー出身のSPAで、Dのタイプは専門店出身のSPAである。

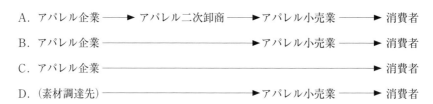

図16. アパレル商品の流通チャネル

5 | 流通コスト

流通コストとは、流通機能と流通支援機能にかかわる費用を意味し、商品が生産者から消費者に渡る過程で発生する費用のことをいう。

流通コストには、商取引にかかわる費用、物流にかかわる費用（輸送や保管の費用）、情報流通にかかわる費用（広告宣伝の費用など）、そして金融や保険にかかわる費用などがある。なお、流通業では、物流にかかわる費用を流通コストということもある。

6 | 取引と取引条件

現在の社会では、企業と企業、企業と個人の間で絶えず交換活動が行われている。交換とは、価値のあるものを手に入れるために、受け手が価値が等しいとみなす他のものを提供することをいう。

また、企業と企業、企業と消費者が、物と物、物と金、サービスと金、金と金を交換することを、取引（トレード）という。すなわち、アパレルメーカーと小売業、小売業と消費者の間の売買活動などは、取引である。

売買とは、販売と購買を合わせた用語である。販売（セールス）とは「品物を渡して貨幣を手に入れる交換」、購買とは「貨幣を渡して品物を手に入れる交換」のことをいう。

購買のうち、販売を目的として企業が商品を購買することを、仕入れ（バイイング）という。小売店にとってはショップで売るための商品を買い入れることが仕入れとなり、アパレルメーカーにとっては素材などを買い入れることが仕入れである。

アパレル業界、小売業界に関する取引で最も多いのはこのような商品売買の取引だが、小売業やショップ型アパレル企業では、SCディベロッパー等と交わされる物件賃借の取引も理解しておく必要がある。

取引形態とは、取引の仕組みであり、アパレル企業と小売企業（特に百貨店）の間では、買取仕入、委託仕入、売上仕入（消化仕入）がある。

取引条件とは、取引に際して取引相手と契約する条件のことである。取引条件は文書（契約書、または注文書）によって契約されるが、アパレル企業と小売企業で交わされる売買取引では契約書を交わさないことも多く、小売企業の注文書またはアパレル企業の受注書によって契約が成立することが多い。

7 | アパレルメーカーとアパレル小売業の取引実例

アパレルメーカーと小売店の間で交わされる取引の一例を説明すると、次のようになる。

①小売業者は、アパレルメーカーのショールームや展示会場などを訪問して、展示されている商品の中から自らの店に品揃えするために必要な商品を選択する。

②小売業者は、具体的には、いつ、どのような商品を、いくらの販売価格で、どれだけ店に並べれば、お客様に満足してもらえるかを検討しながら、商品を選択する。

③そして、小売業者のバイヤーなどが品揃えに必要な商品があると判断すれば、仕入れの方法、仕入価格、数量、引渡日、代金の支払方法などを、アパレルメーカーと交渉して商品を注文する。

④アパレルメーカーは、注文された商品を、注文された数量で、指定された引渡日に

納品書を添えて小売店に発送する。

⑤小売業者は、注文通りの商品かどうか、数量が合っているかどうか、不良品がないかどうかなどを検品した後、約定通りであれば商品の受領書に受領印を押して着荷を通知する。

⑥アパレルメーカーは、取引条件で決められた支払期日が近づくと、請求書（1カ月分の合計請求書など）を発行し、小売業者に代金の支払いを求める。

⑦小売業者は、請求書の金額をチェックした上で、指定の支払日に支払う。

⑧代金を受け取ったアパレルメーカーは、領収証を発行する。

アパレルメーカーが代金を回収する方法には、集金（直接小売店に出向いて代金を受け取る方法）と、銀行などへの振込み、の2つの方法がある。

このように後日代金を回収することを条件に、商品を販売することを掛売りという。企業と企業の間では、商品を納めるときにそのつど代金を受け取っていたのでは効率が悪いので、例えば1カ月分をまとめて請求日に請求して、後日、支払日にまとめて代金を受け取るケースが多い。

2. ファッションショップの仕組みと業務

1 │ 単独店とチェーン店

一般にファッションショップは単独店から始めるケースが多いが、売上げが伸びるにしたがってオーナーは店舗数を増やしたいという心理に駆られるものである。

店の主な仕事には、商品の仕入れや販売、売場管理や計数管理などがある。単独店の場合はスタート時の少人数のスタッフで賄うが、店舗数が増えれば当然のように、そのための人材を確保しなければならない。

さらに多店舗展開となれば、情報や運営ノウハウを共有するために組織化を図り、全店を統括する本部も必要になる。本部機能には、「総務」「人事」「経理」はもとより、「店舗開発」「広報・宣伝」「販売促進」「物流」などがある。

チェーン店化することにより、売上げの増加はもとより、本部が全店舗の商品をまとめて仕入れるセントラルバイイングや、生産ロットの消化が見込めるＰＢ展開など、商品原価を低下させるための手立てを講じることが可能になる。また店舗の造作や売場の什器、備品などもまとめて発注できるため、コストの軽減にもつながる。

このように単独店に比べてチェーン店は、さまざまなスケールメリットを享受することができる。

とはいえ、安易なチェーン化には大きなリスクが伴う。例えば、単独店が成功し、2店舗目、3店舗目と出店していけば、優秀なスタッフが分散する。立地選定を見誤り売れない店が増えれば、経営に悪影響を与えるなどデメリットとなり得る要素も多く存在する。

小売企業が成長するには、店舗数を増やすことは基本的な政策といえるが、新規出店にあたっては、あらゆる角度から慎重に検討を重ねる必要がある。

2 | ファッション専門店チェーンの組織と ファッションショップの販売

① ファッション専門店チェーンの組織

ファッション専門店チェーンの組織は、他業態のチェーン専門店組織と大きな違いはなく、下図に示したようになっている。

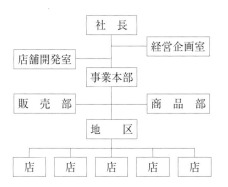

図17. チェーン専門店の組織図

業務の流れとしては、経営企画室などの部署で「中期計画」「年度計画」などが立案される。そのプランに沿って、商品部がファッションに関連するさまざまな情報を収集・分析して、販売計画達成のためのマーチャンダイジング（MD）活動に取り組み、販売部と協力しながら、目標をクリアすべく努力する。

これらMDと販売の一連の活動が業務の中心に据えられ、それを支援する機能として人事、経理、総務（組織図では省略）などが組織されている。

また、出店にかかわる計画・実施を担当する店舗開発及び店舗づくりやVMDを担当する部署も、チェーン専門店組織では大切な役割を果たしている。さらに、近年は自社のメッセージ発信やイメージ戦略などの広報・宣伝を担当する部署の役割が増している。特にSNSを中心とするITを活用したコミュニケーションは欠かせない戦略となっている。

② ファッションショップの販売

ビジネスは、商品が販売されてこそ成立する。売場やECでの販売が小売業の最も重要な仕事といえる。

リアル店舗の販売形態は、大きくは2つに分かれる。1つは、レベルの高いサービスと専門的なアドバイスを提供しながら接客応対を行い、顧客との親密な関係を築いていくタイプである。デザイナーズブランドショップやセレクトショップ、ブティックなど、ファッション性やグレードの高い店に多く見られる。

2つ目は、不特定多数の流動客を中心に、あえて必要最低限の接客しか行わないセルフサービスに近い形の店である。この形態は、価格が比較的低いカジュアル系SPAや小物雑貨ショップで採用される場合が多い。

3 | 百貨店の組織と販売

① 百貨店の組織

百貨店の基本的な組織体制はチェーン専門店と似ているが、日本の百貨店はチェーン組織ではなく、支店形態をとり、支店自体が事業本部的な機能を有しているところが多い。また、店舗の規模が大きいことから、売場はフロア別・部門別に管理されている。

売場には、百貨店が直接仕入れて販売することが多い「平場」と、百貨店内に売場を確保したアパレル企業やブランドなどが品揃えを計画し、自社の販売員が自社商品を販売する「インショップ」などがある。

そのほかに、百貨店独自の組織として、他社の売場づくりも請け負う部署や、物産展や特売会などの催事を専門に担当する部署などもある。

② 百貨店の販売

百貨店の販売には、次のような特徴がある。

ⅰ）ワンストップショッピング

ワンストップショッピングとは「さまざまな買物を1カ所で済ませる買物行動」を指す。時間と労力を節約したいというニーズに対しては、幅広い品揃えやサービス体制、催事などが用意されている必要がある。

その点、百貨店の売場構成は、顧客が店内を気持ちよく、くまなく歩けるように設計されており、1つの店舗内でさまざまな買物を済ませることができる。例えば、自分自身の衣料品を買いに来た主婦が、他の店に行くことなく、ついでに夫や子供の衣料品はもとより、雑貨や食料品を購入したりカフェでくつろいだりすることもできる。

ⅱ）対面販売・側面販売

売場ごとに、販売スタッフが顧客と向かい合って、パーソナルにコミュニケーションを取りながら販売する対面販売、顧客と同じ側に立ち、商品と向かい合いながら接客する側面販売のいずれか、またはその組み合わせで販売する方式がある。

ⅲ）店外販売

百貨店には、法人向けと個人向けの外商という部署がある。外商では、売場を通さず、顧客に直接販売する。百貨店の知名度や信頼感に裏づけされるものだけに、個人・法人ともに高額の販売が期待できる。

ⅳ）その他

信販会社との提携カード、百貨店が独自に発行したカードなどによる、クレジット販売体制が充実している。

4 | 量販店の組織と販売

① 量販店の組織

量販店は、「大量仕入、セルフサービス、低コストの設備などにより、日常的な商品を中心に低価格で販売する大型店」である。

量販店事業では、低価格化を実現するためにセントラルバイイングやPB開発を実施し、チェーン展開の店舗数が多い場合は、いくつかのエリアに区分して店舗管理を行っている。

百貨店に比べて、同一商品が多数の店舗に並ぶため、POSシステムを活用した商品管理体制が発達している。

② 量販店の販売

量販店の販売には、次のような特徴がある。

ⅰ）セルフセレクション

顧客が売場で自由に商品を選択し、購入商品を集中レジまで持参すると、スタッフが精算や袋詰めを行う方式が基本だが、最近では顧客自身が精算や袋詰めまで行うセルフレジも増えている。百貨店の対面販売に対して、無人販売であるといえる。

ⅱ）マスMDフロア

量販店は、階層ごとに食料品、家庭用品、衣料関連、レストラン街というようなフロア構成にし、最上階でも4～5階である。マスMDを品揃えの基本としてきたため、専門的な商品は品揃えされていない。そのため、顧客の要望に応えるべく、店内に専門店を導入するケースが増えている。

ⅲ）キャッシュ＆キャリー

出口にレジスターを集中させ、顧客は買い上げた商品の精算をしないと店外に出られないシステムを採っている。

以上が、日本の代表的な小売業態の組織と販売方式だが、あくまでも従来型の基本的なものである。IT（情報技術）の発展、特にスマートフォンの浸透や、サステナブル、エシカルといった意識の高まりにより、消費者の買物における行動や価値観も大きな変化を遂げている。そのため小売業にもこうした状況への対応が求められる。

今やITを組み込んだ独自の業態や組織、システムを開発する企業も多く、一般論で小売業を説明することは極めて難しくなっている。「小売業は環境適応型産業」といわれるが、まさにそうした様相を呈している。

5 | ネットショップの仕組みと販売

① ネットショップの仕組み

ネットショップとは、インターネット上のショップで商品やサービスなどを販売する仮想店舗のことである。ほかにもオンラインショップ、ウェブストアなどの言い方がある。また、ECとはエレクトロニック・コマースの略で、インターネットなどを利用した電子商取引のことを指す。

インターネットの普及、さらにスマートフォンの浸透により、もはやネット活用はあらゆるビジネスの大前提となっている。ファッション商品は当初、「試着ができない、商品の風合いに触れられない」などの理由

から不向きといわれていたが、「いつでもどこでも・比較しながら・安く買える」ネットショップのメリットはそうした懸念を打破し、拡大を続けている。

ネットショップも「品揃えして顧客に販売する」という点では、リアル店舗と変わらない。ただし、仮想店舗であることから、マーケティング手法は大きく異なる。

リアル店舗と比較した場合のネットショップのメリット・デメリットは図18のようになる。

② ネットショップの販売

ネットショップがリアル店舗と大きく異なる点は売場面積に限界がないことであり、そのためいくらでも品揃え数を増やすことが可能である。ただし、在庫リスクを回避する手立てや、配送における向き・不向き（サイズや耐久性など）には検討を要する。

一般のネットショップが商品の数や量で勝負しようとしても、大規模ネットモールには到底、太刀打ちできない。したがって、特にファッションを展開する場合は、MDコンセプトのもとに独自のメッセージを発信し、商品の領域を絞ることが望ましい。

ネットショップの販売は基本的にすべてネットを介して行われるため、リアル店舗と比べて顧客とのコミュニケーションには限界がある。そのため、初めて訪れた顧客に十分なインパクトを与えるサイトの構築と

メリット

●初期投資・固定費が少ない
●立地を問わない
●売場面積に規定されない
●商圏が広い
●営業時間が長い
∴いつでもどこでも買える

デメリット

●競合が激しい
●固定客ができにくい
●信用度が低い
●決済&配送のシステム化が必要
●試着ができない
∴VMDやサービスに限界あり

図18. リアル店舗と比較した場合のネットショップのメリットとデメリット

ページづくりの工夫が必要になる。具体的には、鮮明な写真や動画、商品の魅力を表現したキャプション、色やサイズ、素材などが伝わるわかりやすい商品説明、さらに決済や配送のシステムに関するわかりやすい記載などが挙げられる。

ネットショップの運営では、こまめな商品の更新を行い、顧客に新鮮な印象を与え続けることが大切になる。とはいえ、入荷した商品をそのつどボディに着せて撮影し、キャッチコピーやキャプションをひねり出すという一連の作業を続けることは、実際にはかなりの根気と労力を要する。ネットショップもリアル店舗も運営において「継続力」が重要という点は変わらない。

第 **7** 章

ファッション産業の職種概要

1. ファッション産業の職種概要

1 | アパレル企業の職種

　ファッション産業の職種はさまざまある。業務内容が多岐にわたる職種もあるため、業務を細分化して複数人で分担したり、部分的に外注に依頼するなどしながら、その企業・ブランドに合わせた業務体制やシステムを整えている。主な職種について説明する。

① デザイナー

　コレクションデザイナー、企業内デザイナー、フリーデザイナーなどに分類される。婦人服デザイナーやニットデザイナーなどの商品別の部門に分かれることもある。

② テキスタイルデザイナー

　生地をデザインするデザイナーと、プリントデザインを行うデザイナーに分けられる。テキスタイル企業に所属するデザイナーとフリーデザイナーがあり、糸や生地の業界に所属していたり、アパレル企業内に専門職として所属していたりすることもある。

③ モデリスト

　パターンメーカーと同義語として使われることもある。

　デザイナーのアイデアやデザイン画に基づいて、パターンやサンプルを製作する専門家のこと。その後の工場生産の指示を行うこともある。デザイナーの右腕となり、そのアイデアを視覚化する専門職としてブランド内の重要なポジションにいることもある。ニットモデリストの場合は、素材や編地についての豊富な知識が必要になる。

④ パターンメーカー（パタンナー）

　パターンや型紙を作る専門家で、デジタル化の進展とともにCADで製作することが多くなっているが、手引きでパターンを作成する知識は必須である。アパレルメーカーや生産企業に所属し、契約社員として雇用されている場合もある。デザインアトリエに所属する人やフリーランスの人もいる。

⑤ グレーダー

　標準サイズの型紙をもとにして、大小各

種サイズの工業用パターン（型紙）を作る専門家のこと。最近ではコンピュータグレーディングが主力になり、その技能が必要となっている。アパレルメーカーと生産企業の両方に存在する。

⑥ サンプルメーカー

　試作見本、ファーストサンプル、展示会用サンプルなどを製作する。アパレルメーカーや生産企業、デザインアトリエにいるが、高度なサンプルの場合は、専門工場が製作を請け負うこともある。

⑦ 縫製技能者

　生産企業の従業者の主力は縫製技能者であり、特定のミシンの操作に熟練した単能工や、性能の異なる複数のミシンから中間プレスまでこなせる多能工と呼ばれる技能者もいる。横編ニットのリンキング技能者も、広義には縫製技能者に含む。

⑧ ニット技能者

　横編機の操作を行う担当者のことで、広義には丸編機や経編機、靴下編機などを操作する技能者も含む。デジタル編機が増えたことで、プログラマーのような能力が求められることもある。

⑨ プレス技能者（仕上げ技能者）

　縫製品やニット製品の仕上げプレスの担当者のことで、生産企業にいる。

⑩ 販売員

　アパレル企業の直営店や百貨店インショップなどで販売に携わる担当者のこと。売れ行きや顧客の声を拾うなどの情報収集によっては、経営の数字にも影響が出てくるため、小売りを行うアパレル企業にとっては、最も重要な職種でもある。

⑪ アタッシェ・ドゥ・プレス

　デザイナー企業などのアパレル企業で、商品や写真の貸出しや取材のアレンジメント、記者発表、ショーや展示会の企画、デザイナーの秘書業務など、広報と販促の多様な仕事をする担当者のこと。

⑫ ディレクター

　クリエイティブな観点と経営的な観点の両面から、ファッション商品の商品企画、販促、演出方法などについて、統括・指揮を行う。

⑬ マーチャンダイザー

　ブランド別商品企画部門の責任者で、主にアパレルメーカーに所属し、MDと略して呼ばれることが多い。

　マーチャンダイザーは数字をすべてコントロールする職種で、デザイナーが考えたデザインから、自社のコンセプトやシーズンのテーマに合わせて、型数、色、サイズから生産数量、価格、販売スケジュールなどを計画し、実行する。最終的な売上げや利益等も計画する。デザインからサンプル生産、量産までのスケジュールが次のシーズンと重なってくることから、数字やスケジュールの管理能力が問われる。

　情報の収集・分析やシーズンコンセプトの設定、商品構成計画の決定、素材計画の決定、デザインの決定、展示会の設営と運営、営業部門との協議などを担い、デザイナーやパターンメーカーなどを統括する商品企画責任者である。

⑭ 営業スタッフ

　リテール企業への卸販売に携わる担当者で、主にアパレルメーカーにいるが、生産企業にもアパレルメーカーとの取引窓口としての営業スタッフが存在している。

⑮ 生産管理

　商品の生産に関してコントロールする職種で、アパレルメーカーと生産工場にいる。アパレルメーカーでは、MDやデザイナーと密な連携を取りながら、主に外注工場の管理や素材調達業務を担当する。それに対して生産企業では、工場での実際の生産にかかわる管理を行う。

2 ┃ リテーラーの職種

① 販売員

　店舗で消費者への販売を行う販売担当者で、ファッションアドバイザー（FA）や販売スタッフともいう。正社員、契約社員、アルバイトなどの多様な雇用形態がある。広義には外商担当者も含む。

② リテールマーチャンダイザー

　自社商品の企画や他企業との共同企画で製造するPB商品の調達担当者を指す。バイヤーと兼任の場合もあるが、バイヤーと分ける際には商品開発・商品企画を伴う商品調達の担当者を意味する。販売予算や利益予算に関する数値的な責任をもつ。

③ バイヤー

　商品の買い付けを行う仕入担当者で、基本コンセプト、シーズンコンセプト、シーズン商品構成計画、予算計画、ターゲット顧客情報などをベースに、仕入商品の選定、数量、仕入価格、仕入条件、納期などの交渉を国内外のメーカーやブランドの担当者と行う。企業の規模が大きくなると、レディス・メンズ・キッズや、カットソーか布帛か、またはスタイル別など商品の分野を分けて、担当を決めてバイイングを行う。

④ スーパーバイザー

　多店舗チェーンを展開している企業の中で、チェーン店を巡回して本部と店舗間の問題発見・解決に当たったり、売れ筋商品を把握して仕入れの際の商品セレクトについて助言したりする担当者のこと。専門知識と豊富な経験をもった本部バイヤーや店長などの経験があるベテラン社員がなることが多く、ディストリビューターと兼任することもある。

⑤ ディストリビューター

　多店舗チェーンを展開している企業の中で、店舗ごとの売上規模・在庫状況に合わせて、商品の分配数量と時期をアイテムごとに決定する担当者のことである。ディストリビューターは、MDや本部のバイヤーと共同作業を行うことが多い。

⑥ 店舗開発スタッフ

　多店舗チェーンを展開している企業の本部の店舗開発部門のスタッフ。出店戦略の立案、物件情報の収集と選別、立地調査、出店の提案、出店契約、出店プロジェクトの編成などの業務を行う。

⑦ 店長（ショップマネジャー）

　各店舗の責任をもつ管理者で、店舗の運営や販売、プロモーション、人事のほかに、場合によっては仕入れの責任ももつ。単独店では、店主が店長を兼任することが多い。チェーン店や支店経営では、販売部門出身者や本部バイヤー経験者が店長に抜擢され

ることが多い。最近の専門店では、勤務1年程度で店長に抜擢される例も見られる。

⑧ ファッションコーディネーター

商品企画、商品構成企画、販売企画、販促企画などを立案する際に、助言・提案・指導などを行う専門家。さまざまな情報を分析し、ファッション予測と自社の商品計画に沿って、シーズンコンセプトや商品・ブランドの構成計画、新規取引先のブランドリストなどを立案する。バイヤーやMDに助言する一方で、販売部門に対してディスプレイやセールスポイントなどに関する助言も行う。

3 ネットショップの職種

① 店長

ネットショップの運営にかかわる人・物・金の管理業務全般を担う。業績を上げるために必要な人事の管理、制作管理、物流管理、プロモーション、在庫管理、顧客対応、方針策定、企画立案、メルマガ配信、スタッフの教育など、業務は多岐にわたる。

② システム開発担当・サイト運用担当

ネットショップでの販売活動を円滑に行えるように、社内システムの開発から必要なハードウエアやソフトウエアやASP（Application Service Provider）の選定・納入、業者との折衝、保守管理、運用業務までを担う。管理者の方針や企画に合わせてサイトやページを制作し、ページやパーツのデザイン、コーディング、画像作成、商品登録、撮影なども行う。

③ 受発注業務担当・顧客対応業務担当

消費者から商品の注文を受ける際に発生する周辺業務全般を担当する。質問・変更・返品などの問い合わせへの対応などがある。ネットショップの規模が大きくなれば、専用のコールセンターやチャット対応の担当者を置く企業もある。

④ マーケティング・企画関連担当

商品を売れるようにするためのプロモーションや販売促進業務を行う担当者。競合店舗や競合ブランドの商品を分析したり、その情報をもとに販売計画を策定したりする。

⑤ MD・バイヤー

メーカーや卸業者から取扱う商品を調達したり、価格設定や販売戦略などを行ったりする。取扱う商品次第では、アパレルメーカーとリテーラーのそれぞれの業務内容を担う。

⑥ 物流・商品梱包・発送担当

消費者から注文を受けた後の商品の梱包や発送などの一連の業務を行う。配送先や受取日時の間違いなどのお客様からのクレームは、物流工程で発生することが多い。そのため、ネットショップの運営の大きなカギを握る業務である。

4 | SPA の職種

　SPAとは、Specialty store retailer of Private label Apparel を略した造語で、アパレル製造小売専門店のことである。SPAでは、製造小売専門店の名前の通り、企画から販売まで一貫して手がける。素材調達・企画・生産・販売までを行うので、小売りとアパレルの両方の職種が存在している。

　アパレルメーカー機能と小売機能の密な連携を行えることから、売上データや顧客の反応などの店頭情報をもとに、人気商品の再販売の手配や商品のディテールの修正、入荷の時期や数などの修正に対応することができる。蓄積したデータを分析することで、ブランドの構築や顧客への的確なアプローチなどが可能になる。

---

2. 求人・採用

1 | 新規学卒の春季一括採用

　大学や短期大学、専門学校等を卒業した直後の学生を対象に、企業等が一括で社員を採用する制度を新卒一括採用、または定期採用という。日本独自の制度である。主な求人は企業から各学校へ届くので、学生はより多くの求人情報を入手して企業ごとの比較検討ができる。また多くの学校が毎年3月に学生を卒業させるため、その直後の4月には一斉に入社して新人研修を行えることや、採用に伴う求人活動を効率良く進められるといった企業側のメリットがある。

　以上の理由から、日本の大手企業が加盟する経済団体と学校側とで解禁日※の取り決めを行いながら、今日まで継続されている。しかし、近年は経済団体に属さない外資系企業やベンチャー企業による採用の多様化が進み、解禁日の形骸化が指摘されるなど、制度改革に向けた協議が続けられている。

※ 3月1日は採用広報の解禁日（2020年実績）と呼ばれ、各企業はこの日以降、採用活動（就職情報サイトでのエントリー受付や、自社の説明会開催など）を行う。

2 | 中途採用の目的と第二新卒

　社員がさまざまな事情で企業を退職後、業務を滞りなく継続させるために、代わりの人材を確保しなければならない。そこで企業は中途採用を実施し、人員を補てんする。中途採用では即戦力の人材を求めるため、実務経験のない新卒者よりも、関連業務の経験者が求人対象となることも少なくない。しかし、業務内容によっては専門学校等で学んだ知識や技術を活かすことができるため、実務未経験でも一定の技術があれば採用されることもある。その場合は新卒者が受けるような新人研修に時間をかけず、入社して間もなく実務に就くこともあるので、たとえ新人でもプロフェッショナルとしての自覚が必要となる。

　中途採用はほかにも、企業での新規プロジェクト立ち上げや、社員の産休・育児休暇取得、さらには事業の業績が好調のため早急に人手が必要な場合など、さまざまなケースで実施される。これらは不定期に行われるため、求人は主に民間の求人サイトやハローワーク等を通じて行われ、短期間

で幅広く求職者の目に留まるよう配慮している。

　その他、中途採用の中には、若い未経験者を対象とした求人として第二新卒と呼ばれる制度がある。定期採用で入社したものの程なく退職し、再び就職活動を行う若者が一定数いることから、若手を求める企業が新卒者扱いで採用する。若年人口の減少から対象は年々広がり、最近はおおむね30歳未満を第二新卒の対象としている企業が多い。

3 ┃ ファッション関連の職種別採用

① 総合職

　営業職や販売職、店舗管理、MD（マーチャンダイザー）から生産管理、バイヤー（貿易仕入れ）、広報、さらに総務・人事、経理などさまざまな業務を数年ごとに担うのが総合職である。入社から数年かけて複数の業務に携わり、全国や海外を拠点とする企業では数年ごとに転勤も伴う。このように複数の業務や地域勤務を経験することで、将来的に昇級・昇格、幹部昇進の道もあるのが、総合職の特徴の1つである（企業によって仕組みは異なる）。

　アパレル企業で商品企画から販売計画、生産管理まで多岐にわたる業務を担うMD職は、新卒者を対象とした求人ではあまり見られない。よってMD職の希望者は入社後、営業職や販売職をはじめとした現場経験を積んだ上で、社内異動のチャンスを待つという企業が多い。このように、アパレル企業には入社してからの実務経験を経て初めて就くことのできる職種もあるので、希望者は経験を積みながら諦めずに勤めることも必要となる。

　さらに、最近は働き方改革の一環で、地

域限定正社員（引越しを伴わない総合職）を選択できる大手企業も登場している。

② 販売の専門職

　大手企業では、製造・管理部門等と販売部門を別会社に分けているケースもあり、販売に特化した専門職として扱っている。よって、興味のある企業にはどのような職種があるのかを事前に調べたり、企業説明会で直接尋ねることも大切である。

③ 技術職

　アパレル企業の専門職採用は、デザイナー職とパターンメーカー職を中心に行われる。これらの職種は、専門学校等で学んだ知識や習得した技能を活かすことができるのが大きな特徴であり、求人も専門学校や担当教員を通じて情報を得ることが多い。事務職とは異なり、即戦力が求められる専門職は勤続年数が比較的長いため、毎年必ず求人があるとは限らないこと、さらに採用枠の少ないデザイナー職でも入社後の一定期間は販売職などを経験することがあるので、企業の方針によっては専門職採用であっても異なる業務を行う可能性があることを知っておくべきであろう。

　また、全国各地のアパレル製造工場は、地域産業に根差した高品質の技術が海外ブランドにも注目されているが、技術者の高齢化に伴う世代交代が課題となっている。今後は技術の継承とともに、新しい価値を創造する専門職が期待される。

4 ┃ インターンシップ制度について

① 日本のインターンシップ

　インターンシップとは、学生が就職前に企業などで「就業体験」をすることである。

日本では中学生から大学院生まで幅広い層を対象としており、企業の事業内容を知るために行うので、欧米各国で実施されているビジネススキルやキャリアアップを目的とした制度とは同じ名称でも主旨が異なっている。学生個々が興味ある業界や職種の現場に触れることによって職業理解を深め、その後の就職活動で選ぶ職種や企業の見極めを行い、雇用のミスマッチによる早期離職を防ぐことを目的として広く浸透している。専門学校生の場合、入学年次の夏以降に参加することが多い。

② インターンシップの効果と課題

インターンシップに参加すると、一般的には次のような効果があるといわれている。

- ⅰ）仕事理解／業務内容が具体的に理解できる
- ⅱ）自己理解／自分の適性や課題が発見できる
- ⅲ）スキル理解／仕事で必要となる能力や専門性がわかる
- ⅳ）人脈と新たな出会い／目標となる社会人や他校の学生と出会える
- ⅴ）就活準備／エントリーシートや面接などの実践経験が積める

以上の理由から就活に有利と考えられ、多くの学生が参加している。しかし一方では、次のような課題が指摘されている。

- ⅰ）人数に制限があり人気企業はインターンシップ参加のための学生選考を行うが、これが水面下の採用となって就活の早期化を招いている
- ⅱ）学生は限られた時間で複数企業に参加するため、1社当たりの就業期間が短く、見極めが難しい

- ⅲ）体裁の良いアルバイトとして扱われ、無給の場合もある

インターンシップは本来、採用活動ではない。企業側は学生に「働くことへの気づき」を与えることが目的である。学生はインターンシップへの参加を通じて、自己分析や仕事研究を進め、その後の就職活動への準備を進めていくことになる。

5 ｜ 就職への心構え

就職は内定がゴールではなく、今後30年、40年と続く自分のキャリアの一歩目に過ぎない。企業の雇用形態が多様化し、労働者の就労意識や働き方も年々変わる中、一企業で定年まで働くことは難しくなるだろう。ファッション関連の専門技術は世界共通のものであり、自身の腕を常に磨いて専門性を高めることで、予測困難な時代を拓く"真の実力"を身につけたい。

6 ｜ 新規学卒の採用スケジュール例

春季一括採用の場合の採用スケジュールは、以下の流れで進められる。

① 採用計画

各企業は事業計画をもとに採用職種と人数を決定。

② 募集情報

企業は求人票（求人情報）を各学校に送り、求人情報サイトでの発表準備を行う。日本企業の多くは解禁日を設定。

③ 広報活動

企業は解禁日以降、採用活動（就職情報サイトでのエントリー受付や、自社の説明

会開催など）を行う。

④ エントリー

学生からのエントリーシート（ES）を受け付け。

⑤ 企業説明会（単独／合同）

学生への採用説明会を開催。アパレル企業は数社合同で行う場合もある。面接を実施することもある。

⑥ 採用試験

筆記試験、面接を実施。

⑦ 内々定

エントリーシート受領後に選考を行い、内々定を出す場合もある。

⑧ 内定

採用を決めた学生に内定通知。

⑨ 内定式

入社の6カ月前を目安に、企業で内定式を行い、今後のスケジュールを通知。就業意識を高め内定辞退を防ぐ目的もある。

⑩ 入社前研修（アルバイト）

正式入社の前に、仕事に慣れるために入社前研修を実施（アルバイトなどの扱いも）。

⑪ 入社式

卒業後の4月1日が多い。社員として迎え入れる。

⑫ 新入社員研修

各部署へ配属前に、新入社員が合同で研修実施。

表7. 就職活動スケジュール（2021年度例）

	6月	7月	8月	9月	10月	11月	12月	1月	2月	3月	卒業年度4月	5月	6月	7月	8月	9月	10月	11月
学校行事			●夏休み						●春休み						●夏休み			
インターンシップに参加	サマー			オータム&ウィンター														
自己分析	興味・能力・価値観の整理																	
仕事研究	業界・企業・職種の研究																	
エントリー									企業エントリー開始	エントリー							内定式	
企業説明会										企業説明会								
ES・筆記試験・面接										ES			筆記試験・面接					
内々定										※ES=エントリーシート			内々定					

FASHION
BUSINESS

第**8**章

ビジネス基礎知識

1. 会社に関する基礎知識

1 | 会社とは

　会社とはどういうものであろうか。個人営業という形で仕事をする人も多く、会社がなくても仕事はできる。しかし、事業（ビジネス）の規模が大きくなると、個人営業では不都合なことが生じるようになる。事業が拡大するとそれに伴って人も増え、組織も大きくなる。こうした組織を法律のうえで規定し、活動をしやすくするのが会社である。

① 法人とは

　人は、生まれたときからさまざまな権利や義務をもっている。法人とは、法律の規定で人と同じような権利や義務を認められる存在のことである。簡単にいえば、人扱いされる団体組織ということになる。

　法人には、さまざまな種類がある。会社は、会社法で規定された法人で、営利を目的とする営利法人である。「会社」と同じような言葉に「企業」があるが、営利組織の経済的な機能を表す言葉が企業であり、その法的性質に注目した言葉が会社である。

② 会社の種類

　会社には、その事業の目的と設立の目的によって、いくつかの種類がある。

　会社は、営利を目的として、人・物・金・情報という経営資源を有効に活用し、利益を追求する組織である。その形態には上図に示したように株式会社と持分会社があり、持分会社には合名会社、合資会社、合同会社がある。

2 | 株式会社

　株式会社とは、出資者が事業の趣旨に賛同して株式をもち、その株式を資本金として運営される会社である。

　株式をもつ出資者、すなわち株主は、事

95

業が順調に進み利益が出れば、配当という形で利益の配分を受けるが、失敗（倒産）した際には出資金額の範囲内で責任を負う。これを有限責任という（対義語は無限責任であり、この場合は企業が払いきれない負債の責任も負うことになる）。

株式会社は一般に資本と経営が分離されていて、株主が資本を提供し、経営は株主が選んだ取締役に任せるという形態をとっている。しかし、実際には取締役が株主であることも多く、また資本金が少ない場合などは、株主がたった1人で、経営を兼任することもある。

① 株式会社の設立

発起人が発行する株式をすべて引き受けたり、株主を募集したりして資本金を積み、創立総会で定款などが認証されれば、登記して設立することができる。現在は、資本金1円でも株式会社設立が可能である。また、小規模の会社を設立する場合や、100％の子会社を設立する場合は、株主が1人であっても設立できる。

② 株主総会

株式会社の最高意思決定機関は、株主総会である。株主は、株主総会で意見を述べることができ、決議に際して、株式数に応じた議決権をもっている。

株主総会の主な決議事項は次の通りである。
● 定款（企業の活動内容）の変更
● 役員（取締役、会計参与、監査役）の選任・解任
● 資本金の変更、会社の合併・解散の決定
● 事業報告、決算書類、事業計画などの認否
● その他、経営にかかわる重要な意思決定事項（資産の売却など）

③ 取締役と取締役会

株式会社にとって、株主総会と取締役は必要な機関であるが、取締役会の設置は任意とされている。取締役会を置かない会社では、取締役が業務執行の役割をもつ。

取締役会を置く会社では、次のようなことが会社法で定められている。
● 取締役は3人以上
● 取締役の互選で代表取締役を選ぶ
● 会社の業務に関する意思決定に参加する
● 業務執行権は、代表取締役と業務執行取締役に選出された取締役だけがもつ

④ 監査役、会計参与

監査役は、取締役が業務執行を行っている会社に置かれる機関であり、その業務執行が正しく行われているかを監査する。

会計参与は、取締役と共同して計算書類を作成する会社の任意機関であり、公認会計士、監査法人、税理士、税理士法人でなければ就任できない。

⑤ 会社法にない役職名

株式会社などで通常使われている役職名、例えば会長、社長、副社長、専務取締役、常務取締役、顧問、相談役など、及び役員や重役などの名称は、会社法で規定されている用語ではない。いわば慣用的な用語で、社長は会社のトップ、会長は取締役会の会長、副社長は社長に準じる役職、専務取締役、常務取締役は社長を補佐する役職を意味していることが多い。

なお、執行役員とは会社法上の役員ではなく、取締役会により選任され、業務を執行する役員または使用人のことである。

近年はアメリカなどの役職名であるチーフオフィサー（CO）の名称を取り入れる会社が増えているが、その主要な名称には次

のようなものがある。

- ●CEO／最高経営責任者
- ●COO／最高執行責任者
- ●CFO／最高財務責任者
- ●CTO／最高技術責任者

3 ｜ 合名会社、合資会社、合同会社

合名会社、合資会社、合同会社を総称して持分会社という。出資者のもつ権利を株式会社では権利というのに対し、持分会社では出資者を意味する社員の地位を持分という。

① 合名会社

合名会社は、個人事業の延長線上にあり、倒産したときには、会社設立参加者（社員と呼ぶ）が無限の責任を（出資の範囲を超えて）もつことになる。

② 合資会社

合名会社が発展した形態で、合名会社の構成員がすべて無限の責任をもつことに比べ、有限責任社員（一定の出資で参加する）の存在を認めており、合名会社より規模の拡大が容易である。

③ 合同会社

アメリカのLLC（Limited Liability Company）をモデルにして導入されたもので、日本版LLCともいわれる。合同会社では、すべての会社設立参加者（社員と呼ぶ）が有限責任だが、株式会社とは異なり、所有と経営が一致している。決算の公表義務はない。

4 ｜ 会社の組織

会社は先に述べたように業務を遂行するための一定規模の集団であるが、規模が大きくなるにしたがって、組織の重要性が高まっていく。

組織とは「個人では達成できない事柄を共通の目的として、その実現のために形づくられたもの」であり、組織を構成する人の間に、目的実現のための意欲と活動があって初めて成り立つ。そこではコミュニケーションによって、構成メンバーの間で理念・方針・情報の共有が図られ、メンバーの活力を方向づけし、チームワークが実現されていく。

マネジメント（経営）とは、協働の仕組みをつくり、業務を推進し、人・物・金・情報といった経営資源を有効に活用して、経営目標を達成することである。

経営管理者は、まず目標・方針を設定し、その実現のために計画を立て、組織化する。

会社の組織は、①マネジメント階層と②職能別組織の2つに分かれる。職能別組織はさらに「ライン」と「スタッフ」に分かれ、縦軸のマネジメント階層と横軸の職能別組織が重なり合って、逆ツリー状の組織構造となる。

① マネジメント階層

- ●トップマネジメント／文字通り、会社のトップにあたるマネジメント組織で、通常は経営者（取締役）の集団をいう。取締役は会社の方向性や中長期的戦略など、会社経営の本質的な意思決定機関であり、経営の全責任を負う
- ●ミドルマネジメント／各部門を統括するミドル管理職のことである。通常、取締役の直下に位置し、中期的戦略から短期的戦略の策定に当たる。企業組

織によって呼称は異なるが、通常は課長・部長以上の役職であることが多い

●ロワーマネジメント／現場管理者である。一般社員を直接統括する立場にあり、現場（社員）の活動を円滑に進めるための調整を行う。通常、主任、係長といった役職であることが多い

② 職能別組織

マネジメント階層が縦軸の組織であるのに対して、職能別組織は横軸の組織である。一般の企業では、営業部、企画部、総務部、経理部などからなり、それぞれに部長が存在し、その下に課長、係長、社員と続く。この中で、直接売上げを上げる営業部や販売部をライン部門といい、直接売上げを上げないが、それを補佐する総務部や経理部などをスタッフ部門という。

③ プロジェクト組織

特定の目的・目標のもとに、階層・部門・職能を超えて、必要に応じて必要な人材が一定期間、参加して、業務の遂行を図る組織のことである。近年、市場環境の変化の激化から、固定的な組織で業務を遂行することが難しいケースも増加しており、プロジェクトチームを取り入れる企業が多い。

5 | 企業の社会的責任

企業経営の目的は利益を追求することにあるが、そのためには消費者、使用者に品質の良い商品やサービスを提供することが前提になる。

さらに、企業にかかわる取引先、株主、従業員などに対する責任に加えて、地域社会、国あるいは国際社会や地球環境にも配慮・貢献するような企業姿勢、企業活動が

求められるようになってきた。それに伴う用語には次のようなものがある。

① CSR

企業の社会的責任と訳され、次のような内容が含まれている。

●コンプライアンス（法令順守）
●ステークホルダーに対する説明責任
●環境問題への配慮
●消費者保護への配慮
●安定した雇用の確保、労使関係・従業員の権利などへの配慮
●児童労働・強制労働の回避
●地域社会への貢献
●フェアトレード

② メセナ

文化・芸術活動に対する支援で、スポンサー制度とは異なり、プロモーション効果などの見返りを期待しない活動である。

③ フィランソロピー

慈善など、企業の社会貢献活動を意味する。

2. 計数の基礎知識

1 │ 計数の重要性

ファッションは、人の好みや感性といった不確実な要素によって構成されている。また、ファッションビジネスが取扱う商品には、流行りすたりがあって、極めてリスク（危険負担）が多いうえに、人間の感覚に頼る部分が少なくない。

そこでファッションビジネスには、何か客観性のある合理的な手段を用いる必要がある。ファッションビジネスは、ファッションのもつ意外性や偶然性の魅力と、ビジネスの必然性を期待する合理的な考え方の両方を、うまく調和させることが必要になってくる。

ビジネスの合理的な考え方を具体化する手段として、計数がある。計数とは貨幣額や数量などの数値のことで、われわれは現実のビジネス活動で起こった事象を数値で表記することによって、それらを情報化することができる。この数値を見れば、後からでも、そのときの様子が手に取るようにわかる。計数とは、このように事象が情報化された姿である。

しかも計数は、情報の受け手側に現実の場で起こった事象を論理的に正しく推察する能力があれば、その情報の内容が企業活動における決断や計画の立案に役立つというメリットを生む。計数は、極めてもち運びの便利なビジネスツールなのである。

2 │ 売上高

売上高（略して売上げ）とは、企業が一定期間に、商品やサービスを販売して得た成果・報酬の合計を金額で表記したものをいう。

一定期間のうち、

- 1日を単位とした売上高を日商
- 1カ月を単位とした売上高を月商
- 1年を単位とした売上高を年商

という。

小売店では最終消費者に販売して得た報酬が売上高となり、アパレルメーカーの場合は、直営小売事業を除けば、小売店に販売して得た報酬が売上高となる。

売上高は、一定期間に、どこで、何が、いくつ売れたかを金額で表示したものであり、商品単価に販売数量を掛けた金額を、商品ごとに合計して求められる。

例えば小売店では、次のように商品ごとの小売価格（上代）に販売数量を掛けた金額を、商品ごとに合計して求められる。

商品Aの価格（上代）×商品Aの販売数量＝商品Aの売上高
商品Bの価格（上代）×商品Bの販売数量＝商品Bの売上高
商品Cの価格（上代）×商品Cの販売数量＝商品Cの売上高

　＋）

全体の売上高

（上記の価格は、いずれも消費税を含まない）

また、小売店に商品を販売するアパレルメーカーでは、次のように商品ごとの卸売価格（下代）に販売数量を掛けた金額を、商品ごとに合計して求められる。

商品Aの価格（下代）×商品Aの販売数量＝商品Aの売上高
商品Bの価格（下代）×商品Bの販売数量＝商品Bの売上高
商品Cの価格（下代）×商品Cの販売数量＝商品Cの売上高

　＋）

全体の売上高

3 ┃ 価格

① 価格

　価格（プライス）とは商品やサービスの値打ちを金銭で表現したものである。価格のうち、小売店で消費者に販売する価格を小売価格または上代といい、小売店がメーカーや卸売業から仕入れる価格を卸売価格または下代という。

② 小売店の販売価格、仕入価格、マージン

　したがって、小売店では上代が販売価格であり、アパレルメーカーでは下代が小売店に対する販売価格となる。また、小売店では下代は仕入価格となり、販売価格（上代）から仕入価格（下代）を差し引いた金額がマージン（利幅）となる。なお、販売価格のことを、売り値、売価ともいう。

　販売価格（上代）＝
　　　仕入価格（下代）＋マージン（利幅）
　販売価格（上代）−仕入価格（下代）＝
　　　マージン（利幅）

③ プライスライン、プライスゾーン

　アパレル商品の価格はジャケット、シャツなどアイテムによって異なり、同じアイテムであってもデザインや品質によって異なってくる。そのため、アイテムごとに販売価格の上限と下限があり、この上限価格から下限価格までの範囲をプライスゾーンとい

う。また、プライスゾーンを形成する、さまざまな価格の段階をプライスラインという。

上限価格	¥12,000	○○	プライスライン	↑
	¥9,800	○○○○	プライスライン	プ
	¥8,800	○○○○○	プライスライン	ラ イ ス
中心価格	¥7,800	○○○○○○	プライスライン	ゾ ー
	¥6,800	○○○○○	プライスライン	ン
下限価格	¥4,800	○○○	プライスライン	↓

品番数

④ 価格表示

　価格は、小売店頭では値札などで表示されるが、ウェブページやチラシなどにも表示される。これらの価格は、消費税額も含めた総額を表示することが義務づけられている。具体的には、消費税を含まない価格（本体価格）を 10,000 円とした場合、次のように表示される。

11,000 円
11,000 円（税込）
11,000 円（うち税 1,000 円）
11,000 円（税抜価格 10,000 円）
11,000 円（税抜価格 10,000 円、税 1,000 円）
10,000 円（税込 11,000 円）

4 ┃ 目標達成率

　一定期間の販売活動の成果としての売上高は、あらかじめ計画されていた販売目標（売上予算）と比較して、その成果の度合いを把握できる。販売目標に対する実績の比率を目標達成率といい、次の計算式によって求められる。

$$目標達成率（\%）＝\frac{売上実績}{販売目標}×100$$

例えば、目標達成率120%であれば、売上実績が目標値を20%（2割）上回ったことを意味する。

5 ┃ 前年（昨年）対比

昨年の売上実績に対する今年の売上実績の比率を前年対比（昨年対比）といい、次の計算式によって求められる。

$$前年対比（\%）=\frac{今年の売上実績}{前年の売上実績}\times 100$$

例えば、前年対比90%であれば、今年の売上実績が昨年の売上実績を10%（1割）下回ったことを意味する。

6 ┃ 売上原価と粗利益

① 費用

企業が売上げを上げるためには、さまざまな費用が必要になる。小売店には商品を仕入れるための費用や従業員の給料、店舗の家賃など、アパレル企業には商品を製造するための費用や従業員の給料、商品の輸送料など、さまざまな費用が必要である。

企業の売上高から、これらの費用を差し引いた金額が利益である。

企業は利益追求を目的としていることから、その活動が順調に進めば、売上高が費用よりも大きくなり、利益が発生する。逆に費用のほうが売上高よりも大きくなれば、損失が発生する。

売上高－費用＝利益（マイナスの場合は損失）

② 売上原価

費用のうち、商品を製造したり、商品を買い入れたりするのに要した費用を、原価という。小売店の場合は商品を買い入れた（仕入れた）金額が原価であり、アパレルメーカーの場合は素材を購入するのに要した金額や、工場に生産依頼したときに支払う費用などを合計した金額が原価である。

実際に売り上げた商品の原価を、売上原価という。

③ 粗利益

粗利益（荒利益とも書く）とは、売上高から売上原価を差し引いた金額をいう。

売上高－売上原価＝粗利益
売上高＝売上原価＋粗利益

小売店の粗利益は、商品ごとの販売価格から原価を差し引いた金額に、販売数量を掛けた金額を、商品ごとに合計して求められる。

（商品Aの価格－商品Aの原価）×商品Aの販売数量＝商品Aの粗利益
（商品Bの価格－商品Bの原価）×商品Bの販売数量＝商品Bの粗利益
（商品Cの価格－商品Cの原価）×商品Cの販売数量＝商品Cの粗利益

＋）

小売店の粗利益高

④ 粗利益率

売上高に対して粗利益高の占める割合を粗利益率という。売上高に対してどれだけ粗利益を上げたか、あるいは上げられるかを判断する重要な指標となる。粗利益率は、次の計算式によって求められる。

$$粗利益率（\%）=\frac{粗利益}{売上高}\times 100$$

7 | 経費と営業利益

① 経費

　企業が事業を営むには、商品の原価以外に、従業員の給料、店舗やオフィスの家賃、運送の費用、広告の費用など、売上げを上げるためのさまざまな経費がかかる。このような原価以外にかかる費用が、「販売費及び一般管理費」である。単に「経費」ともいう。

② 営業利益

　企業の売上高から、事業を営むのに要した費用（原価＋経費）を差し引いた金額が、営業利益である。つまり、粗利益から経費を差し引いた金額である。

　　売上高−売上原価＝粗利益
　　粗利益−経費＝営業利益
　　　　　　　　　（マイナスの場合は営業損失）
　　売上高−売上原価−経費＝営業利益
　　　　　　　　　（マイナスの場合は営業損失）
　　粗利益＝経費＋営業利益
　　売上高＝営業利益＋経費＋売上原価

8 | 在庫と売上高の関係

① 在庫

　在庫とは、企業が製造や販売のために保有している商品や素材などのことをいう。小売店では、販売するために保有している商品が、在庫である。

② 適正在庫

　在庫という言葉は一般に「在庫が多い」などとあまり良くないイメージで使われるが、そもそも"在庫"がなければ売上げは上がらない。特に小売店では、在庫の中からお客様が商品を選んで購入するのだから、

在庫は店を運営するための生命線といってもよい。

　もちろんお客様は、「今欲しい」と感じない商品は購入しないし、そのような商品ばかりが陳列されていると来店する気もなくなってしまう。特にファッションの世界は短サイクルに変化するため、何カ月も前の商品が多く在庫してあるようだと、売れ残り商品の多い店、つまり人気のない店ということになる。"在庫が多過ぎる"ことは問題なのである。

　そこで、想定した販売目標に沿って、適正在庫（適正な量の在庫）を維持することが重要になってくる。

③ 単品管理とPOSシステム

　適正在庫を維持するには、「単品管理」が必要である。単品管理とは、商品を管理しやすい単位（アイテム、型、SKU）ごとに在庫数量の計画を立て、それに基づいて、仕入数量、在庫数量、販売数量を管理していくことである。単品管理では、個々の商品ごとの売れ行きを把握し、残数をチェックする必要がある。POSシステムを活用すると、その時点の売上げや在庫の数量や金額を瞬時に入手できる。

④ 棚卸し

　個々の商品ごとの在庫数量を把握するには、月末に手持ち在庫をカウントし、在庫を正確に把握することも必要となる。このように、企業が手持ち在庫の数量をカウントすることを「棚卸し」という。

9 | 商品回転率、商品回転日数

① 商品回転率

　ファッション商品は他産業の商品と比較

して、市場が短サイクルに変化する。例えば、3月に店頭にあった商品が7月に店頭にあったとすれば、そのほとんどは売れ残った商品ということになる。

このような商品の滞留期間を知るために、商品回転率という指標が使われる。商品回転率とは、一定期間にどれだけの在庫でどれだけの売上げを上げたか、言い換えれば手持ちの商品が一定期間の間に何回転したかを示す指標である。この一定期間を1カ月間で算出した場合を月間商品回転率、1年間で算出した場合を年間商品回転率という。それぞれ、次の計算式によって求められる。

$$月間商品回転率 = \frac{月売上高}{月平均在庫高}$$

$$年間商品回転率 = \frac{年売上高}{年平均在庫高}$$

例えば、年間の売上高が6,000万円で平均在庫が500万円であれば、商品回転率は年12回転になる。つまり、この店では平均して月1回の割合で在庫が入れ替わっていることを示している。

② 商品回転日数

商品の滞留日数を知るためには、商品回転日数という指標も使われる。

$$商品回転日数 = \frac{平均在庫高 \times 30 (月の日数)}{月売上高}$$

$$または、= \frac{平均在庫高 \times 365 (年の日数)}{年売上高}$$

例えば、月売上高が2,000万円で平均在庫が1,000万円であれば、商品回転率は月2回転、商品回転日数は15日になる。また月売上高が1,000万円で、平均在庫が2,000万円であったとすれば、商品回転率は月0.5回転、商品回転日数は60日になる。

10 | 坪効率

小売店では一般に、売場面積が広ければ売上高が大きくなり、狭ければ売上高が小さくなる。そこで、店舗の販売効率を判断するために、単位面積当たりの売上高を求めてチェックする。業界では通常、1坪（または㎡）当たりの売上高を求めるが、この1坪（3.3㎡）当たりの売上高を「坪効率」という。

$$月坪効率 = \frac{月売上高}{売場面積 (坪数)}$$

$$年坪効率 = \frac{年売上高}{売場面積 (坪数)}$$

11 | 客単価

1人のお客様が、1回の買物で買った金額の平均値を「客単価」という。一般に、価格の高い商品を扱っている店舗や、1回で複数の商品を購入するお客様が多い店舗では、客単価が高くなる。

$$客単価 = \frac{売上高}{客数}$$

12 | 伝票

企業では、売上金を計算したり、商品別の売上げを記帳したりすることも大切な業務である。その中に、伝票の記載や整理などの仕事がある。

伝票類は計数管理上、欠かせないものである。その一部は現金の代わりをするし、伝票類が正しく処理されて初めて、的確な商品管理と、それに基づいた商品計画も可能になる。特に商品伝票と売上伝票は、商品と一緒に動いて商品の動きを的確に捉えるものである。

〈伝票や帳簿での数字の書き方〉

①数字は大きさを揃え、3ケタごとにコンマを付ける。

②品名ごとの明細を記入するなど、2行以上にわたる場合は、数字のケタを揃える。

③横書きの場合は、算用数字を使用する。金額の頭には¥を付ける（日本円の場合）。

例：¥1,380,000 −

④漢数字で記入するときは、壱、弐、参、拾など、改ざんしにくい文字を使用する。

表8－事例①. 目標売上高、前年対比、坪効率

店名	坪数	本年4月売上高	目標売上高	前年4月売上高	目標達成率	前年対比	坪効率（4月）
青山本店	50	12,500	12,000	11,500	104%	109%	250
銀 座 店	30	10,800	11,000	10,800	98%	100%	360
新 宿 店	25	10,500	10,000	9,500	105%	111%	420
渋 谷 店	30	11,400	10,500	10,000	109%	114%	380
計			45,200	43,500	41,800		

注1. 本年4月売上高、目標売上高、前年4月売上高、坪効率（4月）の単位は千円。
注2. 目標達成率と前年対比は、小数点以下四捨五入。

表8－事例②. 売上高、粗利益、粗利益率

	売上高	売上原価	粗利益	粗利益率
5 月	11,000	6,600	4,400	40%
6 月	10,000	6,000	4,000	40%
7 月	10,000	8,000	2,000	20%
合計（平均）	31,000	20,600	10,400	34%

注1. 売上高、売上原価、粗利益の単位は千円。
注2. 合計（平均）の売上高と売上原価と粗利益は3カ月の合計値。粗利益率は3カ月の平均値。
注3. 粗利益率は、小数点以下四捨五入。

表 8 − 事例③. 在庫、商品回転率

	月初在庫高	仕入高	売上高	月末在庫高	商品回転率
8 月	16,000	18,000	13,500	20,500	0.74
9 月	20,500	15,000	18,200	17,300	0.96
10 月	17,300	13,500	16,590	14,210	1.05
合計		46,500	48,290		
平均	17,933			17,337	

注 1. 売上高、仕入高、在庫高とも上代換算、単位は千円。
注 2. 平均値は、千円未満四捨五入。
注 3. 商品回転率は、小数点 2 ケタ未満四捨五入。

3. IT基礎知識

1 | コンピュータの基礎

　デジタル化が進んだことで、人々はインターネットなしでは、日常の生活や仕事での業務ができなくなってきている。そのインターネットと人をつなぐデバイスがコンピュータである。普段、当たり前のように使用しているコンピュータには 5 つの装置があり、それらが瞬時に連携することで、日頃の生活や業務の中で役に立っている。

　コンピュータの 5 大装置について、表 9 にまとめた。キーボードやマウスやタッチ画面などのデータを入力するための装置である入力装置、ディスプレイやプリンターなどのコンピュータが処理した結果を表示する出力装置、半導体メモリやハードディスクなどのコンピュータの内部でデータやプログラムを納めている記憶装置、コンピュータ内でデータ処理を行う演算装置、そして内部のコントロールを行う制御装置が 5 大装置である。コンピュータは、図 19 のような順番で装置を動かしている。

表 9. コンピュータの 5 大装置

装置	説明	該当名称
入力装置	データを入力する	キーボードやマウスやタッチ画面
出力装置	コンピュータが処理した結果を表示	ディスプレイやプリンターなど
記憶装置	データやプログラムを納めている	半導体メモリやハードディスクなど
演算装置	コンピュータ内でデータ処理を行う	
制御装置	内部のコントロールを行う	

① 入力装置から記録装置にデータを入力する
　↓
② 補助記憶装置に入っているデータを主記憶装置に読み込む
　↓
③ 主記憶装置に読み込まれたデータを CPU が読み込み、データ処理を行い、主記憶装置に処理結果を書き込む
　↓
④ 主記憶装置に書き込まれたデータを出力装置で出力する
　↓
⑤ 主記憶装置に書き込まれたデータを補助記憶装置に納める

図 19. コンピュータの 5 大装置の動作手順

2 | ソフトウエア

コンピュータを動かすには、ソフトウエアが必要となる。ソフトウエアには、システムソフトウエアと呼ばれるコンピュータ自体を動かしたり、応用ソフトウエアを動かす基本となるソフトウエアと、応用ソフトウエアと呼ばれるコンピュータの利用者が目的のために使用するソフトウエアの2種類がある。システムソフトウエアにはWindowsやiOSなどのOSである基本ソフトウエアやデータベース管理システムや通信制御プログラムなどのミドルウエアが含まれる。また、応用ソフトウエアには文書作成や表計算、CAD／CAM、CG編集、動画編集などさまざまなソフトウエアが含まれる。

3 | データベース

汎用コンピュータの全盛時代には、企業内の担当者が必要な情報を管理・保管していたが、次第に一人ひとりがコンピュータを使用するようになり、それぞれの業務に必要なデータを1つに集めて、そのデータを多くの人で共有することが求められるようになった。

その目的のために開発されたのがデータベースである。データベースを管理するソフトウエアをデータベース管理システム（DBMS）という。複数の人が同じデータを見ることができ、複数の人が同時に同じデータを更新することができるので、データが重複したり、最新の情報ではないものが共有されたりすることを避けられ、正確な情報を効率良く共有できるようになった。

最近では、クラウドを使用したデータベースシステムを活用する企業も増えている。クラウドとはクラウドコンピューティングの略で、インターネット上のサーバーなどを利用して作業を行うサービス形態の1つである。ネットワーク等を表現する際に雲（クラウド）のマークを使用したことから、そう呼ばれるようになった。クラウドはデータベースシステムだけでなく、企業内のさまざまなシステムに活用されている。

4 | デジタル化による情報共有

スマートフォンやタブレット、PCなどさまざまなデバイスにより、情報の収集・発信・共有やコミュニケーションが行われている。

デバイス上では、インターネットが接続している状態（オンライン）で作業できる内容と、接続されていない状態（オフライン）で作業できる内容がある。デバイス上にあるソフトには、オフラインで使用できるものがある。また、個人や企業などでサーバーをもったり、専門の業者からサーバーをレンタルしたりしている場合は、そのサーバーにアクセスできる権限を与えられた者が、サーバーにアクセスをして情報を共有することができる。オンラインの状態であれば、場所やデバイスを問わずにつながることができるクラウドサービスなどもある。

インターネットで簡単に情報を共有できることには、メリットとデメリットがある。情報共有の簡易化・一元化などにより、情

報の正確性や共有のスピードが上がったことはメリットである。人為的なミスを減らすことで業務効率が良くなり、時間を短縮し、無駄をなくすことができる。一方、デメリットとしては、インターネットを通じて顧客情報などの個人情報や企業内の機密データが流出する、ハッカーなど外部からの攻撃によって業務に支障が出るなどのリスクがある。

5 │ IT の最新動向

ファッションビジネスにおいても、IT活用は広がっている。ファッションテックとは、ファッションとテクノロジーを組み合わせた造語で、ファッション分野に新たなデジタル技術を積極的に導入することにより、生産性の向上や製品・サービスの高付加価値化を図る取り組み全般を指している。その1つとしてIoTがある。

① IoT

IoTとは、Internet of Things（モノのインターネット）の略で、人やIoT機器・システムなどがお互いにつながり、さまざまなデータを受信・発信・共有することで、新たな価値を生み出す仕組みである。センサーの小型化や低価格化により、PCやスマートフォンなどのネットにつながっているデバイス以外の家電がネットワークにつながってきた。車の自動運転化も、その1つである。車両に搭載された各種センサーから集められた情報がクラウドのデータとリンクすることで、人が運転するより安全で効率の良い走行ができる。家電製品なども徐々にIoT化し始め、スマートフォンからエアコンの温度設定や掃除機の操作、ペットの追跡ができたり、ボタンのワンプッシュ

で日常品の補充なども行えるようになった。

② スマートテキスタイル

スマートテキスタイルの応用も進んでいる。電気を通す導電性繊維の素材で作られた洋服が、心拍・心電・呼吸数などの生体データを取得したり、特殊な伸縮性を活用して身体の動きなどのモーションデータを測定するなど、繊維・糸・テキスタイル・製品のIoT化を目指している。

糸やテキスタイルだけでなく、プリント技術に伝導技術などのテクノロジーを融合させる企業もある。人体が発している脈拍・心拍数・体温などの情報をスマートフォンのアプリや本部のサーバーなどに蓄積・分析することで、一人ひとりの身体のコンディションを把握し、医療や特殊な作業現場での危険性などを予知して次の安全・安心へのアクションにつなげる製品やサービスなどが出てきている。

このようにモノがネットワークに接続されることによって、より多くのモノと人の動きのデータが蓄積されて、消費者のライフスタイルの手助けとなっている。モノがネットワークにつながり、相互接続されることで、生活の利便性が向上すると同時に、収集されたさまざまなデータを活用したマーケティングが進み、新しいデバイスによる新しい体験が生み出されている。

③ メディアの変化

デジタル化は、マスメディアに大きな影響をもたらしている。例えば、テレビドラマは録画やPC・スマートフォン上での視聴によりCMを全く観なくなったり、テレビでウェブの人気動画が紹介されることも普通になった。雑誌社が電子書籍を配信したり、SNSなどのデジタルメディアを活用したりしている。このように、デジタル化したコン

テンツがさまざまなメディアやデバイスにまたがって相互に流通している。

④ スマートフォンの活用

　スマートフォンの進化も著しく、カメラやマイクを備え、キャリアの通信機能に留まらず、GPSやWi-Fi、bluetooth、NFCなど多様な無線通信が可能になっている。消費者はアプリやブラウザを使用することで、時間や場所などの情報も含めたさまざまなコンテンツを得ることができる。商品やサービスの購入の決済や、イベントへの参加や入場などもスマートフォンを通して行うことができる。1つのスマートフォンでできる機能が多様になった。

　屋内外に設置してあるデバイスやサイネージと移動中のデバイスがつながることで生まれる情報の受発信もある。これにより、企業側は消費者行動のデータ収集が容易になっている。実店舗にセンサーを設置することで、消費者が来店した際に見ている商品や場所をトラッキングしたり、ある特定の商品が触られたり試着された回数などを自動的にカウントした情報を蓄積して、今後のマーケティングに向けた分析も可能である。また、アプリやSNSを通じて、商品やブランド、店舗に関する感想や不満などの消費者の気持ちをデジタルデータとして収集したビッグデータは、企業のマーケティング活動全般で使用されている。

⑤ AIの活用

　AIは、Artificial Intelligence の略で、人工知能のことである。AIを利用したサービスも増えてきている。生産の現場では、デザインや商品などの需要予測・消費予測にAIが活用されていたりする。リテールの現場では、集めた顧客情報から、お薦め商品などを自動的に提案するリコメンデーション機能や、チャット・メール・電話対応のカスタマーサービスを自動的に行うなど、人が行っているサービスをAIに任せるブランド・企業も現れてきている。

　このように、さまざまな企業がIoTやスマートテキスタイル、AIなどの新たなテクノロジーとファッションビジネスを掛け合わせることに挑戦している。サステナビリティが求められる中で、テクノロジーを活用してどのように自社のブランドを表現しながらファッションビジネスに取り組んでいくかが問われている。

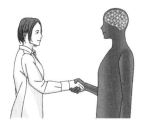

補足用語集

ファッションビジネス知識

第1章

商品 ①経済学では、市場において取引されることを期待される対象をいう。②日常的には、売買される品物をいう。

川上・川中・川下 繊維産業、アパレル産業では、素材や製品などの企業の位置づけを川の流れに例える。アパレル産業の解釈では、川上は繊維素材業界とテキスタイル業界、川中がアパレル生産企業とアパレル卸売業、川下がアパレル小売業になる。経済産業省では、川上を繊維素材業界、川中をテキスタイル業界とアパレル生産企業、川下をアパレル卸売業とアパレル小売業としている。

テキスタイル産業 織布メーカー、ニット生地メーカー、生地卸売業、商社生地部門などで構成される産業。

アパレル産業 アパレル生産企業とアパレル卸売業で構成される産業。

アパレルメーカー アパレル製造卸売業のことで、アパレル商品の原材料などを独自に調達し、デザイン、企画を自ら行い、受託先の工場などに生産を依頼し、仕上がった商品を小売業に販売するアパレル企業。

商社（商事会社） 卸売業のうち、国内取引のみならず海外取引の比率も高い、比較的企業規模が大きい企業のこと。

産地 同一ないしは同種の製品を生産している中小企業が集積している地域。

業種 事業種目の略で、取扱商品の種類によって分類される。例えば、化合繊メーカー、婦人服メーカー、ニット卸商、紳士服店などは業種別区分である。

業態 営業形態の略で、営業（ビジネス）の方式、商品構成、マーチャンダイジング手法などによって分類される。例えば、専門店、ＳＰＡ、輸入卸商などは業態区分である。

卸売り 小売業や他の卸売業者や製造業者などに対して、商品やサービスを販売すること。

小売り 最終消費者に対して、商品を小口に分けて販売すること。

ファッションウィーク ＳＳとＡＷの年2回、世界のファッション都市で開催されているファッションの祭典で、ファッションショーや展示会で最新の

用語集

コレクションが発表される。

OEM (Original Equipment Manufacturer, Original Equipment Manufacturing)「相手先企業のブランドを付けて販売される商品の受注生産」のこと。本来は製造業による受注生産を指すが、アパレル業界では商社などが相手先企業から受注して外注工場に発注する場合も指している。

ODM (Original Design Manufacturing)「相手先企業のブランドを付けて販売される商品の設計・生産」のこと。商社などが、アパレルメーカーや小売業に対して、商品のデザインや使う素材・生産背景までを決め、「このまま店頭で売りませんか」と提案する取引。

SPA (Specialty store retailer of Private label Apparel) アパレル製造小売専門店のことで、アパレルメーカーの機能とアパレル専門店の機能を併せもつ業態である。1980 年代にアメリカのギャップの会長が同社の業態を説明するために用いたことに始まり、それがアルファベット 3 文字のSPAという和製英略語になった。

セレクトショップ 新品揃え店と訳される。従来の品揃え店は、品揃えというより、ブランド揃えの傾向が強かったが、店の"こだわり"(コンセプト)に基づいて商品をセレクトし、店舗を演出している本格的な"品揃え"の店。

ファストファッション (fast fashion) リアルタイムのトレンドを取り入れ、低価格、大量販売されるファッション。

ウェブサイト (website) ワールド・ワイド・ウェブ上にあり、一般に特定のドメイン名のもとにあってさまざまな情報を提供する複数のウェブページの集合。サイトと略すこともある。

D2C (Direct to Consumer) 企業やブランドが企画、製造した商品を自社のECサイトなどで消費者に直接販売を行う業態。

ショッピングセンター (Shopping Center) 商業集積の中でも、特に計画性、総合性、運営の統一性をもった業態のこと。略してSC。日本ショッピングセンター協会は、SCを「一つの単位として計画、開発、所有、管理運営される商業・サービス施設の集合体で、駐車場を備えるものをいう。その立地、規模、構成に応じて、選択の多様性、利便性、快適性、娯楽性等を備えるコミュニティ施設として、都市機能の一翼を担うものである」と定義している。

CS (カスタマー・サティスファクション) (Customer Satisfaction) 顧客満足の意味で、顧客の満足を得ることによって、企業が利益を得られるという考え方。

顧客 (customer) 来店されるお客様の中で、すでに購入経験のあるお客様や、店としてぜひとも購入していただきたいお客様のこと。類義語に、固定客、常連客、お得意様、ご贔屓客、馴染み客などがある。

マーケット・イン すべては市場(マーケット)から始まるという発想のもと、市

場のニーズを引き出し、これに基づい
て商品企画、生産、物流、販売の戦略
を立てること。反対語はプロダクト・
アウト。

グローバル化　政治・経済、文化などさまざ
まな側面において、従来の国家・地域
の垣根を越え、地球規模で資本や情報
のやりとりが行われること。

ボーダーレス（borderless）　境界や国境が
ない、または意味をなさないこと。経済
活動や情報通信、メディア、環境問題な
ど多様な事象や活動について使われる。

サステナブル（サステイナブル）（sustainable）
持続可能である様。特に地球環境を保
全しつつ持続が可能な産業や開発など
についていう。

フェアトレード（fair trade）　開発途上国の
原料や製品を適正な価格で継続的に購
入することを通じ、立場の弱い生産者
や労働者の生活改善と自立を目指す貿
易の仕組み。

サブスクリプション（subscription）　月額な
どで料金を払うと期間内は商品やサー
ビスが使い放題になる定額制サービス。

第2章

消費　欲望を満たすために財貨（金銭、物
品・サービス）を使用したり、利用し
たりすること。

消費者（consumer）　商品・サービスを最
終的に消費する人を指す経済用語。

生活者　ビジネスの世界で消費者の別の言
い方として使われる。この言葉が使わ
れるのは、人は単に商品を消費するこ
とを目的として生きているわけではな
く、それ以前に生活を楽しんでおり、
そのような自らの生活を楽しむために
消費しているからである。

TPO　「時（Time）、場所（Place）、場面
（Occasion）」の頭文字を綴り合わせた
和製英語。

オケージョン（occasion）　ファッション商
品を使用（着用）する生活局面（生活
場面など）のこと。

家計　収入を一緒にして暮らしている人た
ちの、消費面での1つのまとまりとな
る単位。

所得　経済活動をなす主体（個人または法
人）が、勤労・事業・資産などによっ
て得た収入から、それを得るのに要し
た経費を控除した残りの純収入。

可処分所得　所得から、非消費支出（税金
や社会保険料）などを差し引いた金額。

エシカルファッション（ethical fashion）　環
境への配慮、オーガニックコットンの
利用、フェアトレードの実践などが行
われるファッションを指す。

シェアリングエコノミー（sharing economy）物・サービス・場所などを、多くの人と共有・交換して利用する社会的な仕組み。

クーリング・オフ（cooling-off）　割賦販売・訪問販売などで、消費者が事業者の営業所以外の場所で購入契約をした場合に、一定の期間内であれば違約金なしで契約解除ができる制度。

パーソナリティ（personality）　一人ひとりの生活行動を一貫したものにさせる、その人らしさのこと。

ライフスタイル（life style）　生活様式の意味で、人々の生活の構造、意識、行動を含む暮らしぶりを指す。生活に対する考え方や習慣など、文化に近い意味で使われることもある。

ワードローブ（wardrobe）　本来、洋服ダンス、衣服掛け棚などの意味であるが、ファッションの世界では、そこから派生して衣服計画、衣服の着用設計、さらには消費者の手持ちの衣服の意味としても使われる。

ライフサイクル（life cycle）　人間の一生をいくつかの過程に分けたもの。

ファッションサイクル（fashion cycle）　流行が発生してから消滅するまでの周期。

ジェネレーション（generation）　生年・成長時期がほぼ同じで、考え方や生活様式の共通した者同士、及びその年代の区切りのこと。

団塊世代　第2次世界大戦の直後、1946〜50年生まれのベビーブーム世代のこと。世代人口の多いことや、民主主義・自由主義・経済成長の時代に育ったことなどから、社会に与える影響の大きな世代として注目されてきた。アメリカではベビーブーマーという。

団塊ジュニア世代　団塊世代を親にもつ、1971〜75年生まれの世代のこと。団塊世代に次いで人口が多い。

ミレニアル世代（Millennial Generation）アメリカなどにおいて、1980年頃〜2000年頃に生まれた世代。デジタルネイティブの最初の世代である。Y世代ともいわれる。

Z世代（Generation Z）　アメリカや日本などで、1990年代中盤から2000年代前半に生まれた世代。デジタルネイティブで、SNSネイティブ、スマホネイティブの世代である。

リユース（reuse）　消費者における不用品の再使用、事業者における使用済製品の回収や再使用などの行動。

コラボ商品　異なるブランドやメーカーが共同で打ち出した商品。

ジェンダーレスファッション（genderless fashion）　男女の境界を踏み越えたファッション。

インバウンド消費　日本に来ている外国人旅行者による消費。

AIDMA（アイドマ）の法則　消費者が商品を購買するまでのプロセスを5つに分類したもの。消費者はまず注意（Attention）し、興味（Interest）をもち、欲望（Desire）を起こし、記憶（Memory）し、最後に行動（Action）に移すとしている。

AIDCA（アイドカ）の法則　消費者がディスプレイを見て、購買するまでの心理のプロセスを5つに分類したもので、小売店舗が店頭販売を成功させるための基本原則とされる。注意（Attention）、興味（Interest）、欲望（Desire）、確信（Conviction）、行動（Action）の順になる。

AISAS（アイサス）の法則　消費者がネットショップで購買するまでの心理のプロセスを5つに分類したもので、デジタルマーケティングで注目される法則である。注意（Attention）、興味（Interest）、検索（Search）、行動（Action）、情報共有（Share）の順になる。

インフルエンサー（influencer）　SNSなどを通じて他の消費者の購買行動に大きな影響力をもつ人物。

第3章

ラグジュアリーブランド　主にヨーロッパの高級なアパレルや服飾雑貨を製造・販売するブランド。

インポーター（importer）　一般に商品の輸入・販売を主たる業務としている、輸入商社・輸入品卸商のこと。

ジャパン社　ブランドの独占的な輸入・販売、ライセンスの管理やライセンス商品の販売促進・生産管理などを目的に、日本に設立された外資系企業のこと。100%外資のケースと、日本企業と合弁会社を設立するケースがある。

ライセンサー（licenser）、ライセンシー（licensee）　ライセンスビジネスとは、国内外の他企業、デザイナー、タレントなどと、デザイン・パターン・技術・ブランド名などを使用する契約を結んで、生産し販売するビジネスである。ライセンサーとはこのライセンス契約の許諾者、ライセンシーとはライセンス契約の受権者のこと。

百貨店平場　百貨店内で、間仕切りがなくフロア全体が見渡せる売場のこと。複数の仕入先から納入された商品やPB商品で構成されていることが多い。

百貨店インショップ　百貨店内の区画割りされた場所で、ブランド企業等が品揃えから販売まで独自の運営を行っている売場のこと。箱型ショップともいう。

ゼネラル・マーチャンダイズ・ストア（General Merchandise Store）　略してGMS。日本では総合スーパーともい

われる。セルフサービス、セルフセレクション方式で、日常生活に必要な商品を幅広く扱っている大型総合量販店。

チェーンストア（chain store） 同じ店名で、ほぼ同じ商品を、11店舗以上で展開する小売店やフードサービス店。

ナショナルチェーン（national chain store） 全国に店舗をもつチェーンストア。

ローカルチェーン（local chain store） 特定地域に集中して店舗をもつチェーンストア。

ロードサイドショップ 幹線道路に面したゾーンに展開するショップ。地方都市や郊外で車でのショッピングが一般化したことから、ロードサイドが商業立地としてクローズアップされた。

路面店 道路に面した一戸建て、またはビル1階の道路に面した場所に位置する単独店舗。

ライフスタイルショップ 広い店舗スペースで、統一したショップコンセプトのもとに、アパレル、服飾雑貨から、インテリア、生活雑貨までの個性ある商品を品揃えして、新しいライフスタイルをビジュアルに表現するショップ。

アイテムショップ Tシャツなど特定アイテムに絞り込んで豊富な品揃えをしている店舗。

オンリーショップ 和製英語。1つのブランドだけを扱っている小売店舗のことで、ワンブランドショップともいう。

フラッグシップショップ（flagship shop） 多店舗展開する専門店が展開するショップのコンセプトやイメージを最適に表現し、全店舗の中心になってリードしていく業態を象徴するショップ。

ポップアップストア（ショップ）(pop-up Store） ある一定期間、集客力のあるショッピングセンターなどのスペースを借りて出店する期間限定店舗。

ディスカウントストア（discount store） アメリカでは、衣料品や家庭用品、家電製品など、食品以外のカテゴリーを計画的に大量仕入れし、低価格で提供する大型店をいう。ただし日本では、商品を通常の価格より割引いて、低価格で販売する小売店を指し、必ずしも大型店に限定していない。

アウトレットストア（outlet store） 「出口の店」という意味であり、メーカーやリテーラーが自らの残品を処分する常設店舗のこと。

ファクトリーアウトレット（factory outlet） メーカーが自社の売れ残り商品、B級品、サンプル品などを自ら低価格で売る店舗。

リテールアウトレット リテーラーが自社の売れ残り商品などを自ら低価格で売る店舗。

オフプライスストア（off-price store） 有名ブランド商品の残品を大量に安く仕入れて、フルプライス（定価・通常価格）よりかなり低い価格で販売する店。略してOPS。アウトレットストアと混同

されやすいが、両者は別の業態。

無店舗販売　店舗をもたずに販売するシステムをいう。

商業集積　小売店、飲食店、サービス業などが数多く集まっている、商業区域や商業施設。

ディベロッパー（developer）　ショッピングセンターでは、自らの意志に基づいて商業施設を計画し、建設、所有し、入居テナントとの共同発展を目的として管理・運営する企業のことをいう。

テナント（tenant）　ショッピングセンターでは、商業施設内に区画割りされた店舗に、賃料を払って営業する企業のことをいう。

キーテナント　ショッピングセンター内の核テナントのことで、大型店に代表される、知名度と集客力があり、看板になり得るテナントのこと。

アンカーテナント（anchor tenant）　キーテナントともいい、商業施設の中核となる、知名度や集客力に優れたテナント。ＳＣでは百貨店や大型量販店がアンカーテナントとして設置される場合が多い。

スペシャルティセンター（specialty center）　大型店がなく、専門店や飲食店だけで構成されているショッピングセンター。ファッションやアミューズメントなどでコンセプトがはっきりしているところが多い。

ファッションビル　先進的なファッション専門店が多数入店している、中規模クラスのビル形式のスペシャルティセンターを指す。

B to C（Business to Consumer）　企業と最終消費者の間の電子商取引。B2Cとも表記される。

B to B（Business to Business）　企業間の電子商取引。B2Bとも表記される。

C to C（Consumer to Consumer）　一般消費者同士の電子商取引。C2Cとも表記される。

オンラインモール　インターネット上で商品を販売するＥＣサイトのうち、複数の異なる運営主体によるネットショップが出店しているもの。サイバーモール、ＥＣモールともいう。

プラットフォーム（platform）　サービスやシステム、ソフトウエアを提供・運営するための共通の基盤、環境のこと。また、オンラインショッピングを提供するシステムやアプリ・音楽・動画の配信サイトを指すこともある。

マーケット（market）　市場のことで、マーケティングでは需要の集積のことを指す。

マーケティングの4P　Product=商品、Price=価格、Place=販路、Promotion=プロモーションのこと。

プライス（price）　商品を購入し、サービスを受けるときの、商品やサービスの値打ちを金銭で表現したもの。

プロモーション（promotion）　売り手が見込み客の態度や行動を変えるために、情報を伝達し、マーケティング活動を促進させること。

コンペティター（competitor）　ブランドや店舗などの競合相手のこと。

ターゲット（target）　自社の商品・サービスの販売目標となる客層。

コンセプト（concept）　自社のブランド（またはショップ）の、戦略の方向性を示す基本的な考え方のこと。

ブランド（brand）　商標、銘柄の意味で、競争企業のものと区別するための名称、用語、サイン、シンボル、デザイン、あるいはそれらの組み合わせ。

商品のライフサイクル（製品のライフサイクル、プロダクトライフサイクル）（product life cycle）　新製品として生まれてから、次第に成長し、成熟し、ついには衰えていくまでの過程。

コンテンポラリーブランド　デザイナーズブランドと同じレベルの品質でありながら、高価格ではなくアフォーダブルな価格帯で商品を提供するブランド。

市場細分化（マーケット・セグメンテーション）（market segmentation）　多様化・個性化する消費者を、その好みや欲求で属性ごとに細分化してマーケティングを行うこと。

ポジショニング（positioning）　自社のブランド（またはショップ）を市場において相対的に位置づけること。

クラスター　市場の中で共通項をもつ、似たような属性の消費者が集まった一群。

マインド分類　精神的な年齢、気持ちの年齢、心の年齢による消費者や商品、ブランドの分類。

テイスト分類　ファッションへの関心度、ファッション変化に対する受容度合いによる消費者や商品・ブランドの分類。

グレード分類　商品やブランド、店舗などの品質、デザイン、イメージ、価格などの位置づけによる消費者や商品・ブランドの分類。

テストマーケティング　ビジネスを本格的に実施する前に、小規模な市場でテスト的に商品を販売し、市場の反応を試すこと。

ミステリーショッパーズリサーチ　覆面買物
　　調査とも呼ばれ、競合店に顧客を装っ
　　て出向き、実際の買物を行う過程で接

客レベル、クレーム処理、顧客サービ
スの内容などを調査すること。

第5章

シーズンコンセプト　ブランドやショップな
　　どに関する、シーズンのライフスタイ
　　ル、スタイリング、デザイン、商品構
　　成、価格編成などを策定するための基
　　本方針。

ファブリケーション　素材企画の意味で、意
　　図するアパレル製品を製作するために、
　　最適な素材を選択したり、開発したり
　　することを指す。テキスタイル企画と
　　同義語。

縫製仕様書　アパレルの生産に際して、そ
　　の作り方を指示する書類のこと。

サンプルメイキング　アパレル企業では、ア
　　パレル製品の見本を製作することで、
　　デザインやパターンのチェックや、展
　　示会の見本とすることを目的として行
　　われる。

VMD（Visual Merchandising）　マーチャン
　　ダイジングを視覚的に表現することで、
　　商品をはじめ、内装、什器、POPなど
　　すべての視覚的要素を演出し、管理す
　　る活動のこと。

商品構成　品揃えと同義で、商品のアイテ
　　ム・色・サイズとその数量を取り揃え
　　ること。

仕入れ（バイイング）　企業が、販売するこ
　　とを目的に、商品を買い入れること。
　　小売業や卸売業が販売する商品を買い
　　入れる場合と、メーカーが生産する商
　　品の素材を買い入れる場合とがある。

バイヤー（buyer）　小売業における、商品
　　の仕入担当者。

品揃え　商品のアイテム・色・サイズとその
　　数量を取り揃えること。商品構成とも
　　いう。

上代　小売価格のこと。

下代　卸売価格のこと。小売店では仕入価
　　格を意味する。

ロット　生産や仕入れにおける、同じ商品群
　　の一定量のまとまり。

在庫（ストック）　企業が保有する製品、半
　　製品、仕掛品、原材料などの資産及び
　　その金額。

期中企画　店頭販売時期になってから商品
　　を企画すること。店頭の販売動向を見
　　ながら、展示会企画商品で不足してい
　　る商品を企画すること。

最寄品　手近なところで気軽に購入できる商品の総称。

買回品　消費者が購入に際して、複数の店舗を見て回り、デザインや品質、価格などを比較してから購入する商品の総称。

ゾーニング　売場で、商品群ごとに分類・区分して、配置すること。

フェイシング　陳列ユニットごとに、各商品の陳列量と陳列形態を決定し、商品を陳列すること。

ファッショントレンド　流行の新しい傾向や潮流。

CGM（Consumer Generated Media）　消費者により制作・提供されるブログやSNSなどのコンテンツの総称。

第6章

流通　生産者から消費者まで商品が届けられていく仕組み。

流通ルート　生産者から需要者までの商品が流れるルート。

流通コスト　生産者から需要者（消費者など）まで商品が流れる過程で発生する費用。

取引　企業と企業、企業と消費者の間で交わされる経済行為。

掛売り　信用のある買い手に対して、即金ではなく、一定の期日に代金を受け取る約束で商品を売ること。

掛買い　即金ではなく、一定の期日に代金を支払う約束で商品を仕入れること。

マージン　「利幅、利ざや」のことで、売価から原価を差し引いた金額を指す。販売手数料を意味することもある。

営業　①利益を得る目的で事業を行うこと。②商品の販売業務。営業利益などと使う場合は①の意味で、アパレルメーカーの営業担当者などと使う場合は②の意味で使用している。

物流　商品の移動や保管、及びそれらに関係する活動。

買取仕入　返品や商品交換があり得ることを条件とせず、契約した商品はすべて買い取る仕入方法。

売上仕入　売り上げたものだけを仕入れたことにする仕入方法のこと。消化仕入と同義語。

受注　商品の注文を受けること。

発注　商品の注文を出すこと。

広告（advertising）　マスメディアなどの媒体を有料で使用し、消費者にブランドや商品のイメージや特徴を訴求する活動。

パブリシティ（publicity）　企業などが、マスメディア等を通じて無料で望ましい情報の伝達を目指す活動。

ＰＲ（パブリックリレーション、広報）（Public Relations）　企業や官庁などが、その活動や商品などを広く知らせ、一般の周知を促進させるために行う宣伝や広報活動。

販売促進（ＳＰ、セールスプロモーション）（Sales Promotion）　商品やサービスの

購買ならびに販売の意欲を高めるための短期的なインセンティブ（動機づけ・刺激の意）のこと。

ワンストップショッピング　さまざまな買物を１カ所で済ませる買物行動。

キャッシュ＆キャリー　①小売業が卸売業に対して商品の代金を現金で支払い、そのまま持ち帰る取引形態、②スーパーなどで、お客様が集中レジで商品の代金を現金で支払い、持ち帰る制度。

第7章

スティリスト　スタイルをつくる人の意味で、フランスではプレタポルテのデザイナーの意味で使われる。単にデザイナーの意味として使われることもある。

モデリスト　デザイナーのアイデアやデザイン画に基づいて、パターンやサンプル製作を行う専門家。

パターンメーカー（pattern maker）　パターンや型紙を作る専門家のことで、パタンナーともいう。

インターンシップ（internship）　学生が在学中に企業・団体などに就業体験をする制度。

第8章

法人　法律の規定で人と同じような権利や義務を認められる存在のこと。

株式会社　出資者が事業の趣旨に賛同して株式をもち、その株式を資本金として運営される会社。

定款　会社などの目的・組織・活動などに

関する根本規則。または、それを記載した書面。

ＣＳＲ（Corporate Social Responsibility）　企業の社会的責任の英略語。収益を上げて配当を維持し、法令を遵守するだけでなく、人権に配慮した適正な雇用・労働条件、消費者への適切な対応、環

境問題への配慮、地域社会への貢献を行うなど、企業が市民として果たすべき責任をいう。

売上高　一定の期間に個々の商品を販売し、またはサービスを提供して得た金額の合計額。日商、月商、年商は、それぞれ1日、1カ月間、1年間の売上高のこと。

費用（cost）　企業が収益を上げるために消費した財の価値や借りた資本の利子などの経済価値。

売上原価　売上高に対応する商品の原価。製造原価（または仕入原価）×販売数量によって求められる。

売上総利益　売上高から売上原価（仕入原価×販売枚数）、あるいは製造原価を差し引いた段階での利益のこと。粗利益ともいう。

粗利益率　売上高に対する粗利益の比率。

営業利益　企業の主たる営業活動から発生する利益。売上高から売上原価を差し引いた売上総利益から販売費及び一般管理費を差し引いた金額。

商品回転率　一定期間に、商品の在庫高が何回転したかを示す比率。

商品回転日数　商品の在庫として滞留している日数。在庫回転日数、棚卸資産回転日数とも呼ばれる。

坪効率　単位面積当たりの売上高を示す指標で、特に1坪当たりの売上高を示す指標を指す。売上高を実効売場面積

（すなわち実際の坪数）で割ると求められる。

客単価　1人のお客様が、1回の買物で買った金額の平均値。

棚卸し　プライス別に手持ちの在庫数量をカウントし、在庫金額を正確に把握すること。

POSシステム（Point of Sales system）　販売時点情報管理システム。販売時に値札のバーコード（印刷された情報）などを、レジスターのスキャナーで読み取り、コンピュータに入力することによって、正確な情報を瞬時に把握することができる。

消費税　日本国内において、モノを売ったり、サービスを行ったりしたときに課せられる間接税。

伝票　金銭や物品の出入りなどを記載する、一定の形式を備えた用紙。

OS（Operating System）　コンピュータを制御するためのプログラムで、基本ソフトウエア全体を指す。

サーバー（server）　コンピュータネットワークにおいて、他のコンピュータに対し、自身がもっている機能やサービス、データなどを提供するコンピュータのことや、そのような機能をもったソフトウエアを指す。

GPS（Global Positioning System）　人工衛星を利用して自分のいる場所を正確に割り出すシステム。カーナビゲー

ションシステムや携帯電話に広く組み込まれるようになり、位置情報を利用したさまざまなサービスに活用されている。

Wi-Fi　電波を用いた無線通信により近くにある機器間を相互に接続し、構内ネットワークを構築する技術のこと。

アプリ　ある特定の機能や目的のために開発・使用されるソフトウエア。「アプリケーション」(application) あるいは「アプリ」(app、apps) と略されたり、「応用ソフト」と訳されることもある。

SNS (Social Networking Service)　人と人との社会的なつながりを維持・促進する、さまざまな機能を提供する会員制のオンラインサービスのこと。

ビッグデータ　従来のデータベース管理システムなどでは記録や保管、解析が難しいような巨大なデータ群のこと。

スマートテキスタイル　ウェアラブル端末や伝導性繊維などの総称で、糸や生地などとIoT技術やシステムと連動させること。

FASHION

PerformanceTest
Official Textbook

BUSINESS

ファッション
造形知識

第 **1** 章

ファッション、デザイン、アパレル

1. ファッション、デザインの定義と特性

1 | ファッションの世界

① 生活者の個性表現

ファッションとは、人々の日々の生活に彩りを与えたり、夢を与えたりする世界である。ファッションは、人が何を身につけ、どこに住み、何を食べるか、といった生活全般に大きな影響力をもっている。ファッションとのかかわり方が、その人なりの個性を演出し、心から豊かに感じられるような生活を創造する。ファッションは、日々の生活を通した、生活者の個性を表現する姿である。

衣生活を例にとってみよう。「着る」という行為は、誰もが物心ついたときから始め、死に至るまで継続する。地球上のいかなる民族も、昔からこの「着る」という行為を行ってきており、それだけ生活に欠くことのできない要素である。「着る」ということは、もちろん寒暖に備えるという機能的な面もあるが、このような目的で着用された装いにも、美しいとか、似合うとか、その場にふさわしいとかいった、自分らしい個性が表れている。

ファッション表現とは、一人ひとりの個性に基づいたライフスタイル（生活のかたち）が、表に出る世界なのである。

② 流行

ファッションは個人個人の生活表現の姿であると同時に、個人が集合した社会が変化する姿でもある。

一人の生活者を例にとってみよう。生活者である個人は、ある特定の社会環境の中で生まれ、その影響の中で育っていく。社会からさまざまな情報を受け、そういった社会の中でさまざまな感じ方、考え方に影響を受けながら、日々の行動を選択する。生活者の行動は、社会全体の変化と密接にかかわっている。

このような社会の変化が「流行」である。「流行」とは、衣食住などの生活行動や、芸能、芸術、広告、思想などが、一定の期間に、一定の人々の間に普及する社会現象である。

とはいえ流行は、ファッションより広い範

囲で語られることが多い。ファッションは、狭い意味では衣服と帽子や靴やバッグまで含めた服飾品を、広い意味では食生活や住生活を含めた生活文化全体を指すが、流行は衣食住のみならず、流行歌、流行語、流行作家などの言葉にも見られるように、社会現象全般に及んでいる。

だが、ファッションという言葉は、流行よりも広い範囲で語られることもある。流行とは、前述したように、一定の期間に一定の人々の間に普及した社会現象であるが、一人の生活者の立場からいえば、このような流行を受け入れるか、あえてその流行を拒否するかは、その時々の気持ちのもち方による。

その時々のトレンド表現であるコンテンポラリーファッションも、長期間継続して受け入れられるトラディショナルファッションも、また時代の変化を先駆けるアバンギャルドファッションも、ファッションである。ファッション表現とは生活者が社会とどうかかわるか、言い換えれば、生活者の社会との対話、時代との対話なのである。

生活者にとって、流行の選択とは、どのような社会の変化に共感するかということを意味し、そのような選択を通じて「個性」への第一歩を踏み出すことになる。個性は、社会と積極的にかかわり、さまざまな流行を選択することを通じて磨かれていく。

2 | ファッションの定義

① ファッションの定義

現代の生活者は、「ファッション」という言葉を聞いて、"美しく装うこと"や"おしゃれに生活すること"など、個人の美的な生活表現を連想する。また一方で、"流行"や"トレンド"など、生活文化に関す

る社会の変化を連想する。

このようにファッションという言葉は、一般には、ⅰ）生活者の個性表現、ⅱ）流行の意味で使われる。またⅲ）服装、服飾の意味でも使われ、その時々に応じてⅰ）、ⅱ）、ⅲ）の意味で使い分けられている。

例えば「ファッションセンス」「ファッション表現」などは「ⅰ）生活者の個性表現」の意味で、「ファッション予測」「ファッショントレンド」などは「ⅱ）流行」の意味として使われている。また「ファッション産業」「ファッションビジネス」（狭義に使われる場合）などは「ⅲ）服装、服飾」の意味で使われている。

ⅰ）の解釈／人間の生活表現を、生活をする人間の立場から捉えた場合であり、個性を生活で表現する行為である「生活者の個性表現」の意味

ⅱ）の解釈／社会現象として捉えた場合で、その時々の価値観の共有現象である「流行」の意味

ⅲ）の解釈／生活者の個性表現や流行が最も顕著に表れる「服飾」の意味

言い換えれば、ⅰ）とⅱ）の違いは、人間の生活表現を、生活を営む人間から見た場合と、人間が生活する社会から見た場合の違いともいえる。

なお、ファッションの類義語に「モード」という言葉があるが、フランス、イタリア等ではファッションという言葉は使わず、モード（mode）、モーダ（moda）という言葉を使う。日本でモードという言葉を使うときは、先端的なファッションや高級ファッションを指すことが多い。

② ファッションの範囲

ファッションとは「変化する社会の中での自分らしい生活表現」であり、「人々の個性を生活で表現する過程で、広く受け入れられ

た生活様式」であることから、必ずしもアパレル（衣服）の分野に限ったものではない。

ファッションという言葉は、美容の世界でも、食生活や住生活の分野でも、スポーツやレジャーなどの分野でも使われる。具体的には、コートやジャケット、シャツ、パンツやスカートなどのアパレル、帽子、ベルト、バッグ、靴、イヤリング、ネックレスなどの服飾雑貨、化粧品、食品、インテリア用品などの分野でも、ファッションという言葉が使われる。

3 | アパレル、服飾雑貨とファッション

とはいえ、狭義にはファッションという用語を、アパレルと服飾雑貨の分野で用いる。アパレルや服飾雑貨は、人間の身体に近いと同時に他人に見られる用品である。経済的な余裕が生まれ、美しさを表現したいと考えたとき、まず生活に最も身近な用品である衣服や服飾雑貨で自己表現することから始める。また衣服や服飾雑貨は、個人が子供から大人へと成長していく過程でも、早い時期に自分の個性を表現するツールとなっている。アパレルや服飾雑貨が、最も狭義のファッションといわれ、またファッションの中核に位置するのは、このような人間の日々の営みに密接にかかわっている用品だからである。

なお産業界では、衣服のことをアパレル（apparel）と呼称する。この言葉が日本で使われるようになったのは1970年頃で、比較的新しい。アメリカの衣服産業が産業用語として使い始めたことに由来する。なおアメリカでも日常会話では、クロージング（clothing）、クローズ（clothes）、ガーメント（garment）、ウェア（wear）などの言葉が衣服の意味で使われる。

4 | 衣服の役割と機能

人はなぜ衣服を着るのだろうか。衣服は、身体を覆うものである。しかし、人は単に身体を覆うためだけに衣服を身に着けているかといえば、それだけではない。身体を美しく表現したい、社会とコミュニケーションしたい、生活を楽しくしたい、などのファッションに対する欲求が、衣服を着るための強い動機づけになっている。一般に、人間が衣服を着る動機づけには、次のような機能が大きく影響しているといわれる。

① 身体を保護する機能（温度調節の機能、衛生上の機能）
② 生活行動上の機能（人間の生活行動をしやすくする機能）
③ 身体を隠す機能
④ 身体を飾る機能
⑤ 自己表現の機能
⑥ コミュニケーションの機能

上記の①〜③の機能は、衣服の実用面の機能であるが、それに対して④〜⑥の機能が、ファッションの機能である。

④身体を飾る機能は、装飾として衣服を用いる機能である。衣服は、人間の身体という自然の表面を作り替える機能をもっている。

それでは、どうして自然のままにしておかないで自分の身体に細工を施すのだろうか。それは楽しいからであり、「何かを表したい」欲求があるからである。人は、人に話をしたり、絵を描いたり、文章を書いたりする。何かを表現したいとする人の心は、身体の延長線上にある衣服を通じても表れる。

衣服は、⑤自己表現（個性の表現）の機能をもっており、人は自分の個性を活かし、時と場所に適応しながら、美しさや知性な

どを表現できるように衣服を着用するのである。つまり、自然を変形する営みである文化の1つが、衣服による自己表現である服飾表現ということになる。「ファッションが文化」といわれるゆえんである。

このような⑤自己表現の機能は、人間生活の中でどういう役割を果たしているのか。自然のままの姿を加工するものには、言葉の表現やしぐさ、表情といった身体を使用する多くの局面に広がっている。衣服は、言葉使いやしぐさと同様に、他人や社会とコミュニケーションをする手段でもある。衣服は、⑥コミュニケーションの機能を備えている。

5 | 服飾造形とデザイン

① 服飾造形

服飾とは、着装された衣服やアクセサリーなどの、実用面よりも装飾面を重視した言葉で、衣服と装飾の両方の意味を兼ね備える。

服飾造形とは、衣服と装飾品の製作から完成までをいい、その造形美は着装によって発揮される。一品製作の例でいえば、時間、場所、目的などの生活環境を考えて、素材やデザインを決定し、平面作図（製図）または立体裁断によって型紙を作り、裁断、仮縫いをする。次に試着をして体型とデザイン上の補正をし、縫製する。仕上がった作品を着装して、ふさわしいアクセサリーを選ぶ。こうした一連の過程を経て、初めて服飾造形美が完成する。

② 服飾デザイン、アパレルデザイン

服飾デザインとは、服飾を創造するための、「衣服などの製作や着装についての美的計画」である。服飾デザインとは、「人間が

頭の先からつま先までの美的な装いを計画し、装いを形成するための衣服などを製作する」ことといえ、アパレルのほか、アクセサリーも含む。

一方、アパレルデザインは、衣服に限定した、製作や着装についての美的計画を指す。言い換えれば、人が着るものを作る（製作）、人が着ることを作る（着装）、美的計画ともいえる。

6 | 既製服と注文服

アパレルには、既製服と注文服がある。

既製服とは、不特定多数の人を対象に量産され、すぐに着用できる服のことで、レディメイドと呼ばれることもある。

また、コレクションなどで発表される高級既製服及びファッション性の高い既製服を「プレタポルテ」という。

注文服とは、テーラーやドレスメーカーが顧客の注文によって作る衣服のことで、オーダーメイドともいう。オーダーメイドは和製英語で、正式の英語では、メイドトゥオーダーやカスタムメイドという。

高級洋装店または専属デザイナーによる、特定の顧客に対する特別仕立ての注文服のことを、オートクチュールという。

●イージーオーダー／服の簡単な注文仕立て方式のことで、お客様に生地やスタイル見本の中から気に入ったものを選んでもらい、既存の型紙をベースにしつつお客様の体型に合わせた若干の補正を加えて製作する

●パターンオーダー／基本的なデザインがすでにあり、サイズをお客様に合わせて製作するオーダーシステムである。お客様に生地を選んでもらい、出来上がっているスーツをもとに、お客様の

要望や体型に合うよう加工・修正を加えて工場で製造する

7 | ファッションと服装に関するさまざまな用語

以上のほか、ファッションと服飾の基礎用語を下記に列記する。

- ●衣服（クローズ、clothes）／人体の大部分を装い保護するものを指す
- ●被服／衣服よりも広範囲に及び、人体の大部分を包み覆う衣服だけでなく、人体の一部にまとうものまでも総称する言葉で、被り物や履物までも含む。なお、産業界では、被服はワーキングウェア、学生服、外被（カジュアルウェア）、制服など、耐久性や価格を重視する製品に対する用語として使われている
- ●服装／着装された衣服を指し、スタイルや着こなしまでも含むことがある
- ●服飾／着装された衣服のうち、実用面よりも装飾面を重視した言葉で、衣服と装飾の両方の意味を兼ね備える。衣服及びその付属品（アクセサリーなど）まで含む
- ●衣装（衣裳）／衣は上半身を覆う、裳は下半身を覆う、の意味があり、「婚礼衣裳」といった使い方をするように、一揃いになった衣服を意味する。現在では、形式の整った衣服、高級な衣服に使われる
- ●スタイル／一般的には、様式、型、流儀などの意味。衣服の分野では、服装の様式、型、容姿、姿態の意味で使う

---

2. 衣服とアパレルデザインの基礎知識

1 | 「美」の本質

「美」は、人間が本能的に追い求める1つの欲求である。しかし、美の形式は、理屈では捉えきれない感覚的な世界であるだけに、多種多様である。

人間は、生まれつきそれぞれの異なる性格や能力をもっており、育った環境や経験はもとより、考え方も異なることが多い。したがって、共通して認め合う"絶対的な美"、つまり「これが美である」という基準は成り立ちにくい。

また、美を評価する基準は、時代や地域によっても、民族や人種によっても異なり、同じ民族であっても年齢や性別によって評価基準は一定しない。

古典美と前衛美、人工美と自然美、女性美と男性美、優雅美と構築美などのように、対局的な美もある。

しかし、人間は生きていくうえで理想とする共通の"価値"として「真・善・美・用」の4つの目標をもつといわれる。

① 真理や真実を追い求める「真」
② 人として守るべき道（道徳・宗教）を求める「善」
③ 美しいものや醜いものを見分け、創作や鑑賞などを追求する「美」
④ 役に立つことを求め、目的を達成できる合理性を求める「用」

これらの価値が目標とされ、バランス良

く、より深く完成されていくことが理想とされている。

目の前に出現した美を、「美しい」「素敵だ」と感じるかどうかは人によって異なるが、多くの人々に共感をもって迎えられた美は、これまでも多く創造されてきた。

より真なるもの、より善きもの、より美しく、利用する人の役に立つ美の創造、つまり真・善・美・用を多面的に追求し、多くの人たちから高い評価を得られる商品を創造することが、ビジネスとして不可欠ということになる。

2 ｜ クリエーションとは

クリエーション（creation）には、「天地創造」「神の創造物」「創作」「創作物」「創設」「草案」などの意味がある。つまり、神及び人間による創造と、そうした創造活動による有形無形の産物を指す言葉として用いられる。

クリエーション（創造）とは、「全く新しい物事を作り出すこと」を意味し、既成概念や習慣を打ち破って、新しい視点を見つけ出すことから始まる行為である。

クリエーションの対極に位置する概念に、イミテーション（模倣）がある。例えば、パリコレクションなどでのデザイナーへの評価は、今までにはない新しい造形を創造したことに対する評価であり、オリジナルとレプリカ（複製品）との違いはクリエーションにあるといえる。クリエーション活動は、人間の精神活動であるイマジネーション（創造）によって生み出され、クリエーションには模倣すべきモデルがないので、心の中に像を描くのである。このような意味で、クリエーションは、イメージの世界を五感で感じて「形」に表現する活動であるともいえよう。

なお、クリエーションという言葉は、デザインに対してだけではなく、ファッションビジネスの世界では、新技術の創造、ライフスタイルの創造、新業態の創造、ビジネスモデルの創造など、多方面で使われる。それは、ファッションビジネスでは、クリエイティブな発想が重要だからである。

3 ｜ デザインとは

デザイン（design）は、「図案、設計、着装、意図、設計」などを意味し、専門的には「意匠計画」のことを指す。

意匠とは、「創造や制作をするモノの形、模様、色、またはその組み合わせについて、工夫を凝らすこと」である。

デザインには、自動車や機械、最先端機器のように高度に技術的・工学的なものから、工芸品や衣服（アパレル）のように芸術的・美的なものまである。

デザインは、「形を整える」ことや「仕上げ、装飾」といった付随的な操作だけではなく、素材の選定からその加工のいっさいと片付けに至るまでのすべてのプロセスをいい、具体的には設計図やイラストに描いたり、立体的な模型として表現したりする。

簡単にいえば、デザインは生活に必要な製品を製作するときの「実用的な目的をもつ美的創造についての設計や計画」のことである。それだけに、"作る"ことの意味と判断基準を知ることがデザインの基礎になる。

人間は、食べやすくするために食器を作り、着るために服を作り、住むために家を造ってきた。生活が便利になるように工夫をし、その活動によって次々と時代を切り拓いてきた。

しかし、便利さばかりを求めてきたわけではない。衣装であれば「防寒」や「動きやすい」「着心地が良い」という機能として

の満足を求めるだけでなく、より「美しい形」や「美しい色」であってほしいという「心理・感性面での満足」も求める。

デザインすることには、「機能としての満足」と、「心理・感性面での満足」を同時に充足させる作業が必要といえる。

4 | デザインとアートの違い

デザインに対して、芸術（アート、art）は、彫刻・絵画・建築などの「造形芸術」、舞台・演劇などの「表現芸術」、音楽などの「音響芸術」、詩・小説・戯曲（脚本）などの「言語芸術」、また時間芸術や空間芸術など、視点に応じて種々に分類される。

芸術美を表現した作品を"芸術品"という。「芸術の美」は純粋の美であり、本来、機能性や経済性などとは無縁のものである。逆に「デザインの美」には、機能性や合理性、経済性などが求められる。したがって、「デザインの美」と「芸術の美」は、区別して考えなくてはならない。

ファッションデザイナーのココ・シャネルは「芸術は初め醜いが、やがて美しくなっ

てくる。したがって、ファッションは、永遠を願わず、今を希望している」といっているが、これはデザインと芸術の違いを端的に表した名言といえよう。

5 | アパレルデザインの構成要素

デザインとは、形を作ることによる「造形的な価値」と、それぞれの機能が有効に働く「機能的な価値」を与える作業といえる。

服飾デザインにおける機能的な価値とは、着ることにかかわる機能である。

どのデザインも形を作って価値を生むために、形や色、素材を造形的な技術によって組み立てるという点が共通している。

アパレルデザインは、「シルエット」「ディテール」「カラー」「マテリアル」の4つの構成要素の組み合わせで成り立つとされている。

① シルエット

18世紀のフランスの大蔵大臣シルエットが節約・倹約政策を採ったことを風刺して、やせた影法師の漫画に描かれたのが語源と

ココ・シャネル（出生名 シャネル・ガブリエル Gabrielle Chanel）

1883～1971年。フランス生まれ。1909年帽子デザインを始め、'10年カンボン通りにメゾン設立、婦人服へ進出。下着素材のジャージーや男子服に着目し、第一次世界大戦後の新しい女性像を明確にとらえたシンプルで機能的なスタイルを打ち出した。第二次世界大戦後引退していたが、'54年71歳でカムバック。'60年代「シャネル・スーツ」は世界的大流行となる。没後もメゾンは継続し、'81年からはカール・ラガーフェルドにより、世界的シャネル・ブームが再燃。シャネル・スーツは20世紀の定番となった。

出典／『ファッション辞典』（文化出版局）

される。初めは黒の影絵であったが、「輪郭・外形」の意味をもつようになった。

　ファッション用語としては、「形」「姿」「コスチュームの外形」など、衣服全体の特徴である輪郭線、ドレスの前後左右が作り出す立体的なアウトラインや外形をいう。

　シルエットは、ウエストライン（胴回りの位置を示す線）、ヘムライン（裾線）の上下、肩幅の大小、前後の厚み、切り替え線などが影響する。立体的に仕上げるためには、ダーツ（布を人体の曲線に合わせるときに余る分量をつまんで縫い消す手法）などの形と方向が影響する。また、使用する布地の糸の性質や撚り加減、織り方の粗密の度合いなどによる張り具合、垂れ具合、芯地の種類、それを貼る位置なども影響を与える。

② ディテール

　「細部・詳細」の意味。アパレル分野では、ネックライン（衿ぐり線）、カラー（衿）、スリーブ（袖）、カフス、開き、ポケット、ウエスト回りなど、細かな部位のことや、それらの形状や付け方を指す。

③ カラー（色彩）

　「色」の意味。素材としての使用色のほか、配色（色の組み合わせ）も含まれる。また、色・柄という言い方をして、同次元で考えることもある。

④ マテリアル（素材）

　「材料・原料・素材」の意味。アパレル分野では「アパレルの素材（材料)」を指す。

アパレル素材の中心をなすのは、テキスタイル（同意語でファブリック）であり、あらゆる繊維で織られたもの、編まれたもの、フエルトにされたものなどがある。そのほか、革、毛皮、金属、ゴム、フィルム、紙などを含み、制限はない。テキスタイルを選択するには、色、柄、軽重、光沢、滑らかさ、透明度、織り、編み、刺繍などに注意する。

6 ｜ 現代ファッションの流れ

　19世紀後半以降のファッションは、欧米の近代服装文化のもと、オートクチュール（高級仕立服）からプレタポルテ（既製服）へと発展してきたが、21世紀に入り、ニューヨークで起きた同時多発テロやリーマンショックなどの影響で世界は混乱し経済も低迷した。そのような状況の中で、洋服に対する考え方も新たな方向へ動き出した。

　ファッション市場がグローバルな広がりを見せたのは、一定した品質を保持しながら大量に生産し販売するファストファッション（低価格衣料）の出現からであった。それまでの企画・生産期間を大幅に短縮したシステムでトレンドのファッションアイテムも低価格で入手できるようになった。

　また、インターネットの普及とともにネットを活用したビジネスのスタイルも拡大し、店舗に行かなくても簡単に洋服を買うことができるようになった。

　ファストファッションブーム後の次なる新潮流として、サステナビリティ（持続可

図1. アパレルデザインを構成する4つの要素

能性）の観点から、過剰在庫や廃棄などへの対応がファッション業界の課題になる中、リセール（二次流通）、レンタル、サブスクリプション、フリマアプリなど、インターネットを活用した新しいビジネス形態も急増している。

さらに、若年層のファッション意識も変化した。ＳＮＳの普及によって情報の発信や受け取り方が変化し、自己表現ツールである

ファッションの定義も洋服だけではなく多方面に分散している。食事やアート、旅行やインテリアまでもがファッションに含まれ、洋服はそれらと並列するコンテンツの1つへと立ち位置が変わり、ファッションに対する価値観はますます多様化している。

人々の新しい価値観と急速に多様化するニーズに応える必要があるのが、現代ファッションの特徴である。

---

3. 繊維とアパレルの基礎知識

1 | 繊維と繊維品、繊維製品

① 繊維

繊維が衣服に使われるのは誰でも知っているが、それ以外にも身の回りでは多くの繊維が使われている。住居ではカーテンや壁紙、カーペットなどのインテリア、毛布や布団などの寝具に使われている。そのほかにも建築土木資材、電子資材、医療資材などに繊維はいろいろな形で使用されている。

繊維は、「糸、織物などの構成単位で、太さに比して十分の長さをもつ細くてたわみやすいもの」（ＪＩＳ）である。

繊維は、天然繊維と化学繊維に大別できる。天然繊維には、綿、麻、毛、絹などがあり、いずれも天然、自然に繊維の形で存在するものである。化学繊維には、ポリエステル、ナイロン、アクリルなどがあり、化学的な方法で人工的に繊維を作り出したものである。

繊維には、綿や毛のように短い繊維（短繊維＝ステープル）と、絹のような長い繊維（長繊維＝フィラメント）がある。短繊維は、繊維が短いため、そのまま糸として

は使えないので、それを束ねて撚り合わせ、紡績糸にして使う。

② 繊維品

繊維品とは、繊維を用いて作られたものをいい、図2のように、わた、糸、生地、繊維製品など、繊維を用いて作られたすべてをいう。

③ 繊維製品

繊維製品とは、糸や生地を用いて作られたものをいう。繊維製品には、繊維製アパレルのほか、繊維製服飾雑貨、寝具、インテリア、繊維雑品、繊維製工業資材などがある。

2 | 繊維製品とアパレル、服飾雑貨

① アパレルが作られるまで

繊維・糸から生地が作られ、さらに生地からアパレルが作られる。繊維・糸から最終的にアパレル製品となるまでを図式化すると、図3のようになる。

※寝具／ふとん、毛布、ピローなど
※工業資材／魚網、ロープなど
※繊維雑品／テープ、リボン、織ネームなど
※その他繊維品／包帯、ガーゼ、人形など
※非繊維製アパレル／レザーウェア、毛皮など
※アパレル小物／服飾雑貨のうち、ネクタイ、スカーフ、靴下など
※服飾雑貨／靴、バッグ、装身具、帽子など

図2. 繊維品、アパレル、服飾雑貨の関係

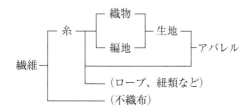

図3. 繊維、糸、生地、アパレルの関係

② 繊維品、アパレル、服飾雑貨の関係

　繊維品には、わた、糸、生地などと、繊維製品がある。アパレルやアパレル小物には繊維製のものと、レザー（皮革）やファー（毛皮）、ゴム、フィルムなどを素材とした非繊維製のものがある。

　アパレルの中心をなしているのはアウターウェアやインナーウェアなどであるが、

ネクタイ、スカーフ、手袋、マフラー、靴下なども含まれる。ネクタイなどは、小物またはアパレル小物ともいわれる。

　服飾雑貨には、これらアパレル小物といわれるものと、靴やバッグ、装身具などがある。

　これらの関係を図示すると、図2のようになる。

3 ｜ 織物、編物

① 織物、編物とアパレル

　繊維製アパレルの素材には、主に織物と編物がある。織物は、裁断、縫製してアパレルが作られる。

織物は、経糸と緯糸を用いて織った布である。

それに対して、編物（ニット）は、1本以上の編糸をループ（編目）状に連結させて作った布である。ニットアパレル製品には、糸から作られるニット製品と、糸からニット生地を作り、そのニット生地を裁断して縫製した製品とがある。後者はカットソー（カットアンドソーン）といわれる製品である。

② **テキスタイル、ファブリック、マテリアル**

テキスタイル（textile）とは、もとはラテン語の「織る」という意味で、「織ること」「織物」を指す。現在では織物のほか、広義には繊維原料・繊維・糸、さらに編物・紐・不織布なども含めることがある。

欧米では、繊維原料から織物、アパレルまで広く含めた、繊維を扱う産業のことをテキスタイルインダストリーと総称する。この場合は、日本における繊維産業という言葉と同義である。

テキスタイルの同義語に、ファブリック（fabric）がある。ファブリックは、ラテン語の「作る場」という意味から派生している。そこから材料で構成されるものとして、繊維・糸を組み合わせて組織する繊維製品の平面体を意味するようになった。現在では、布、布地、織物の意味として用いられる。

素材という意味でテキスタイルを捉えるときに、マテリアル（material）という言葉を使う。マテリアルは本来、原料とか素材という意味で、アパレル産業では織物や編物、不織布のような繊維製素材のほか、皮革や合成皮革、ゴムなどにもこの言葉を使用する。また、織物を製造するテキスタイル産業では、織物の素材となる糸や繊維のことを指す。

FASHION BUSINESS

ファッション造形知識

第2章

ファッションコーディネーション

1. コーディネートの基礎知識

1 | コーディネートとは

コーディネート（coordinate）とは全体を「調和する」の意で、ファッション用語としては、複数の服種やアクセサリー等の装身具を組み合わせて、あるいは色、素材、柄、テイストなどの調和を考えて服装を整えることを指す。加えて、服種の組み合わせ等においてはトータルバランスが重要となる。

コーディネートを上手に完成させることにより、ファッションのイメージを他者に対して効果的に伝えることができ、またファッションビジネス上も、ブランドイメージの確立や販売促進につなげることができる。

2 | 代表的なコーディネート手法

① 色によるコーディネート

色彩が私たちの日常生活の中でさまざまな役割を果たしていることは、すでによく知られるところである。ファッション衣料の色彩はビジネス上も、消費者の感性に訴えかける重要な要素となる。そのため衣料の機能が同じであれば、デザインや色が購買判断を促す役割を担い、特に色彩は人間が視覚的に最初に感じる要素となる。したがってファッションでは、色同士の組み合わせによるコーディネートがとても重要となる。この色同士のバランスを考え、効果的に組み合わせてファッション表現を行うことをカラーコーディネートという。代表的な配色には以下のものがある。

　ⅰ）色相とトーンの関係による配色
　　　カマイユ、トーナルなど
　ⅱ）色相と明度の関係による配色
　　　コンプレックスハーモニーなど
　ⅲ）色数による配色
　　　トリコロールなど

また、カラーコーディネートでは、それぞれの色の役割は次のように大きく区分される。

ⅰ）ベースカラー（全体の基調となる色）
ⅱ）アソートカラー（ベースカラーに組み合わせる色）
ⅲ）アクセントカラー（全体の演出効果を上げる色）

ベースカラーが同じでも、組み合わせるアソートカラーやアクセントカラーによって、全体のコーディネートイメージは大きく変わる。

② 素材によるコーディネート

素材を軸にしたコーディネートは、色によるコーディネートと並んで重要な役割を果たしている。特にシンプルなデザインの場合、色や素材による組み合わせがコーディネートにおいて大変有効である。

手法としては、素材の特性である風合い、光沢感、起毛感、重厚感や軽快感、ウォーム感や清涼感を考慮して、バランス良くコーディネートすることが重要である。

また、異素材同士の組み合わせでは、同系色でまとめるなど、色との連動性を生かしたコーディネートも大切な手法となる。ポイントは、季節感に合った素材を選んでコーディネートすることである。

③ 柄によるコーディネート

柄によるコーディネートには、全体の印象を表情豊かに見せる効果がある。使用する柄のモチーフにより個性的な表情を演出できるという利点もある。ただし一方で、柄特有の主張の強さから難度の高いコーディネートでもあるので注意が必要となる。代表的なものに、柄×柄、柄×無地、同一柄、柄の大小によるコーディネートがある。柄×柄のコーディネートは最も難度が高いので注意が必要である。逆に扱いやすいのは、柄×無地や同一柄によるコーディネートとなる。

---

2. ファッションスタイリング

1 ｜ スタイリングとは

スタイリングとは「スタイルを作ること」である。ファッション用語としては、コーディネートするアイテムや素材構成を踏まえ、着用するシーンやオケージョンに合わせてコントロールし、さらにアレンジを加えてファッションイメージやテイストを明確にすることで、一定のスタイルを作ることを指す。

2 ｜ 美意識とファッションイメージ

人間の美意識や、より美しくありたいとする欲求がファッション進化の歴史を作り、多くのファッションイメージを描き出してきた。さまざまなイメージがスタイリングのもとになっている。

主要なファッションイメージとキーワードは次の通りである。

① 代表的なファッションイメージ

　ⅰ）エレガンス

　　　キーワード……上品、洗練、優美

　　　美しく上質感のある素材を活用した、高級感があり洗練された優美なファッションイメージをいう。

　ⅱ）スポーティ

　　　キーワード……躍動感、動的、機能的

　　　スポーツをリードイメージとした躍動感のある"動き"が感じられるファッションイメージ。大胆な色使いや高機能な素材を活用し、力強さを感じさせる装いがポイント。

　ⅲ）アーバン

　　　キーワード……都会的、洗練、現代的

　　　時代の旬を感じさせる洗練された都会的なファッションイメージ。他を寄せ付けない排他的なムードや大人っぽさが装いのポイント。

　ⅳ）ローカル

　　　キーワード……田舎風、牧歌的、地域性

　　　"アーバン"の対極にある素朴なファッションイメージ。牧歌的で自然を感じさせる装いがポイント。

　ⅴ）モダン

　　　キーワード……現代的、最新の、先進性

　　　現代的、最新の、先進性、を連想させるファッションイメージ。歴史や伝統に縛られない新しさが特徴のため、クラシックの対極表現がポイント。

　ⅵ）クラシック

　　　キーワード……伝統的、古典的、正統派

　　　モダンの対義語。歴史に基づく伝統的なファッションや正統派のファッションイメージ。

ⅰ）エレガンス　　　ⅱ）スポーティ　　　ⅲ）アーバン　　　ⅳ）ローカル

ⅴ）モダン　　　ⅵ）クラシック　　　ⅶ）フェミニン　　　ⅷ）マニッシュ

vii）フェミニン

　　キーワード……女性らしい

　　女性らしさを表現するファッション
　　イメージ。フリル使い、レース使い、
　　花柄プリントなど、典型的な女性を
　　想起させるディテールを表現する場
　　合にも用いられる。

viii）マニッシュ

　　キーワード……男性のような、男性的
　　フェミニンの対義語。女性による男
　　性的なファッションイメージを指す。
　　テーラードスーツ等の男性的アイテ
　　ムを着こなす女性やボーイッシュな
　　着こなしをする女性の装い表現。

② ファッションイメージの4つの軸

　イメージ自体は人々の感覚によるためさ
まざまあるが、前述の8つのファッションイ
メージが代表的なものであり、これらは対
照的な4つの軸に分類することができる。

静動軸	エレガント	⇔	スポーティ
時間軸	クラシック	⇔	モダン
性差軸	フェミニン	⇔	マニッシュ
地域軸	アーバン	⇔	ローカル

　静動軸は、動きを感じる動的なファッ
ションと、その逆となる落ち着いたファッ
ションを表す軸。時間軸は、過去回帰的
なファッションと、その逆となる現代的な
ファッションを表す軸。性差軸は、女性ら
しさと男性らしさを表す軸。地域軸は、都
会的なファッションと、カントリー調のロー
カルなファッションを表す軸である。

3 ネーションズルーツ

　それぞれの国にそれぞれの文化があるよ
うに、ファッションにもその国独自の文化や
服装表現が存在する。特にメンズのスタイ
リングには国・地域性が表れる。

　主なものに、

- ●フレンチテイスト
- ●イタリアンテイスト
- ●ブリティッシュテイスト
- ●アメリカンテイスト

などがある。

4 オケージョンとスタイリング

　オケージョンとは、いわゆるT（Time＝時
間）、P（Place＝場所）、O（Occasion＝場面）
の意。特にファッションでいうオケージョン
は、冠婚葬祭や入卒、集合型イベント、ビ
ジネスにおける場面や休日を過ごす場面な
ど、生活シーンの違いによってファッション
の着用感が連動して変化していくことを示
している。

　前述のスタイリング（スタイルを作る）に
おいては、求められるオケージョンに連動
した生活シーンを想像し、相応しいスタイ
リングを施すことが大切である。

　時代変化に沿って、生活シーンは多面的
に広がり、服装に対する人々の考え方や意
識も大きく変わり、社会的規範も緩やかに

なってきている。装いの自由度が高まり、人々のオケージョンに対するスタイリングの許容範囲が広がってきているともいえる。そのため、オケージョンに対する着用ルール等による拘束性は弱まり、装いも多種多様で自由になってきている。しかしながら、自身が置かれた状況や場面に沿い、さらに他者に失礼のないように、オケージョンの基本をしっかりと理解し、"ふさわしさ"を意識したスタイリングを行うことが大切である。

パーティや結婚式等の華やかなオケージョンでは、その格式度を勘案しながら楽しく明るい雰囲気を崩さない装いを意識することが重要となる。

また、ビジネスシーンは、特に日本ではクールビスの浸透に伴い急速に軽装化が進んだため、最もスタイリングに変化が見られるオケージョンとなっている。だが、あくまでも"ビジネス"であることを忘れずに、相手に不快感を与えないこと、また職制にふさわしい品位を考慮したスタイリングが必要である。

このように、オケージョンにもいくつかの分類があり、各々求められるスタイリングも違っている。代表的なオケージョンは以下の3つに分類される。

① オフィシャル（official）

オフィシャル（official）とは公務的、職務的な場面を指し、この中には学生の制服や工場の作業着等の服装も含まれる。主な場面には企業、団体、官公庁などで職務を遂行する場面がある。

前述のように、それぞれのビジネスの環境や周囲との関係性を考えることが重要となるが、ある程度、個人の裁量に委ねられるオケージョンでもある。一方で、清潔感と相応の品位も求められる。

② ソーシャル（social）

ソーシャル（social= 社会的、社交的）な場面には、具体的には冠婚葬祭などの結婚式や仏事、また各種パーティや公的な行事や正式な集いなどがある。程度の差はあるが、場面に合わせた、きちんとしたドレスコードが設定されているような場面を指す。

③ プライベート（private）

プライベート（private= 個人的、非公式）な場面とは、職場や公的な場面を離れた休日を過ごす家中シーンや屋外で楽しむ散歩や買物、あるいは旅行や遠出など明確な目的を伴うシーンも含めた場面を指す。日本でも働き方の変化の進展に伴い、プライベートの場面は増加傾向にあり、プライ

ベートなオケージョンにおける装いの重要度がますます高まっている。

　加えて、自由度の高い現代のスタイリングにおいては、オフィシャル60%、プライベート40%というように、バランスを意識したスタイリングが重要となる。

5 ｜ ワードローブ計画

　ワードローブ（wardrobe）は「洋服タンス、衣装部屋」の意。ファッション用語としては、スタイリングを完成させるために必要なアイテムを表す。個人がどのようなワードローブを保有するかという視点が、スタイリングを効果的に仕上げることにつながる。したがって、手持ちのアイテムを勘案しながら、計画的にそれらを拡充していくことが、スタ

イリングの魅力度を上げていくことになる。

〈ワードローブ計画のポイント〉
- 鮮度のあるファッションの情報を把握する
- 汎用性のあるアイテムを意識する
- 自分らしさを大切にする
- 自身のワードローブを把握する
- 計画的にワードローブを拡充する

　現代では、ＳＤＧｓやサステナビリティが社会通念上も重視されるため、着用の少ないアイテムをリセールやシェアリングにより効果的に循環させたり、新品にこだわらず、古着を有効活用していくことも大切である。また際立ったアイテムよりもスタイリングが重視される現代では、ワードローブの拡充がファッションの理解を深め、楽しむことにもつながる。

3. ビジネスにおけるスタイリング提案

1 ｜ スタイリング提案とは

　前述の通り、スタイリングとは「スタイルを作ること」の意であるが、ビジネスにおけるスタイリング提案とは、生活者や顧客に向けて、旬な着こなし方法やトレンドや汎用性など数多くのファッション情報を発信し、購買動機につなげていくために欠かせないものである。

　アパレル企業や小売店などにおいては、スタイリング提案の方向性を決めることにより、対象アイテムの生産計画や仕入計画など、ビジネスの一連の流れを確定していくことができる。したがって、「商品計画〜プロモーション計画〜VMD計画」と、店頭に

並ぶまでの業務と連動して計画していくことが可能になる。

2 ｜ 提案テーマの重要性

　では、スタイリング提案を実行するためのポイントは何であろうか。それはスタイリング提案の "テーマ" を明確化し、多くの人が共通認識をもてるようにしていくことである。

特に高度に成熟した現代のファッション市場では、スタイリング提案もライフスタイル型提案やライブ感のあるシーン提案が求められている。このような市場の欲求に応える意味でも"テーマ"を明確にすることが重要である。

3 | スタイリング提案の基本

① シーズン（季節）提案

シーズン提案とは、季節の変化を捉えてスタイリング提案に活かしていく提案方法である。

季節に連動してスタイリングは変化する。日本では四季に連動して着用するアイテムが変化するが、ファッションではより細分化した季節区分に基づいてスタイリング提案を行っている。

日本の季節変化を大切にする文化は"歳時記"に代表されるように独特のものである。この細分化された季節感に連動して、ファッション提案では多くの季節区分を用いている。

一般的には、梅春、春、初夏、盛夏、晩夏、初秋、秋、冬に区分し、このシーズンサイクルでスタイリングイメージを変化させていく。現代のシーズン区分では暑い夏が定番化され、"夏"の季節区分が重要になっている。また各シーズン間の端境期への対応も必要である。

② ファッションテーマ提案

本章「2-2. 美意識とファッションイメージ」で解説したように、8つのファッションイメージは代表的なスタイリング提案であるが、さらにテーマ性のある代表的なスタイリング提案を以下に解説する。

i）サファリスタイル

サファリとは狩猟旅行のことで、特にアフリカへの猛獣狩りの旅行を指す。そのような狩猟イメージをもった機能的で洗練された欧州の貴族階級風のファッションスタイルをいう。砂漠を連想させるサンドベージュ色、機能的なマルチポケットのサファリジャケット、ディテールとして同素材のベルト、エポーレット（肩章）などが特徴である。

ii）ミリタリースタイル

ミリタリーとは「軍人の」「軍隊の」の意で、ファッション用語では、軍服のデザインをインスピレーションにしたスタイルの総称。 エポーレット、金のボタン、フラップポケットや軍服用の装飾品などを取り入れたファッションで、色彩は濃紺やカーキ、迷彩柄などが特徴。本来は陸軍の制服を指すが、海軍や空軍の制服も含めて、軍服を象徴的イメージとしたスタイルの総称である。

左：サファリ、右：ミリタリーのスタイル

iii）マリンスタイル

主に水兵などをイメージしたファッションスタイルを意味する。ヨットや船の錨をモチーフにしたプリント柄や、ボーダー柄をモチーフとしたカットソーやTシャツ、ワンピースが代表的なアイテム。ホワイト×ネイビーの配色がポイント。

iv）ボヘミアンスタイル

　ボヘミア地方（チェコの西部・中部地域）の民族衣装に由来し、そのファッション要素を取り入れたスタイルである。自由奔放な生活スタイルのジプシー（遊牧民）や芸術家などのファッションスタイルも意味する。フォークロア（民族的な）調のプリント柄ワンピースやペザント（農婦）ブラウスなどが代表的なアイテム。フェミニンでロマンチック（詩的）なムードが特徴となる。

左：マリン、右：ボヘミアンのスタイル

v）ウエスタンスタイル

　ウエスタンは「西の」「アメリカ西部地方の」の意。ファッション用語としては、アメリカ西部地方のカウボーイたちのスタイルに着想を得たスタイリングのこと。ダンガリー素材のウエスタンシャツやインディゴデニムのジーンズ、テンガロンハット（カウボーイハット）、ウェスタンブーツなどが代表的なアイテム。

vi）エスニックスタイル

　エスニックは「民族の」「民族的な」「民族特有の」の意。　ファッション用語としては、主にキリスト教圏以外の国々の民族調（アジア、アフリカなど）のファッションスタイルを指す。近似語の「フォークロア」が「民族調の」と訳されるのに対し、さらに土着的な意味合い

が強いファッションスタイルを指すことが多い。

左：ウエスタン、右：エスニックのスタイル

vii）ロマンティックスタイル

　ロマンティックは「現実を離れ、情緒的で甘美な様」を表す。1830年代に全盛を迎えたロマン主義時代から続く、女性美、女性らしさを追求したヒストリカルなスタイル。丸みを帯びたシルエット、柔らかで可愛らしいイメージが特徴。ディテールのフリルやレース使い、デコラティブな装飾等がスタイルポイントとなる。

viii）ナチュラルスタイル

　ナチュラルとは「自然」の意。明確な系統に縛られず、自分らしさや着心地を大切にした自然体で等身大のシンプルでややゆったりしたシルエットを特徴とするスタイルを表す。サステナビリティやスローライフを意識し、リネンやコットンなどの天然素材、カラーでは素朴な生成り色やベージュ、薄いグレーや藍色などの牧歌的な雰囲気がポイントとなる。オーバーサイズのAラインワンピースやレイヤードスタイル、やや裾幅のあるジーンズやワイドパンツ、全体的にふんわりした女性らしい雰囲気。シンプルなデザインの組み合わせが特徴となる。

左：ロマンティック、右：ナチュラルのスタイル

これらの代表的なスタイリングをベースとして、現在は異なる2つの要素をミックスするなど、難度の高いスタイリング提案（例えば、スイート・ミリタリースタイル、レトロ・マリンスタイルなど）が行われている。

4 | 商品のクローズアップ提案

① 7つのポイント

ファッションアイテム（商品）には、クローズアップして提案すると効果的な7大要素がある。

ⅰ）文化・伝統

　商品の背景にある独自の文化・歴史・伝統をクローズアップする。

ⅱ）地域

　生産地や特定地域をクローズアップする。

ⅲ）価格

　価格に対する価値観の高い商品を価格面からクローズアップする。

ⅳ）素材・技術

　独自の素材やその特徴をクローズアップする。また優れた製造技術をクローズアップする。

ⅴ）人物

　生産者やデザイナー、企画者をクローズアップする。

ⅵ）アイテム・商品

　商品そのものの独自性や、他にない独特のアイテム特性などをクローズアップする。

ⅶ）ブランド

　ⅰ）〜ⅵ）を相乗的に連動させ、高いクローズアップ効果が期待できる存在として"ブランド"がある（図4）。

② クローズアップ提案の手法

クローズアップ提案には次のような手法がある。

ⅰ）カラークローズアップ提案

　スタイリングしたアイテム・商品の"カラー"に強い意味合いをもたせる提案手法である。色彩が人間に与える心理的な影響は強く、特にファッションの提案では主張するテーマを生活者に効果的に伝えることができる。例えば、そのシーズ

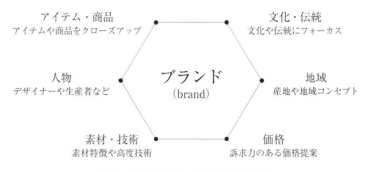

図4. クローズアップ提案の7大要素

ンのトレンドカラー1色をテーマカラーとしてスタイリングをセッティングする。アイテムの上下、雑貨の色相や色調を合わせたスタイリングなどが挙げられる。

ⅱ）シーンクローズアップ提案

1つの生活シーンを主題としてスタイリングを組み上げていく提案手法である。例えば、ジャングル探検や山岳地キャンプ、あるいは海の高級リゾートなどをシーンとして設定し、そこからイメージされる相応しいスタイリングを提案する、などが挙げられる。「文化・伝統」「地域」などを背景に、現代の身近な生活のシーンを取り上げることがポイントとなる。VMDやVPとの連動によって、さらに効果的に生活者にとって魅力的なスタイリングを訴求できる。

ⅲ）地域クローズアップ提案

地域をクローズアップしたスタイリングの提案手法。有名なリゾート地などの地域名や人々の想像力を働かせることができる地域名を主題とし、それらから着想されるスタイリングを通じて、効果的に生活者にファッションイメージを提案していくことができる。例えば、リゾートウェアを引き立てるハワイやカリブ、都会的でエレガントなスタイルを引き立てるロンドンやニューヨークなど。

ⅳ）アイテムクローズアップ提案

スタイリングの構成要素の1つとなるアイテムをクローズアップして提案していく方法。

ⅴ）ブランドクローズアップ提案

特定のブランドをクローズアップし、その特徴的なスタイリングを提案する手法。ブランドの個性を通じて、特徴的なアイテムやスタイルイメージを提案することができる。

5 ┃ スタイル・ポジショニングマップ

これまで述べてきたように、さまざまなスタイリング提案の手法、あるいはファッションテーマが存在する。特にファッションテーマの分類を明確化することにより、それらテーマの展開手法がわかりやすくなり、さらに効果的に生活者に提案していくことができるようになる。

スタイリング提案を効果的に行うための分類手法に、ポジショニングマップがある。以下に示す図のように、横軸と縦軸からなる4象限を設定し、各ファッションテーマを落とし込んでいく。これによりテーマごとの比較が容易になり、それぞれのポジショニングが明確化される。横軸と縦軸のキーワードを変えることにより、各テーマを多面的に把握することも容易になる。

図5は、横軸の左方向をクラシック（過去回帰的）、右方向をモダン（現代的）に設定し、時間軸によるテーマのポジショニングを見る。縦軸は、上方向にエレガント（静的）、下方向にスポーティ（動的）としている。

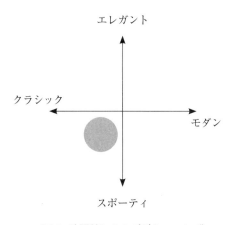

図5. 時間軸によるポジショニング

図6は、横軸の左方向をヤング（若者志向）、右方向をアダルト（大人志向）に設定

し、年齢軸によるテーマのポジショニングを見る。縦軸は、図5と同様に上方向はエレガント（静的）、下方向はスポーティ（動的）としている。

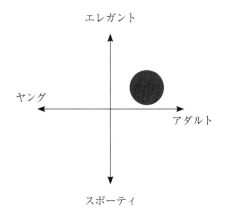

図6. 年齢軸によるポジション

ショニングを確認することにより、前年とのトレンドの変化などの把握が可能となる。

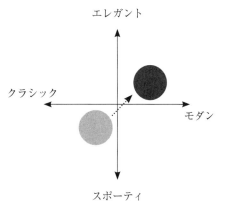

図7. 前年のポジショニング比較

図7は、前年と今年のメインテーマのポジショニング比較である。時系列でポジ

ビジネスにおけるスタイリング提案では、テーマの背景や時代性を深堀りし、それらを構成している要素を明確に分析することが重要である。

4. ディスプレイ知識

1 ｜ ディスプレイの必要性

売場は便宜的に「売る場」と「見せ場」に分けられる。売る場では商品をハンガーラックに吊るしたり、シェルフに畳み置いたりして陳列するが、実は顧客からは商品の一部しか見えていない。そこでアピールしたい商品の全貌を見てもらう場として、見せ場が設定されている。見せ場ではディプレイ展開が中心になる。

2 ｜ コーディネート

単品のレイヤードルック（重ね着）が主流となっている今日では、コーディネートによるディスプレイ展開が特に重要になる。コーディネート（coordinate）は「調整する、調和させる」の意であるが、日本のファッション用語では「2つ以上の品種やアイテムを組み合わせて、1つのウェアリングを構成すること」をいい、カラーや素材、柄などが異なる複数の服、さらに服飾雑貨などをバランス良く組み合わせて、統一されたイメージを作り上げることを指す。コーディネートでの提案は、単品を組み合わせ

ることによる相乗効果を生み出し、単品の付加価値を高める効果が望める。

コーディネートによるディスプレイは「着こなし方」を示すことであり、瞬時に商品の使い方が顧客に伝わるため、衝動買いの促進につながる、複数アイテムの購入による客単価の上昇も見込めるなど、ファッションビジネスに欠かせない販売方法といえる。

3 ファッションコーディネートの要件

コーディネートの要素には、次のようなものがある。

① 服種やアイテムのコーディネート

トップスとボトムス、アウターとインナーなどの組み合わせ。

② 服と服飾雑貨とのコーディネート

服と靴、バッグ、ベルト、帽子、スカーフ、アクセサリー、指輪などとの組み合わせ。

③ よりトータルなコーディネート

ヘアスタイル＆メイクのカラーや雰囲気、体型や肌の色などの肉体的要件とのバランスを考慮したコーディネート。

④ オケージョン

着用場面や機会、目的にふさわしいコーディネート。

⑤ ライフスタイル

想定したライフスタイル志向のテイストに適合するコーディネート。

以上のように、コーディネートには多くの要素があり、それらに配慮した提案を行わなくてはならない。また冠婚葬祭などに関

するルールを把握しておく必要もある。さらに新たな情報が瞬時に行き渡る現代においては、最新のファッション関連情報に対する精通も常に求められる。

このようにコーディネート提案には熟練を要するが、高いレベルのコーディネートスキルは、他店との差別化を図る有力な決め手となり得る。

ショーイング

VMD（ビジュアルマーチャンダイジング）では商品をより良く見せる方法や飾り方のことをショーイングといい、コーディネート提案をさらに発展させた手法という意味でも使われる。単品ディスプレイは、商品そのもののデザインやディテールなどを訴求する手法であり、コーディネートディスプレイは着こなし方を提案する手法である。それらに対してショーイングは、テーマやストーリーを設定し、一定のスペースを確保して、照明効果やプロップ（小道具）などの配置などに工夫を凝らし、雰囲気を高めて販売促進を図ることを目的としている。

---

4 ディスプレイとVMDの関係

VMDは、マーチャンダイジングの結果を顧客に対して視覚的な手段を用いて総合的に表現・演出することである。売場での実施段階では、VP・PP・IPの3つのゾーンで構成される。

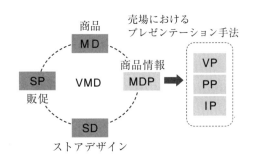

図8. VMD と VP・PP・IP の概念図

① ＶＰ（Visual Presentation）

インパクトのあるショーウインドーや魅力的なメインディスプレイなどで、顧客に強い印象を与えることが狙いとなる。

② ＩＰ（Item Presentation）

ハンガーラックやシェルフなどの什器を用いて、セリングストックを顧客にとって「わかりやすく、選びやすく」陳列することがポイントとなる。

③ ＰＰ（Point of Sales Presentation）

ＩＰの中からクローズアップしたい商品を選び出し、その周辺でコーディネート演出をしながら、顧客に注目してもらい、購買につなげることが目的となる。

VMDとディスプレイを混同する向きもあるが、ディスプレイはVMDにおけるＶＰの1つの手法という位置づけになる。

5 ｜ ディスプレイ技術

① フォーミング（forming）

衣服をディスプレイする際に、ピンやクリップなどで補正したり、クラフト紙などを内側に詰めたりして、美しく形を整えること。

② パディング（padding）

フォーミングの技法の1つで、詰め物をして、形づけること。しっかりしたケント紙、あるいは柔らかいエアクッションなどから、商品の素材や表現したい表情に適した詰め物を選ぶことが大切となる。

③ ピンニング（pinning）

シルクピンなどを用いて、壁面やボードなどに商品を留めるディスプレイ技法。ピ

ンナップやピンワークのこと。

⑤ レイダウン（lay down）

テーブル上などにコーディネートした衣服を、横たえて置くディスプレイ手法。

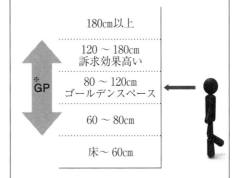

視線、動線

売場づくりは、顧客の視線や視野を踏まえて決定される。基本的に陳列什器は入口から店奥に向かって高くなるように設置されている。最も顧客の視線が注がれる範囲をゴールデンスペースといい、重点商品を配置するようにする。

180cm以上
120～180cm
訴求効果高い
80～120cm
ゴールデンスペース
60～80cm
床～60cm

※GP

※GP＝グランドプレゼンテーション
顧客が離れたところから見たときに、この範囲をまとまりのディスプレイとして訴求をすることを意識する必要があるという考え方

図9. ゴールデンスペース

6 ｜ 動線計画

人間の行動特性に応じて、売場内で人がどのように動くかを想定して設定される。

① 客動線（客導線）

顧客の滞留時間が長い、あるいは回遊性が高い、すなわち顧客が隅々まで巡る売場ほど売上げは上がる。したがって、この2つの条件を満たすべく、動線は顧客を意図的に導くように設定される。そうした意味で「客導線」と表記する場合も多い。

② スタッフ動線

　客動線とは逆に、スタッフが短時間で効率的に目的を達成できることがポイントとなる。具体的には、客動線を邪魔することなく、素早くレジやバックヤードにアクセスできるような設定がなされる。

7 ┃ ディスプレイ基本形態

① 三角構成

　ディスプレイの代表的な構成。仮想の三角形の中に収まるように、ディスプレイ全体をまとめる。全体のバランスが取りやすく、安定感を生み出す。

② リピート構成

　同じアイテムやシリーズ商品を、繰り返しで見せることでリズム感を出し、特徴を強く印象づける。

③ カラーブロッキング

　ディスプレイや陳列において、複数の色のものを、色ごとにグルーピングすること。顧客に注目されやすく、季節感も出しやすい。

8 ┃ ディスプレイ什器

　商品ディスプレイにおいて着装感を出すために用いる主な什器。

① マネキン

　等身大の人形。性別や年齢、イメージや機能性などにより、さまざまなタイプがある。店のコンセプトに基づき、適合するイメージや機能を備えたものを選定する。

② ボディ

　トルソーともいう。基本的に胴体だけのものを指すが、頭部や手が付いているものもある。マネキンほどインパクトはないが、イメージが限定されないため、用途は幅広い。

ボディ　　　　マネキン

第 **3** 章

ファッション商品知識

1. アパレルアイテムの知識

1 │ ファッション商品、ファッションのさまざまな名称

　商品は、「市場経済のもとで、何らかの価値をもっていて、値段を付けることができ、取引されることを期待できる対象」、または「製品（製造された物品）が市場の売買を期待される対象になると、商品になる」と定義できる。また、ファッション商品について、本書では「①衣服（アパレル）、②服飾雑貨、③糸、生地、非繊維素材の3つの分野である」と定義し、その中心をなしているのがアパレルであると述べた（132、133頁参照）。

　そのファッション商品は、形状などによって、さまざまな品名が付けられている。アパレル商品の品名には一般的に服種名・アイテム名が用いられ、各部位（ディテール）についても形状ごとに名称が付けられている。

　私たちは日々、衣服を着用し、衣服に関する情報に接しているので、ファッションはアイテムやディテールの名称だけでなく、生地や素材、色、柄などにも名称があり、さらにはスタイリングやファッションイメージについても多くの名称があることを知っている。

　ファッションビジネス界で、プロとして活躍するためには、生活で身につけた知識だけでなく、より深い専門的な知識・技術を身につけ、さらには時代とともに生まれる新しい名称なども常に学んでおく必要がある。この章では、アパレルの分類、服種、アイテム（品目・単位品目）、型、ディテールについて学んでいく。

149

表 1. アパレルの商品分類表

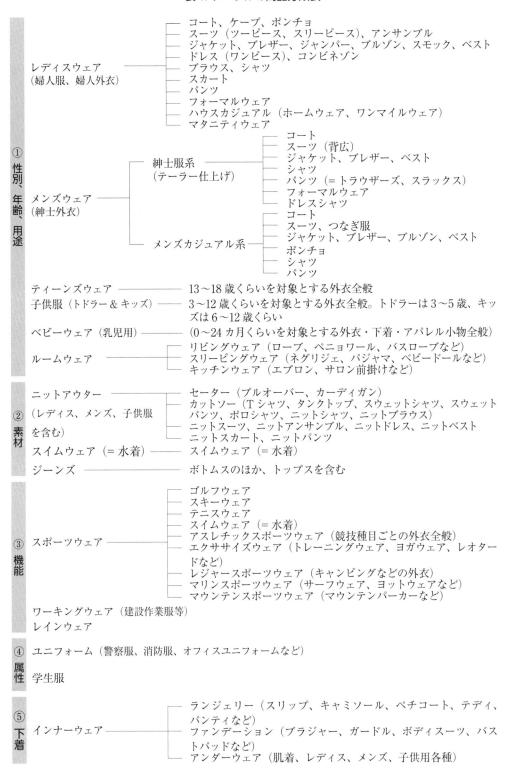

① 性別、年齢、用途

レディスウェア（婦人服、婦人外衣）
- コート、ケープ、ポンチョ
- スーツ（ツーピース、スリーピース）、アンサンブル
- ジャケット、ブレザー、ジャンパー、ブルゾン、スモック、ベスト
- ドレス（ワンピース）、コンビネゾン
- ブラウス、シャツ
- スカート
- パンツ
- フォーマルウェア
- ハウスカジュアル（ホームウェア、ワンマイルウェア）
- マタニティウェア

メンズウェア（紳士外衣）

紳士服系（テーラー仕上げ）
- コート
- スーツ（背広）
- ジャケット、ブレザー、ベスト
- シャツ
- パンツ（＝トラウザーズ、スラックス）
- フォーマルウェア
- ドレスシャツ

メンズカジュアル系
- コート
- スーツ、つなぎ服
- ジャケット、ブレザー、ブルゾン、ベスト
- ポンチョ
- シャツ
- パンツ

ティーンズウェア ── 13～18歳くらいを対象とする外衣全般

子供服（トドラー＆キッズ） ── 3～12歳くらいを対象とする外衣全般。トドラーは3～5歳、キッズは6～12歳くらい

ベビーウェア（乳児用） ── （0～24カ月くらいを対象とする外衣・下着・アパレル小物全般）

ルームウェア
- リビングウェア（ローブ、ペニョワール、バスローブなど）
- スリーピングウェア（ネグリジェ、パジャマ、ベビードールなど）
- キッチンウェア（エプロン、サロン前掛けなど）

② 素材

ニットアウター（レディス、メンズ、子供服を含む）
- セーター（プルオーバー、カーディガン）
- カットソー（Ｔシャツ、タンクトップ、スウェットシャツ、スウェットパンツ、ポロシャツ、ニットシャツ、ニットブラウス）
- ニットスーツ、ニットアンサンブル、ニットドレス、ニットベスト
- ニットスカート、ニットパンツ

スイムウェア（＝水着） ── スイムウェア（＝水着）

ジーンズ ── ボトムスのほか、トップスを含む

③ 機能

スポーツウェア
- ゴルフウェア
- スキーウェア
- テニスウェア
- スイムウェア（＝水着）
- アスレチックスポーツウェア（競技種目ごとの外衣全般）
- エクササイズウェア（トレーニングウェア、ヨガウェア、レオタードなど）
- レジャースポーツウェア（キャンピングなどの外衣）
- マリンスポーツウェア（サーフウェア、ヨットウェアなど）
- マウンテンスポーツウェア（マウンテンパーカーなど）

ワーキングウェア（建設作業服等）

レインウェア

④ 属性

ユニフォーム（警察服、消防服、オフィスユニフォームなど）

学生服

⑤ 下着

インナーウェア
- ランジェリー（スリップ、キャミソール、ペチコート、テディ、パンティなど）
- ファンデーション（ブラジャー、ガードル、ボディスーツ、バストパッドなど）
- アンダーウェア（肌着、レディス、メンズ、子供用各種）

2 | アパレルの分類

① 性別、年齢、用途

アパレルの中心は、成人の性別で分類した「レディス」「メンズ」のアウターウェア（外衣＝外側に着る衣服）である。未成年は年齢により「ティーンズ」「子供」「ベビー」と分類する。また、「フォーマル」「マタニティ」などの用途別のカテゴリーもある。

② 素材

素材を限定した「ニットアウター」や「ジーンズ」は製造工程などが異なるため、独自のノウハウが必要とされ、アパレルの中でも別分類されている。

③ 機能性

機能性に特化した専門のアパレル商品がある。具体的には機能性を追求する「スポーツウェア」や「ワーキングウェア」、「レインウェア」などがある。

④ 属性

身分や属性を表す「ユニフォーム」「学生服」などもアパレル商品に含まれる。

⑤ 下着

上記のアウターウェアとは対照的なのが、人目に触れることの少ない下着類の「インナーウェア」である（**表1. アパレルの商品分類表**を参照）

⑥ 繊維製服飾雑貨

ネクタイ、靴下、手袋、帽子、スカーフ、ハンカチーフなどは、業界分類の関係でアパレル商品に分類することもあるが、本書では「繊維製服飾雑貨」として、服飾雑貨に位置づけることにする。

なお、アパレルの多くは繊維製品であるが、毛皮、レザー（皮革）、フィルム、ゴム、紙などで作られたものもある。

2-1 アウターウェアについて

アパレルでは、一番外側に着用することを想定した衣類のことを総じてアウターウェア（外衣）と呼び、略してアウターと呼んでいる。下着などのインナーウェア以外の衣類と区別する場合にも使われる。

また、昨今では屋外や野外で着る目的の衣類（上着、外着）のことをアウターと呼び、アウターウェアの種別は①アウター、②トップス、③ボトムスの３種類に分類される。

アパレルブランドや百貨店などによっては、シャツをインナーまたはトップス、ジャケットをアウターまたはトップスと括るなど、アウターの分類や用語の使い方が違うので注意が必要である。

① アウター（outer）

外衣となる衣類、屋外や野外で着用するためにデザインされた衣類。上着ともいう。

② トップス（tops）

上半身に着用するためにデザインされた衣類。上衣ともいう。重ね着している内側のトップスのことをインナーとも呼ぶので、インナーは下着のことを指す場合と両方ある。

③ ボトムス（bottoms）

下半身に着用するためにデザインされた衣類。下衣ともいう。

2-2 アウターウェアのアイテム
① 重衣料
●コート

チェスターコート、トレンチコート、ステンカラーコートなど。

●ブルゾン
　MA-1、スタジアムジャンパーなど。
●ジャケット
　ブレザーも含む。

② 単品（軽衣料）
●ブラウス
　シャツブラウスや各種デザインされた
　ブラウスなど。
●シャツ
　ドレスシャツ、ビジネスシャツ（ワイ
　シャツ）、カジュアルシャツなど。
●パンツ
　各種デザインされたパンツ、スラック
　ス、ズボン。オーバーオールを含む。
●スカート
　各種デザインされたスカート。

③ 素材別
●ニットアウター
　セーターなどの編物は「ニット」と一
　元化された呼び方になっている。ニッ
　トカーディガン、ニットベスト、ニット
　ビスチェなど。インナー用にデザイン
　されたタートルネックやVネックなど
　も含まれる。
●カットソー
　ジャージー素材などを縫製で仕上げた
　アイテム。Tシャツ、ロングTシャツ、
　タンクトップ、スウェットなど。他に
　もインナー用にデザインされたキャミ
　ソールなど。
●ジーンズ
　デニム素材やタンガリーなどで作られ
　た製品。

④ 上下セット
●スーツ
　主に上下セットで企画、展開、販売さ

れている。テーラード仕立てといわれ
る衣類のこと。
●ツーピース
　ジャケットとパンツを組み合わせるた
　めにデザインされた衣類。
●スリーピース
　ジャケットとパンツとベストを組み合わ
　せるためにデザインされた衣類。
●アンサンブル
　各アイテムを組み合わせることを前提
　とした衣類のこと。ジャケットとパン
　ツ、スカート、カーディガンとワンピー
　スなどの組み合わせがある。
●セットアップ
　ジャケットとボトムスを別の色合いや
　サイズなどで組み合わせることを想定
　して企画・販売されている衣類のこと。

⑤ 上下一続き
●ドレス
　フォーマルドレス、セレモニードレスな
　どフォーマルなもの。
●ワンピース
　上衣とスカートが一続きになっている
　衣類。簡略的なドレス。
●コンビネゾン、オールインワン
　上衣とパンツが一続きになっている衣
　類。ジャンプスーツなど。

2-3　カテゴリー別のアウターウェア
① 用途別の衣類
●フォーマルウェア
　TPOをわきまえた服装。礼服、モーニ
　ングコート、燕尾服、ディレクターズスー
　ツ、タキシード、ブラックスーツなど。
●ハウスカジュアル
　ホームウェア、ワンマイルウェアなど。
●ルームウェア
　リビングウェア（ローブ、ペニョワー

ル、バスローブなど）、スリーピング
ウェア（ネグリジェ、パジャマ、ベ
ビードールなど）、キッチンウェア（エ
プロン、サロン前掛けなど）。

● マタニティウェア

妊婦用としての衣類。ワンピース、
ジャンパースカート、チュニックなど。
マタニティドレスともいう。

② カルチャー別の衣類

● ゴスロリ

ゴシック＆ロリータの略語。日本のサ
ブカルチャー的ファッションスタイル。
少女的スタイルのこと。種別は10種以
上存在する。

● コスプレ

コスチュームプレイの略語。漫画やア
ニメ、ゲームのキャラクターの衣類を
着用し扮装すること。そのスタイル以
外は仮装。

● ストリート

サブカルチャー、ストリートカルチャー
などの衣類。ゆったりとしたシルエット
やカジュアルなファッションスタイル。

2-4　レディスウェア

主に女性用として展開され、成人女性を
主な対象とした衣料品のことを指す。百貨
店などでは婦人服とも呼ばれる。各ブラン
ドのイメージや商品コンセプトに基づいた
展開をしている。

● コート

チェスターコート

正式名称はチェスター
フィールドコート。格式の
高いオーバーコートで、隠
しボタン、衿はノッチドラペ
ルが特徴。短縮してチェス
ターコートと呼ばれている。

トレンチコート

肩にエポーレット、衿元や
手首にストラップ、ウエスト
にはベルトなど、機能性を
追求した軍用コートがもと
になっているコート。

スタンドカラーコート

立ち衿のデザインを施した
コートの総称。隠しボタン、
ダブルボタンなどバリエー
ションが豊富にある。

ラップコート

ボタンやファスナーなどを
用いずに、体に巻き付ける
ように着用するコート。

ファー付きコート

ファー＝毛皮を主にネックラ
イン、袖、前身頃などに施し、
デザインされたコート。

ダウンコート

ナイロン素材の生地をキルティ
ング加工し、ダウンフェザーを詰
め物として使ったコートのこと。

ムートンコート

ムートンとは羊の毛皮のこと。
スエード仕上げした羊の毛皮の
コート。

● スーツ／アンサンブル

シャネル風スーツ
ブレード（テープ状の紐）を施した衿なし・前開きジャケットに、タイトスカートを組み合わせたスーツ。

テーラードスーツ
ジャケットとパンツの組み合わせでマニッシュなデザイン。テーラーは仕立ての意味。

ペプラムスーツ
ペプラムは、ウエスト部分から裾が広がっているデザインのこと。そのスーツ。

コートアンサンブル
シンプルなコートに、ワンピースを組み合わせたもの。

ジャケットアンサンブル
ジャケットにワンピースを組み合わせたもの。喪服などに多く見られる。

● ジャケット

ノーカラージャケット
カラー（衿）のないジャケットのこと。カラーやラペル、またはラウンド（丸首）を省いたものなどがある。

ショールカラージャケット
衿が帯状の肩掛けの形をしていて丸く緩やかなカーブになっている。日本名ではへちま衿。

ダブルブレストジャケット
ダブルボタンとも呼ばれ、ボタンが2列になっているジャケットのこと。

ライダースジャケット
革ジャン、レザージャケットのこと。もともとはオートバイに乗るためにデザインされた。

ジージャン
デニム素材で作られたジャンパー、ジャケットのこと。

ジレ
ベストと同じく、袖のないアウターのこと。

●ドレス／ワンピース

エンパイアドレス

胸下からハイウエスト
な切り替えがあり、ス
カートは流れるような
ストレートなラインのド
レス。

**フィット＆フレア
ワンピース**

トップスとウエストは
体型にフィットし、ボ
トムスはボリュームをも
たせたドレスのこと。

オールインワン

上下一続きのパンツス
タイル。コンビネゾン
ともいう。

Aラインワンピース

上部から裾に向かって
広がり、アルファベッ
トのAの形を感じさ
せるシルエットのワン
ピース。

コクーンワンピース

コクーン＝繭。体を
ゆったりと覆うように丸
みを帯びたシルエット
のワンピース。

ティアードワンピース

フリルやラッフルを
段々状に重ねた装飾性
のあるワンピース。

シャツドレス

シャツ、ブラウスの着
丈を長くした形のワン
ピース。

スーツワンピース

スーツのラベルを連想
させるようなディテー
ルと、着物のように前
身頃に打ち合わせが
付いたワンピース。

●ブラウス

シャツブラウス

男性用ワイシャツに似せて
デザインされたブラウス。

**ボーブラウス
（タイカラーブラウス）**

衿の部分に紐が付いてい
て、蝶結び状やネクタイ
などに形を変えられるブ
ラウス。いろいろな着こ
なしが楽しめる。

カシュクールブラウス

着物のように前身頃の片側
を上に重ねて着こなすブラ
ウスのこと。

〈ボトムスの服種〉

● スカート

ストレートスカート
腰から裾にまっすぐ降りるシルエットラインをもつスカート。

タイトスカート
ウエストから裾にかけてぴったりと絞ったシルエットラインをもつスカート。丈の長いものにはペンシルスカートやチューブスカートなどがある。

セミタイトスカート
ウエストからヒップにかけては身体にぴったりと沿い、ヒップから裾にかけてはやや広がりをもつスカート。

プリーツスカート
折りたたんだ形で縦にひだ（プリーツ）を繰り返し重ねたスカート。ボックスプリーツ（箱襞）、アコーディオンプリーツなど多種ある。

キュロットスカート
パンツのように裾が分かれたスカート。裾が広がったシルエットでスカートのように見える。

サーキュラースカート
裾を広げると、ほぼ円形になるスカート。ウエスト部分はスッキリしていながら、裾回りがゆったりとしてフレアに広がる。

フィッシュテールスカート
丈がバックよりフロントのほうが短い前後非対称のスカート。魚の尾に似ていることからこう呼ばれた。

● パンツ

ストレートパンツ

パンツの基本ライン
で、膝部分から裾
にかけてのラインが
まっすぐに近いパン
ツのこと。

テーパードパンツ

股下あたりから裾に
向かって細くなるシ
ルエットのパンツ。
太もも部分はややゆ
とりがある。

スキニー

スキニーとは「やせ
こけた、骨と皮ばか
りの」という意味。
脚のラインにぴった
りとフィットしたパン
ツ。

カーゴパンツ

厚手で丈夫な作業用
のパンツをカジュア
ルにデザインしたパ
ンツ。膝上の両脇に
ポケットが付けられ
ていることが特徴。

チノパン

チノクロスという厚
手の綾織りのコットン
生地を使ったパンツ
のこと。

フレアパンツ

膝から下に広がりがあるパン
ツ。広がりの大きさは、ブー
ツカット＜フレアパンツ＜ベ
ルボトムの順に表記されるこ
とが多い。

ワイドパンツ

ゆったりとしたシルエット
で、ヒップラインから裾に向
けて幅が広くなっているパン
ツ。

サブリナパンツ

丈が八分ほどで、ふくらは
ぎの中ほどからくるぶし手前
程度まである、細身でフィッ
トしたシルエットのパンツ。

サルエルパンツ

膝上がゆったりしていて、
股下が深く垂れ下がってい
ることが特徴のパンツ。

2-5　メンズウェア

　主に男性用として展開され、用途上、「紳士服」と「メンズカジュアル」に分けられる。紳士服はテーラー仕上げと呼ばれ、これはスーツなどの紳士服の仕立てを指す。対義語は婦人服の仕立てを指すドレスメーカー。また紳士服とメンズカジュアルは、ジャケットの着丈や袖丈、フロントカットなどパターンの基準に違いがある。消費者のニーズに合わせ、世代に合った年齢相応の商品が展開されている。

●コート

ステンカラーコート

着こなしやすい最もベーシックなコート。折り返す衿＝スタンドフォールカラーが変化してステンカラーと呼ばれるようになった。

チェスターコート

正式名称はチェスターフィールドコート。格式の高いオーバーコートで、隠しボタン、衿はノッチドラペル、構築的なショルダーラインが特徴。

ポロコート

ポロ競技者の待機用、ポロ競技観戦者用が原型で、6つのボタン、背側のベルト、パッチポケットが付く着丈の長いコート。

ダッフルコート

厚手のウール素材でフードが付いた、トグルボタン（留め木に紐を掛ける）で留めるのが特徴のコート。

ピーコート

幅広のリーファーカラー、縦に切り込みを入れたマフポケット、6つの大きなボタン、腰丈の着丈が特徴のコート。

モッズコート

アーミーグリーンの色調で、フィッシュテールのヘムライン、フード付きが特徴のコート。

● スーツ

| シングルブレスト | ダブルブレスト | スリーピース |

ベーシックなセンター2つボタンのシングルブレスト、ボタンが縦2列に並んでいるダブルブレスト、
ジャケットとパンツ、ベストが揃いのスリーピース。

ブリティッシュスタイル

分厚い肩パッド、立体的な胸回り、長めの着丈、分厚い素材と超構築的な仕立てが特徴。

アメリカンスタイル

サイズに関係なく誰にでも着られることがコンセプトになっているスーツ。特徴としては、ウエストの絞りが緩くフロントダーツを施さず、カジュアルで機能的。サックスーツとも呼ばれる。

ヨーロピアンスタイル

しなやかな生地と、柔らかな芯地を使った軽い着心地が特徴的。「アンコンストラクテッド（非構築的）」の仕立て。適度にラフさがあり、華やかで軽やかに着こなせるスーツ。

● ジャケット

テーラードジャケット

テーラーとは紳士服の仕立て屋の意味で、スーツの上着のようにデザインされたジャケット。

ブレザー

アイビールックの基本アイテムの1つで、学生服をモチーフとしたカジュアルでスポーティなジャケット。

カーディガンジャケット

ジャケット風にデザインされたニット製のカーディガン。

ダウンジャケット

ナイロン素材の生地をキルティング加工し、ダウンフェザーを詰め物として使ったジャケット。

ミリタリージャケット

ミリタリーカラーと呼ばれる色、エポーレット、フラップポケットなど軍服をイメージさせるジャケット。

キルティングジャケット

中わたが入れられたダイヤの形をしたステッチが入るジャケット。

スタジアムジャンパー

スタジャンとも呼ばれる、アメリカンカジュアルの代表的なアウター。野球選手のユニフォームがモチーフとなっている。

マウンテンパーカー

もともとは登山用に作られたフード付きジャケット。機能性と耐久性に優れる。

● シャツ

ビジネスシャツ

ワイシャツのこと。ビジネス用に作られたシャツのことを指す。ホワイトシャツからのなまりでYシャツとも表記する。

ドレスシャツ

フォーマルな場所で着用するためのシャツ。素材やカラー、カフスなど通常のシャツより華やかにデザインされている。

クレリックシャツ

衿とカフス部分が白無地で、身頃などに柄が施されたシャツ。オン・オフどちらにも使用できるデザインパターンがあり、クールビズ用として確立されたデザインもある。

ネルシャツ

フランネル素材のシャツを略してネルシャツと呼ぶ。チェック柄のパターンが特徴的で、起毛された暖かみのあるシャツ。

ボーリングシャツ

大胆なカラーや刺繍、ワッペンなどが付いているアイテム。もともとはボーリング用。

2-6 子供服、ベビー服

アパレルにおける未成年者の区分けは下記の通りである。

① ジュニア服（13〜18歳を対象とする外衣全般）

ティーンズは成人のアウターとサイズが近いこともあり、ヤングマーケットとして括られる場合が多く、市場規模は小さく、あまり区別されないことが多い。

② 子供服（3〜12歳を対象とする外衣全般）

子供服は3歳頃から12歳頃までを対象としている。ただし、3歳頃から5歳頃までを対象とするものをトドラーと呼び、6〜12歳をキッズと呼び区分することもある。

表記の仕方は50〜140の身長サイズが一般的であるが、サイズの変化が著しいこの

時期は身長にプラスして「胸囲」「胴囲」の表記が入るなど、その年齢に合った発達や体型に合わせて実用的に定められている。

キッズはメンズと同様に、テーラー仕上げアイテムにはA体、B体、Y体と基準がある。

A体：上半身が細身で下半身の肉付きがよい体格

B体：ウエストが大きくふくよかな体格

Y体：上半身の肉付きがよく下半身が細身の体格

③ ベビー服（乳児用）（0～24カ月を対象とする外衣・下着・アパレル小物全般）

一般的には0歳から24カ月までを対象をするものをベビー服または乳児服といい、取扱うアイテムも種類が多い。

● 子供服、ベビー服

ブレザースーツ・パンツ
お受験、入学式、卒業式、冠婚葬祭に着用。

ブレザースーツ・スカート
お受験、入学式、卒業式、冠婚葬祭に着用。

ボレロスーツ
お受験、入学式、卒業式、冠婚葬祭に着用。

フリルドレス
全身にチュールを施された、キッズ向けにデザインされたワンピース。

エプロンドレス
首に掛けることで脱着しやすいワンピース。

ドッキングワンピース
ボトムスがキュロットパンツになっているものも多く機能的。

スカッツ
レギンスと一続きになっている。

ジャンパースカート

カバーオール
ベビー用のつなぎのような形の衣服。外出着として使われる。

ロンパース　肌着
被りものと前開きのものがあり、主に肌着として使われる。

スタイまたはビブ
よだれかけのこと。

ベビードレス
お宮参りなどのセレモニー時に着用する。

ベビーケープ
防寒用アイテム。肩や頭を覆うマント。

2-7　ニットアウターウェア

ニット衣類の製法は大きく分けて2つある。

① カット＆ソーン

反物状に編まれた生地を裁断し、縫製して作った衣類で、いわゆるカットソーと呼ばれる製品のことである。織物から衣類を作ることと同じように、丸編機を使って反物状に編まれた生地を作り、型紙に合わせて裁断して縫い合わせて衣類にする。また編まれてできた反物状のものはジャージーといい、できた衣類はニットファブリックと呼ぶ。

② 成型編

身頃や袖などのパーツごとに編んでからリンキング（パーツを縫い合わせる工程）して製品にする方式である。横編機を使うことが多い。また1回の編み工程で製品にするホールガーメントのように、組み立てのないニットもある。

ニット製品はこの2つのどちらかの製法で作られ、独特な風合いからニット、カットソーと分類され、特別な商品展開をみせている。

●ニットウェア

アランセーター
ケーブルパターンと呼ばれる編み方が特徴。縄柄やダイヤ柄、ハニカム（蜂の巣状）などがある。

チルデンセーター
テニス選手ウィリアム・チルデンの名前に由来する。Vネックの首回りと裾口に1本、もしくは複数の太めのラインの入ったセーター。

フェアアイルセーター
漁師の家紋をなぞったといわれる、ジオメトリックな柄が特徴のセーター。

アーガイルセーター
複数の菱形と斜めに入れた線がパターン化された柄が特徴のセーター。

ニットワンピース
ニット製のワンピース。編み方やディテールはパターンがさまざま。素材から暖かみを感じ、カジュアルに着こなせる。

ロングカーディガン
ニット製の膝丈カーディガン。オン・オフどちらでも着回せる汎用性のあるアイテム。

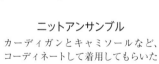
ニットアンサンブル
カーディガンとキャミソールなど、コーディネートして着用してもらいたいものをセットアップで作ったもの。

● カットソー

Tシャツ

ポロシャツ
衿の付いたプルオー
バータイプのスポーツ
シャツのこと。

キャミソール
細い肩紐のノースリーブ状
のインナーウェア。

スウェットパーカー
スウェット生地のパーカー
のこと。

2-8 ジーンズ

　もともとはジーンと呼ばれる作業着を指したが、現在はデニム製のパンツをジーンズ、ジャンパーをジージャンと呼び、オーバーオール、スカートやベスト、またダンガリーと呼ばれる製品も総称され、服種はそれほど多くない。

　もともとは流行から発信された商品ではあるが、現代は定番商品として各ブランドで数々のパターンが展開されている。厚手で丈夫、加工するといろいろな表情を見せることから、とても変化を楽しめる衣類である。表2はジーンズの加工の種類である。

ワンウォッシュ
最も定番の加工。一度
だけ洗い加工を施す。

ストーンウォッシュ
軽石と一緒に洗って全
体的に均等に色落ちさ
せる加工のこと。

表2. ジーンズの加工一覧

バイオウォッシュ	セルラーゼと酵素を使い、新品を着古しているかのように加工する
サンドブラスト	研磨剤を高圧で吹きつけ、摩擦で生地を削る方法
シェービング加工	シェービング＝削る。サンドペーパーや電動ブラシを用いて生地が白くなるまで擦る加工
クラッシュ加工	ヤスリで擦ったり、カッター等で弾痕状の穴を開けたりと、あらゆる加工で傷をつける
トッピング加工	茶系やグレー系、グリーン系の染料で染め直し、汚れに似せた色付けの仕上がりで着古し感を出す
フェード加工	酸化剤や還元剤を使って脱色する加工
ブリーチ加工	フェードよりも強い脱色剤で色を抜く加工。インディゴブルーが淡い水色になるまで加工する
ケミカルウォッシュ加工	強い脱色剤で、部分的に色を抜いたり全体の色を抜いたりムラを出したりする加工

2-9　スポーツウェア

　近年、ライフスタイルの変化により、スポーツウェアは年々、市場規模を拡大している。スポーツ専業のメーカーは現在、事業の一部としてアパレル部門を展開し、手軽に楽しめるスポーツからTPOが必要とされるスポーツまで幅広いマーケットをカバーしている。伸縮性や耐久性など素材の機能を研究し、各ブランドがアスリートや消費者のニーズに応えている。

　昨今は若者がサブカルチャーとしてスポーツウェアをストリートファッションに取り入れているため、スポーツシーンとの境界線はあいまいになっている。専門的なスポーツウェアには、アスリート用、競技用のスポーツウェアがある。分類としては、各種スポーツウェア、ヨガなどのエクササイズウェア、レジャーウェアなどが挙げられる。

トレーニングウェア　　　機能性インナー　　　ヨガウェア

ゴルフウェア　　登山用ウェア　　スノーボードウェア　　ウインドブレーカー

2. シルエットの知識

1 ｜ シルエットとは

　シルエットとは、アパレルでは「コスチュームのアウトライン、外形」を意味する。服の具体的なシルエットは、婦人服のドレス、スーツ、セットアップ、スカート、パンツなどでは「○○ライン」と呼ばれることが多い。

　ラインとは線のことで、この場合はシルエットラインの略であり、アパレルの基本的な外形の輪郭線（りんかくせん）を意味する。クリスチャン・ディオールが1953年にチューリップラインを発表して以来、オートクチュールのデザイナーたちが○○ラインと名付けた作品を次々と発表して一般化した。

　このほか、ウエストライン、バストライン、ヒップラインといった使われ方もするが、これらはシルエットを構成する要素の一部である。ディテールにもネックライン、ヘムライ

ンといった言葉が使われる。また「A ライン
ドレス」のように、アイテム名などを表現す
るときにもシルエット名を使うことがある。

ン、繭型）と呼ばれるものがあり、まさにア
ルファベットの形に作られたシルエットであ
る。一方、切り替えの位置で構成されたシル
エットは、ドレスやワンピースなど上下一続き
の洋服に多い。ほかにもデザイナーやファッ
ションジャーナリストなどがシルエットの名称
を付けたことで定着したラインの名称も多い。

　これらのラインのうち、基本になるのは
次のシルエットであり、シルエットのほとん
どはこれらの応用や変化したものである。

2 | 主要なシルエット

　婦人服のシルエットは多くあり、主にアル
ファベットと切り替えの位置で表現している。
アルファベットには主に A、Y、I、O（コクー

● アルファベットライン

I ライン
「直線、まっすぐな線」の意で、
垂直な長い線が強調されたシル
エットや、細長い長方形を感じ
させるシルエットをいう。ボッ
クスラインはやや短めで幅広く
した長方形を感じさせる。

Y ライン
肩幅が広く、裾に向かっ
てすぼまっていくシル
エットラインのこと。

A ライン
肩幅が狭く、肩から裾に
向かって広がるシルエッ
トラインのこと。

コクーン
コクーンは「繭」の意で、繭の
ように膨らんでいるシルエット
ラインのこと。昨今ではコクーン
シルエットと呼ばれ、繭に似た様
からバレルラインの代わりに使わ
れていることが多い。バレルラ
インも同様のシルエットのこと。

● 切り替えのライン

ハイウエストライン
本来のウエスト位置よりも高い位置
に切り替えをもつシルエットライン。
下半身を長く見せる効果がある。

ナチュラルウエストライン
身体のウエストの位置を最も自然な
位置に設定したシルエットライン。
洋服を作る上で基本になる構成。

ローウエストライン
本来のウエスト位置よりも低い位置に切り
替えをもつシルエットライン。ロングト
ルソーといわれ、腰骨位置に切り替えや
デザインのポイントを置いている。

● その他の代表的なシルエット

Xライン

肩の位置では広がり、ウエストは絞られ裾に向かって広がっていく、三角形を2つ組み合わせたようなシルエット。

ボックスシルエット

ウエストラインのくびれがなく、寸胴になったシルエット。ストレートラインの1つ。

スレンダーライン

身体にフィットし、全体的に細くタイトなシルエット。ペンシルラインとも呼ばれる。

Vライン

トップスには広がりがあり、裾に向けて絞られ、逆三角形のように見えるシルエット。

トラペーズライン

トラペーズ＝台形。裾に向かって緩やかに広がっていくシルエット。

ビッグシルエット

身体のサイズ以上にゆったりと大きめのシルエットを描くスタイル。

フィット＆フレア

上半身は身体のラインにぴったりと合わせ、ウエストを絞り、スカートは裾に向かって広がるシルエット。Xラインと比べ、スカートにボリュームがある。

Hライン

バストやヒップを強調せず、ウエストの位置を切り替え線やベルトを使いマークすることで、アルファベットの「H」の形を表現したシルエット。

マーメイドライン

上半身から腰、膝のあたりまでぴったりと身体にフィットし、膝下から裾に向けて人魚の尾ひれのように広がっているシルエット。

アワーグラス

アワーグラス＝砂時計。ウエストを極端に細く絞り、バストとヒップにボリュームをもたせて強調させたシルエット。

ベルライン

ウエストから裾にかけて丸いベルのように広がったシルエット。

3 | 服の丈の名称

　スーツやドレス、スカートやパンツの丈（レングス）は、アイテムそのものの名称として展開されている。ミモレ、ミディ、マキシ、フルレングスなどが代表的な名称である。丈の長さは流行と関連したシルエットの構築に重要な役割をもっている。

マイクロミニ
ミニ
ニーレングス
ひざ下丈
ミディ
ミモレ
マキシ
フルレングス

スカート丈におけるスカートの名称

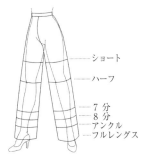

ショート
ハーフ
7分
8分
アンクル
フルレングス

パンツ丈におけるパンツの名称

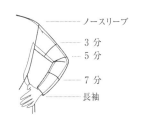

ノースリーブ
3分
5分
7分
長袖

袖丈における袖の名称

---

3. ディテールの知識

1 | ディテールとは

　ディテールとは、「細部、詳細」を意味し、アパレルでは、「ネックライン（デコルテライン）、衿（カラー）、肩（ショルダー）、袖（スリーブ）、袖口（カフス）、ポケット、あき（スリットなど）、前身頃の打ち合わせ（ブレストなど）、前立て、切り替え線、ウエスト回り、裾回りなど」を指す。ディテールの名称は、レディス、メンズ、各ウェアを通じてほぼ共通している。

① ネックライン（デコルテ）

　ネックラインとは、首を取り巻く衣服部分のことである。衿（カラー）の付いていないものを指し、形状によって○○ネックと呼ぶ。首から胸元の部分をデコルテと呼ぶことから、大きく開けた胸元をデコルテラインと呼ぶこともある。

●ラウンド系

ラウンドネック
首のつけ根に沿った丸く開いたライン。

クルーネック
首の回りに沿った丸い首のライン。カットソーやニット系に多く見られる。

ヘンリーネック
ボタンが設けられ前開きができ、前立てが付いたラウンドネックのこと。

U字ネック
U字型のネックライン。ラウンドネックよりも深い。

オフタートル
首回りにゆとりがあり、折り返しが垂れ下がるほどゆったりとしたライン。

● スクエア系

スクエアネック
スクエア＝四角。四角い形
で切り取ったネックライン。

ボートネック
緩やかな曲線で、船（ボー
ト）底のように横にやや広
がりのあるネックライン。

オフショルダー
両方の肩が出るほど大きく
開いているネックライン。

● ハイネック型

ハイネック
衿を折り返さずに立てた
ネックライン。

ボトルネック
瓶の口のように首に沿って
折り返さずに立ち上がった
ネックライン。

オフネック
首から離れた状態で立っ
ているネックラインのこ
と。

タートルネック
立衿を折り返したもの。
日本名は、とっくり衿。

● Vネック系

Vネック
V字型のネックラインの
こと。

サープリスネック
着物のように片側を上に
重ねたV字形のネックラ
インのこと。

●変形型

ホルターネック
紐などの形状をしたもの
で首から吊るした形をし
たネックライン。

アメリカンアームホール
袖の部分を首のつけ根か
ら脇の下までカットした
デザインのもの。

② カラー

　カラーとは、首回りに付けられる衣服部
分のことである。共布（ともぎれともいう）
の場合と別布の場合があり、形状や構造に
よってさまざまな名称がある。

●ジャケットのカラー

ノッチドラペルカラー
最も一般的で下衿（ラペ
ル）の先が下がった形。

ピークドラペルカラー
ラペルの先が上向きに
尖っている形。ピークド
は「尖った」の意味。

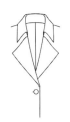

ショールカラー
ショールは肩掛けの意味で、肩掛けの形をしたラペルのこと。日本名ではへちま衿という。

タキシードカラー
緩やかにカーブしている衿でタキシードに多く使用されるショールカラー。

クローバーリーフカラー
ノッチドラペルカラーの先がラウンドした形。

ナポレオンカラー
大きなラペルと高く折り返った上衿が特徴。

●シャツのカラー

レギュラーカラー
最も標準的で基準となるカラーの形。

ワイドカラー
衿先が100～120度前後開いている形。別名ウィンザーカラー。

ホリゾンタルカラー（カッタウェイ）
衿先が水平近く開いている形。ワイドカラーの一部に入る。

ボタンダウンカラー
衿先にボタン留めのある衿。ノーネクタイで使用するためのもの。

ピンホールカラー
衿の中ほどにピンを通して留めたカラー。

ドゥエボットーニ
衿台が高めで、第一ボタンが2つあるカラー。

ウイングカラー
周囲はスタンドの形で、前部分は首から羽根（ウィング）のように開いている衿の形。

ラウンドカラー
衿先が丸くなったカラー。

スタンドカラー
首に沿って立てた折り返しのない衿の形。

③ ショルダー、スリーブ

　ショルダー、スリーブは、一般的な肩、袖付けの方法という概念で考えると、セットインスリーブ、シャツスリーブ、ラグランスリーブの3種類に大別される。もともとはテーラードジャケットのセットインスリーブが基本だったが、ドレス、ブラウス、カットソーに至るまで多彩なデザインがある。肩から丈の長さの形状、構造などによってさまざまな呼び方があり、○○ショルダー、○○スリーブと呼ばれる。

● ジャケットに使われる代表的なショルダー

ナチュラルショルダー（セットインスリーブ）
ジャケットのショルダーの中では最も自然型と呼ばれている形。

ビルドアップショルダー
ナチュラルショルダーより袖山（肩先）を少し高く盛り上げた形。

コンケープドショルダー
コンケープとは「凹型の、中くぼの、くぼんだ」の意味で、肩線が湾曲し、袖山で盛り上がった形。

ドロップショルダー
肩線に丸みがあり、肩先が落ちているように見える肩の形。

● 代表的なショルダー、スリーブ

セットインスリーブ
最も一般的な袖の形。原型どおりのアームホールに付けられ、袖山が高く、紳士服のジャケット等に使われている。

シャツスリーブ
袖山が低く、袖が身頃に対して垂直に近い形で伸びている。そのため腕を動かしやすい。

ラグランスリーブ
ネックラインから袖下にかけて斜めに切り替えてあり、肩と一続きになっている。

フレンチスリーブ
身頃と袖の切り替えがない形。袖丈は肩を覆う程度のものが多い。

パフスリーブ
肩先や袖口をギャザーやタックなどで絞って、袖の部分を丸く膨らませた袖の形。

キモノスリーブ
肩と袖の切れ目や縫い目がない袖の形。同じ布からの一枚裁ちで作られる。

ドルマンスリーブ
袖付け部分が大きくゆったりとし、袖口に向かってだんだん細くなる袖の形。

バルーンスリーブ
バルーン（風船）のように大きく膨らんだ袖の形。

アームスリット
袖のない外衣から手を出すために作られた空きや、袖のつけ根のスリットのこと。

エポーレットスリーブ
肩の上部が肩章（エポーレット）のようにつながっている袖の形。

④ カフス

　カフスとは、シャツやブラウスに付けられる袖口を指す。デザイン性を重視した構造やＴＰＯを目的とした構造に分けられる。手首を覆いボタンで留めるものである。

●シャツやブラウスに使われる代表的なカフス

シングルカフス
最もベーシックなカフスで、ビジネスシーンやカジュアルシーンで使われる。

ダブルカフス
折り返して二重にしたカフスを、飾りボタンで留めたカフス。

ラウンドカフス
袖口の角に丸みをつけてラウンドの形にしたカフス。

カッタウェイカフス
袖口の角を斜めにカットした形のカフス。

ボタンドカフス
ブラウスなどに使われ、飾りボタンなどを直線的に並べて留めるカフス。

●その他の代表的なカフス

ニッテッドカフス
リブ編で編み上げられたカフスで、伸縮性があり、防寒性にも優れる。

ストラップカフス
袖口にベルトや紐が付いているカフスのこと。

⑤ ポケット

「衣服に付けられた物入れ」のこと。機能性や実用性だけでなく、装飾性やデザインが重視されて付けられることもある。

●代表的なポケット

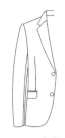

フラップポケット
蓋（フラップ）が付いたポケットのこと。もともとは雨が入らないようにするためのもの。

パッチポケット
シンプルかつ丈夫で最も一般的なポケット。

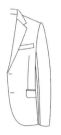

箱ポケット
ジャケットの胸ポケットに見られる箱型に作られたポケット。

スラントポケット
斜めに付けられたポケットで、乗馬中の前屈姿勢で使いやすいように作られた。

両玉縁ポケット、パイピングポケット
別に裁断した布で切り口に縁取り（パイピング）をしたポケット。

チェンジポケット
チェンジは小銭の意味。ジャケットの右のフラップポケットの上に小銭や小物を入れるために付けたポケット。

ボックスプリーツポケット
箱のようなプリーツが入った、折り目が裏で突き合わせられたポケット。

カンガルーポケット
胸側の腹前に設けられたポケット。カンガルーの腹袋を連想させることから。

●ボトムスの代表的なポケット

シームポケット
シームは縫い目の意。外から見えにくく、デザインなどに影響を与えにくいポケット。

スラッシュポケット
縦の縫い目を利用して切り込みを入れて設けられる、スラックスのサイドポケットが代表的。

片玉縁ポケット
ポケット口の片方だけに玉縁（パイピング）が付いている。

ウエスタンポケット
ジーンズのフロントポケットに見られる。

ウォッチポケット
パンツの右前部にある小さなポケットのこと。懐中時計を入れた名残。

● ジャケットの名称

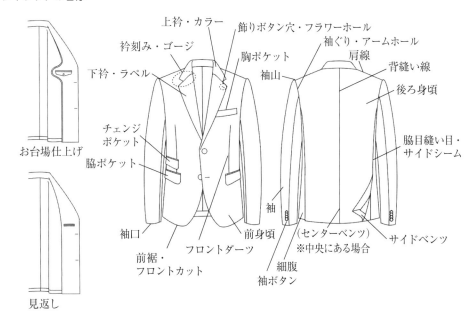

お台場仕上げ

見返し

上衿・カラー
飾りボタン穴・フラワーホール
衿刻み・ゴージ
袖ぐり・アームホール
胸ポケット
肩線
背縫い線
下衿・ラペル
袖山
後ろ身頃
チェンジ
ポケット
脇ポケット
脇目縫い目・
サイドシーム
袖
袖口
（センターベンツ）
※中央にある場合
サイドベンツ
前裾・
フロントカット
フロントダーツ
前身頃
細腹
袖ボタン

● シャツの名称

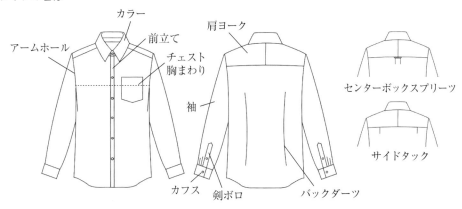

カラー
肩ヨーク
アームホール
前立て
チェスト
胸まわり
センターボックスプリーツ
袖
サイドタック
カフス
剣ボロ
バックダーツ

● ネクタイの名称

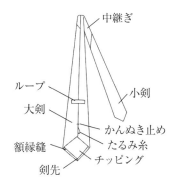

中継ぎ
ループ
小剣
大剣
かんぬき止め
たるみ糸
額縁縫
チッピング
剣先

4. 品質・品質表示の知識

工業製品は、不良品が発生した場合、設計者・製造者の責任が問われる。アパレル製品は設計品質や材料の品質、工場の加工品質など多数の技術が複合的に組み合わされてできているが、縫製仕様書をもって指示を出しているため設計技術者の責任となる。

品質には、設計品質と出来上がりの品質があり、一般的には価格によって異なる。いずれにせよ、生産者は求められる品質に合った製品を供給しなければならない。

また、消費者に対して価格に合った商品を提供するためにさまざまな表示が付けられている。消費者が日常生活に使用する家庭用品の品質について事業者が表示すべき事項や表現方法を定め、消費者が商品を購入する際に適切な情報提供を受けられるように制定された法律が「家庭用品品質表示法」である。

1 | 繊維指定用語と混用率の表示

製品に表示できる繊維の名称は、繊維指定用語（**表3**、177頁）として決まっている。また、表示の際は、混用率の高いものから順次、繊維の名称を示す用語と百分率（%）を列記する。

混用率の表示には、全体表示と分離表示の2通りがある。全体表示は、製品に使用されている繊維ごとにその製品全体に対する質量割合を百分率（%）で表示する方法である。分離表示は、製品の部位を分離して表示する方法である。分け方には特に決まりはないが、分けた部分をわかりやすく書く必要がある。裏生地が使用されている場合は、表生地と裏生地を分離して表示する。

全体表示	分離表示
綿　　　　　　65% ポリエステル 35% ○○株式会社 東京都渋谷区代々木 ○○番地 TEL　03-1234-5678	本体　毛　100% 衿　牛革 ○○株式会社 東京都渋谷区代々木 ○○番地 TEL　03-1234-5678

① 表示例

ⅰ）商標の付記（任意表示）

指定用語に商標を付記する場合は括弧書きにし、指定用語と混用率の間に表示することができる。

ポリエステル（テトロン）100% 表示者名 住所または電話番号	トリアセテート（ソアロン）100% 表示者名 住所または電話番号

ⅱ）商標以外の付記（任意表示）

指定用語に商標以外（繊維の名称や通称名）を付記する場合は、指定用語と混用率の間以外の場所に表示することができる。

羊毛　　　　　100% （ラムウール） 表示者名 住所または電話番号	羊毛（ラムウール）100% 表示者名 住所または電話番号

本来の表示がなされている場合に限り、その指定用語以外に繊維の名称を示す文字を使ったり、繊維名を示すものとして著名な商標を使用することができる。

カシミヤ織物 カシミヤ　　100% 表示者名 住所または電話番号	綿　　　　　　100% （エジプト綿） 表示者名 住所または電話番号

② 獣毛表示の具体例

獣毛表示をする場合、羊毛、カシミヤ、アンゴラ、モヘヤ、らくだ、キャメル、アルパカ、その他のものと表示することができる。従来通り、獣毛を毛と表示することも可能で、表示者の選択による。

毛 100%
（ビキューナ 100%）
表示者名
住所または電話番号

表示項目が適切に表示されていればそれ以外は任意表示とみなす。

羊毛 50%
毛 50%
（カシミヤ）
表示者名
住所または電話番号

カシミヤは指定用語であるので、任意表示であっても混用率の併記が必要。

③ 指定用語にない繊維名の表示

ⅰ）繊維の種類が分類できる場合

繊維の種類名を示す用語に、その繊維の名称または商標を括弧に付して表示する。

「植物繊維」「動物繊維」「再生繊維」
「半合成繊維」「合成繊維」「無機繊維」「羽毛」

植物繊維（ヘンプ） 100%
表示者名
住所または電話番号

括弧内に用いることのできる繊維の名称を示す用語または商標は一種類に限る。

ⅱ）繊維の種類が分類できない場合

「分類外繊維」の用語にその繊維の名称または商標を括弧に付して表示する。

分類外繊維（紙） 100%
表示者名
住所または電話番号

ⅲ）複合繊維の場合

性質の異なる2種以上のポリマーを口金で複合した繊維の名称を示す場合は、「複合繊維」の用語にポリマーの名称を示す用語としてその指定用語を付記する。

④ 裏地の列記表示の例

裏生地を使用している繊維製品の裏生地部分については、表生地と裏生地を分離して表示する場合に限って、次のような表示方法をすることができる。

・混用率の大きいものから順に、使用している繊維の名称のみを表示。
・使用している繊維が3種類以上の場合、混用率の最も大きい繊維の名称と「その他」または「その他の繊維」と表示。
・使用している繊維が1種類（100%）の場合にも、繊維の名称のみ表示。

表地 毛 100%
裏地 アセテート
ナイロン
綿
表示者名
住所または電話番号

表 毛 100%
裏 キュプラ
その他
表示者名
住所または電話番号

表生地 毛 100%
裏生地 ポリエステル
表示者名
住所または電話番号

2 | 家庭洗濯等取扱方法

家庭洗濯等取扱方法の表示は、JIS L0001（繊維製品の取扱いに関する表示記号及びその表示方法）に規定する記号を用いて表示する。

① 洗濯表示

基本記号には、表4（178、179頁）の通り洗濯処理記号、漂白処理記号、乾燥処理記号（タンブル乾燥処理記号、自然乾燥処理記号）、アイロン仕上げ処理記号、商業クリーニング処理記号（ドライクリーニング処理記号、ウェットクリーニング処理記号）がある。

記号の表示は、洗濯、漂白、タンブル乾燥、自然乾燥、アイロン仕上げ、ドライク

リーニング、ウェットクリーニングの順に並べ、規定されている5つの基本記号のいずれかが記載されていないときは、その記号が意味しているすべての処理が可能となる。

消費者にわかりやすく製品に直接記載するか、縫い付けラベルに記載しなければならない。

② その他

レインコートなどはっ水性を必要とする繊維製品はJIS L1092（繊維製品の防水性試験方法）の中で規定する処理を行った上で、規定の水準以上のはっ水度を有するときに「はっ（撥）水性」「はっ水（水をはじきやすい）」の表示をすることができる。

③ 表示者名及び連絡先

表示には、表示者の「氏名または名称」及び「住所または電話番号」を付記することが必要である。

また、品質表示の内容（繊維の組成、家庭洗濯等取扱方法、はっ水性）を分離して表示を行う場合には、それぞれに表示者名等を付記する。

④ 表示方法

品質表示は、下げ札でも貼り札でもよいが、見やすい箇所にわかりやすく表示する。

特に、家庭洗濯等取扱方法については、すぐに取れない方法で繊維製品に取り付けることになっており、縫い付ける方法が一般的であるが、製品に直接プリントされている場合もある。

国産品なのに、輸入品のように見える」「生地を輸入して縫製した商品なのに、製品輸入のように見える」「海外生産なのに、国産品のように見える」といった紛らわしい商品をなくして、消費者に正しい情報を伝えるための表示である。

この表示は、独占禁止法の特例法である「景表法」（不当景品類及び不当表示防止法）という法律に基づくものである。

①外国の国名、地名、国旗、企業名、デザイナー名、ブランド名などが記されている表示には、それが国産品であれば、「国産品」「デザイン米国、製品日本」「生地英国製、製造（株）○○商店」といった文字を入れる。
②外国文字で表示した国産品も上に同じ。なお、表示責任者の企業名も外国文字のときは、日本国内の地名を併記するか、Made in JAPAN と明記する。
③日本の国名、地名、国旗、企業名、デザイナー名、ブランド名などが記されている表示には、それが輸入品であれば、「ベトナム製」「デザイン日本、製造バングラデシュ」といった文字を入れる。
④日本文字で表示した輸入品も前項に同じ。
⑤表示はラベル、タグ、織ネーム、ポリ袋等の購買時点でわかる目立つところに、はっきりと示しておくことが大切である。

なお、ここでいう「原産国」とは、製品の原料を作った国のことではなく、その製品を最終的に作り上げた国のことである。

3 | 原産国表示

原産国表示は1974年から実施されている表示で、「海外ブランドのライセンスによる

4 | 業界独自の品質表示マーク

表示には、公的な品質表示のほかに、業界団体などが独自に品質表示マークや品

質保証マークを制定して、別表（180、181　　　例もある。
頁　表5）の通り、繊維製品に付けている

分類	繊維等の種類		指定用語（表示名）
植物繊維	綿		綿
			コットン
			COTTON
	麻	亜麻	麻
			亜麻
			リネン
		苧麻	麻
			苧麻
			ラミー
動物繊維	毛	羊毛	毛
			羊毛
			ウール
			WOOL
		モヘヤ	毛
			モヘヤ
		アルパカ	毛
			アルパカ
		らくだ	毛
			らくだ
			キャメル
		カシミヤ	毛
			カシミヤ
		アンゴラ	毛
			アンゴラ
		その他のもの	毛
			「毛」の用語にその繊維の名称を示す用語又は商標を括弧を付して付記したもの（ただし、括弧内に用いることのできる繊維の名称を示す用語又は商標は一種類に限る。）
	絹		絹
			シルク
			SILK
再生繊維	ビスコース繊維	平均重合度が450以上のもの	レーヨン
			RAYON
			ポリノジック
		その他のもの	レーヨン
			RAYON
	銅アンモニア繊維		キュプラ

分類	繊維等の種類		指定用語（表示名）
半合成繊維	アセテート繊維	水酸基の92%以上が酢酸化されているもの	アセテート
			ACETATE
			トリアセテート
		その他のもの	アセテート
			ACETATE
合成繊維	ナイロン繊維		ナイロン
			NYLON
	ポリエステル系合成繊維		ポリエステル
			POLYESTER
	ポリウレタン系合成繊維		ポリウレタン
	ポリエチレン系合成繊維		ポリエチレン
	ビニロン繊維		ビニロン
	ポリ塩化ビニリデン系合成繊維		ビニリデン
	ポリ塩化ビニル系合成繊維		ポリ塩化ビニル
	ポリアクリルニトリル系合成繊維	アクリルニトリルの質量割合が85%以上のもの	アクリル
		その他のもの	モダクリル
	ポリプロピレン系合成繊維		ポリプロピレン
	ポリ乳酸繊維		ポリ乳酸
	アラミド繊維		アラミド
無機繊維	ガラス繊維		ガラス繊維
	金属繊維		金属繊維
	炭素繊維		炭素繊維
羽毛	ダウン		ダウン
	その他のもの		フェザー
			その他の羽毛
分類外繊維	上記各項目に掲げる繊維等以外の繊維		「分類外繊維」の用語にその繊維の名称を示す用語又は商標を括弧を付して付記したもの（ただし、括弧内に用いることのできる繊維の名称を示す用語又は商標は一種類に限る。）

一部省略しています

表 4. 繊維製品の取扱い表示

JIS L0217（1995 年版）・JIS L0001（2014 年版）対比表

☆ JIS L0001（2014 年版）は、JIS L0217（1995 年版）から単純に記号の置き換えはできません。
☆表内の記号の上段の 3 桁の数字は、JIS L0217 及び JIS L0001 に規定の記号番号です。
☆ JIS L0001（2014 年版）を引用している繊維製品品質表示規程は 2016 年 12 月から施行。

JIS L0217（1995 年版）	JIS L0001（2014 年版）
1. 洗い方（水洗い）の記号	**1. 洗濯処理の記号**
101 95 — 101：液温は 95℃を限度とし、洗濯ができる	190 95 — 190：液温は、95℃を限度とし、洗濯機で通常の洗濯処理ができる
（該当なし）	170 70 — 170：液温は、70℃を限度とし、洗濯機で通常の洗濯処理ができる
102 60 — 102：液温は 60℃を限度とし、洗濯機による洗濯ができる	160 ／ 161 60 ／ 60 — 160：60℃を限度とし、通常の洗濯処理ができる／161：60℃を限度とし、弱い洗濯処理ができる（注：60℃から 30℃までは表現を一部省略）
（該当なし）	150 ／ 151 50 ／ 50 — 150：50℃を限度とし、通常の洗濯処理ができる／151：50℃を限度とし、弱い洗濯処理ができる
103 ／ 104 40 ／ 弱40 — 103：液温は 40℃を限度とし、洗濯機による洗濯ができる／104：液温は 40℃を限度とし、洗濯機の弱水流又は弱い手洗いがよい	140 ／ 141 ／ 142 40 ／ 40 ／ 40 — 140：40℃を限度、通常の洗濯処理ができる／141：40℃を限度、弱い洗濯処理ができる／142：40℃を限度、非常に弱い洗濯処理ができる
105 弱30 — 105：液温は 30℃を限度とし、洗濯機の弱水流又は弱い手洗いがよい	130 ／ 131 ／ 132 30 ／ 30 ／ 30 — 130：30℃を限度、通常の洗濯処理ができる／131：30℃を限度、弱い洗濯処理ができる／132：30℃を限度、非常に弱い洗濯処理ができる
106 手洗イ30 — 106：液温は 30℃を限度とし、弱い手洗いがよい。洗濯機は使用できない	110 — 110：液温は、40℃を限度とし、手洗いによる洗濯処理ができる
107 — 107：家庭で水洗いはできない	100 — 100：洗濯処理はできない
2. 塩素漂白の可否の記号	**2. 漂白処理の記号**
201 エンソサラシ — 201：塩素系漂白剤による漂白ができる	220 ／ 210 — 220：塩素系及び酸素系漂白剤による漂白処理ができる／210：酸素系漂白剤による漂白処理ができるが、塩素系漂白剤による漂白処理はできない。
202 エンソサラシ — 202：塩素系漂白剤による漂白はできない	200 — 200：漂白処理はできない
3. 絞り方の記号	**—**
501 ／ 502 ヨワク ／ — 501：手絞りの場合は弱く、遠心脱水の場合は短時間で絞るのがよい／502：絞ってはいけない	（該当なし）

178

JIS L0217（1995 年版）	JIS L0001（2014 年版）			
4. 干し方の記号	**乾燥処理の記号**			
—	**4. タンブル乾燥（＊家庭でのタンブル乾燥のみの記号）**			
（該当なし）	320 / 310 / 300 ⊙ ⊙ ⊠			320：洗濯処理後のタンブル乾燥ができる 高温乾燥：排気温度の上限は最高80℃ 310：洗濯処理後のタンブル乾燥ができる 低温乾燥：排気温度の上限は最高60℃ 300：洗濯処理後のタンブル乾燥はできない
干し方	**自然乾燥**			
601　602 601：つり干しがよい 602：日陰のつり干しがよい	440　445　430　435			440：脱水後、つり干し乾燥がよい 445：脱水後、日陰でのつり干し乾燥がよい 430：濡れつり干し乾燥がよい 435：日陰での濡れつり干し乾燥がよい
603　604 603：平干しがよい 604：日陰の平干しがよい	420　425　410　415			420：脱水後、平干し乾燥がよい 425：脱水後、日陰の平干し乾燥がよい 410：濡れ平干し乾燥がよい 415：日陰の濡れ平干し乾燥がよい
5. アイロンの掛け方の記号	**5. アイロン仕上げ処理の記号**			
301　302　303 301：210℃を限度とし、高い温度（180℃〜210℃まで）で掛けるのがよい 302：160℃を限度とし、中程度の温度（140℃〜160℃まで）で掛けるのがよい 303：120℃を限度とし、低い温度（80℃〜120℃まで）で掛けるのがよい	530　520　510 アイロン仕上げ処理ができる 530：底面温度 200℃を限度 520：底面温度 150℃を限度 510：底面温度 110℃を限度としてスチームなしでアイロン仕上げ			
304 304：アイロン掛けはできない	500 500：アイロン仕上げ処理はできない。			
6. ドライクリーニングの記号	**商業クリーニング処理の記号**			
ドライクリーニング	**6. ドライクリーニング**			
401 401：ドライクリーニングができる。溶剤は、パークロロエチレンまたは石油系の物を使用する	620　621 Ⓟ Ⓟ			パークロロエチレン及び記号Ⓕの欄に規定の溶剤でのドライクリーニング処理（タンブル乾燥を含む）ができる 620：通常の処理 621：弱い処理
402 402：ドライクリーニングができる。溶剤は石油系の物を使用する	610　611 Ⓕ Ⓕ			石油系溶剤（蒸留温度150℃〜210℃、引火点38℃〜）でのドライクリーニング処理（タンブル乾燥を含む）ができる 610：通常の処理 611：弱い処理
403 403：ドライクリーニングはできない	600 600：ドライクリーニング処理ができない			
—	**7. ウエットクリーニング**			
（該当なし）	710　711　712 Ⓦ Ⓦ Ⓦ			ウエットクリーニング処理ができる 710：通常の処理 711：弱い処理 712：非常に弱い処理
	700 700：ウエットクリーニング処理はできない			

出典：一般社団法人繊維評価技術協議会

表 5. 業界独自の品質表示マーク

実施団体	マーク	マーク名／趣旨	表示対象品目
(一財)日本綿業振興会	COTTON USA™	**COTTON USA マーク** サステナブルで高品質なアメリカ綿を 51% 以上使用し、国際綿花評議会が認定した綿製品だけに付けられる。	衣服全般、寝装品 帽子・バッグなど雑貨 タオル製品 ベビー用品 化粧用コットン 手芸用レース糸 インテリア用品　など
日本紡績協会	JAPAN COTTON Pure Cotton ®	**ジャパン・コットン・マーク（ピュア・コットン・マーク）** 日本国内で製造する高品質の素材を使用した製品に付けられる。対象は日本紡績協会会員が日本国内で製造する原糸を 100% 使用した生地などの二次製品などで、基本素材が綿 100% の製品。海外縫製製品であっても国産素材であることをアピールできる。	衣服全般 服地 インテリア など
日本紡績協会	JAPAN COTTON Cotton Blend ®	**ジャパン・コットン・マーク（コットン・ブレンド・マーク）** 日本国内で製造する高品質の素材を使用した製品に付けられる。対象は日本紡績協会会員が日本国内で製造する原糸を 100% 使用した生地などの二次製品などで、基本素材が綿 50% 以上の製品。海外縫製製品であっても国産素材であることをアピールできる。	衣服全般 服地 インテリア など
(一財)大日本蚕糸会	日本の絹 純国産	**純国産絹マーク** 国産の繭・生糸だけを使って製造された純国産の絹製品であることが消費者に一目でわかるようにするためのマーク。 繭生産、生糸加工、染めや織りなどを誰が行ったか、生産履歴が書かれている。	絹織物 絹製品全般
ザ・ウールマーク・カンパニー	PURE NEW WOOL	**ウールマーク** ウールマーク・ライセンスを持つ企業の製品で、「新毛」を 100% 使用し、強度や染色堅牢度といった決められた品質基準を満たしている製品に付けられる品質認証マーク。	衣類全般 服地 毛布 カーペット など
ザ・ウールマーク・カンパニー	WOOL RICH BLEND	**ウールマーク・ブレンド** ウールマーク・ライセンスを持つ企業の製品で、「新毛」を 50%〜99.9% 使用し、強度や染色堅牢度といった決められた品質基準を満たしている製品に付けられる品質認証マーク。	衣類全般 服地 毛布 カーペット など
ザ・ウールマーク・カンパニー	WOOL BLEND PERFORMANCE	**ウール・ブレンド** ウールマーク・ライセンスを持つ企業の製品で、「新毛」を 30%〜49.9% 使用し、強度や染色堅牢度といった決められた品質基準を満たしている製品に付けられる品質認証マーク。	衣類全般 服地 毛布 カーペット など

実施団体	マーク	マーク名／趣旨	表示対象品目
(公財)日本環境協会		**エコマーク** 「生産」から「廃棄」にわたるライフサイクル全体を通して、環境への負担が少なく、環境保全に役立つと認められた商品に付けられる。	衣服や生活用品などの「モノ」だけではなく、スーパーマーケット、カーシェアリング、ホテルなどの「サービス」にも付けられる。
(公財)日本デザイン振興会		**Gマーク** さまざまに展開される事象の中から「よいデザイン」を選び顕彰する「総合的なデザインの推奨制度」である。グッドデザイン賞を受賞したデザインに付けられる。1957年に通商産業省（現経済産業省）によって創設され、1998年にグッドデザイン賞（Gマーク）となった。	家電やクルマなどの工業製品から、住宅や建築物、各種のサービスやソフトウェア、パブリックリレーションや地域づくりなどのコミュニケーション、ビジネスモデルや研究開発など、有形無形を問わない。
ユニバーサルファッション協会		**推薦商品マーク**（略称Uマーク） 年齢、サイズ・体型、障害などにかかわらず楽しめるファッションを目指し、顧客の不満や要望に対応した機能を備えている商品を推薦。	衣服全般、化粧品、靴、バッグ、日用品、アクセサリー、食品、インテリア、サービス、流通など
(一財)ニッセンケン品質評価センター	OEKO-TEX® CONFIDENCE IN TEXTILES STANDARD 100 00000000 Nissenken Tested for harmful substances. www.oeko-tex.com/standard100	**エコテックス® スタンダード100** エコテックス® 国際共同体が制定した有害化学物質に対する繊維製品の国際的な安全認証。分析試験等の結果、厳しい基準をクリアしたものだけにエコテックスラベルを添付することができる。	衣服全般 服地 ファスナーやボタンの服飾資材 など
(一社)繊維評価技術協議会	SEK 抗菌防臭加工 SEK 抗かび加工 SEK 防汚加工	**SEKマーク** 「S：清潔」「E：衛生」「K：快適」を意味する機能加工繊維製品の認証マーク。 機能性と安全性、洗濯耐久性の評価が行われ、定められた基準を満たしていれば認証され、マークを付けることができる。	衣料品 スカーフやバッグ等の身の回りの雑貨品 寝装品 インテリア用 日用品やレジャー用品 など
(一財)日本繊維製品品質技術センター		**SIFマーク** 確実な品質システムによって管理し、信頼できる繊維製品を取扱う事業者であることを審査によって評価し、認証された事業者が表示することができるマーク。	衣服全般

5 ｜ ＰＬ法（製造物責任法）

　消費者や利用者が製造物を購入し、その製造物の欠陥によって生命、身体または財産にかかわるような被害を受けた場合、製造業者は過失がなくても損害賠償の責任をもつという消費者保護を目的とした法律で、1995年から施行されている。

　製造物の欠陥としては、一般に①設計上の欠陥、②製造上の欠陥、③警告表示がない、またはあっても不十分である、の3点が挙げられ、アパレルの場合、①と②に属

する皮膚障害、炎症事故、針などの混入と、③の警告表示が問題とされている。

　海外では、繊維製品に関して、物理的刺激や加工剤・染色による皮膚障害、着衣の燃焼による火傷、針など異物の混入による

事故等訴訟に発展する例が多数発生しており、日本でもアパレルについてPL法に基づく損害賠償の訴訟が起きているので、生産・卸・小売りの各段階では十分な注意が必要である。

---

5. サイズの知識

1 ｜ アパレルのサイズ

　私たちが着るアウターウェアやインナーウェアのほとんどは、個人の体型に合わせて作られたものではなく、標準体型を基準として縮小したり、拡大したりして多くの人に合うようにサイズ設定がされている既製品である。

　つまり、統計的に集約されたいくつかの人体類型の設定サイズに基づいて作られた量産品である。このため、人によっては、大きすぎる、小さすぎる、長すぎる、短すぎるといったことも発生する。消費者にそうした失敗をさせないために、ビジネスに携わる者は、サイズ表示の知識をもち、購入者の身体サイズに適応する商品をお薦めしなくてはならない。来店時に採寸したり、顧客カードの記録を利用したりするだけでなく、体型は変化する可能性があるため、一目でお客様のサイズを判別できる能力も身につけておきたい。

　なお、身体に合わない箇所があるときは、寸法修正「お直し」を行う。お直しにはパターンや縫製の知識や技術が必要になる。

　現在販売されているアパレル製品では、ラベルやタグに「7PP、9R、11BT」「58-89、64-93」「70、85」「S、M、L」といったサイズ表示が行われている。これはJIS（日本産業規格）に基づくサイズ表示であり、「乳

幼児用衣料」「少年用衣料」「少女用衣料」「成人男子用衣料」「成人女子用衣料」「ファンデーション類」「靴下」「ワイシャツ」のJIS規格がある。

2 ｜ JISサイズの特徴

　JIS（日本産業規格：Japan Industrial Standard）は、経済産業省所管の国家規格である。サイズについては、「既製衣料品のサイズ及び表示に関する通則」として取り決められている。

　このJISサイズ表示は、衣服の「出来上がり寸法」ではなく、着用する人の基本部位（サイズ表示に必要な部位）の身体寸法（ヌードサイズ）で行うことが原則になっている。これは「出来上がり寸法」で表示すると、同じ人が着るコートとジャケットは、それぞれ寸法が違うことになり、また同じ服種でもデザインによって寸法が変わることになって、不便な点が多く出てくるからである。

　アパレルにはさまざまな服種があり、しかも男女差や年齢差があったり、フィット性を必要とするものとしないものがあったりするため、現行のJISサイズはかなり複雑なものになっている。

　フィット性を必要とするものは「単数表

示」（一定の数字で示す方法）、フィット性を
あまり必要としないものは「範囲表示」（○
cm 〜○ cm と範囲で示す方法）で表示する
ことが義務づけられている。

　例えば、かつての単純な「7 号・9 号・11
号」表示や、子供物のいわゆる「年齢表示」
はなくなり、「ローマ字と数字の組み合わ
せ」や「2 桁の数字だけ」といった表示が
増えている。

3 ｜ JISに基づくサイズ表示

　サイズ表示は、アウターウェアの全服
種のほか、スリーピングウェアや肌着、ラ
ンジェリーなどが対象になる。一部ファン
デーションなどには別の基準のサイズ表が
ある。

　表示の方法としては、「寸法列記表示」が
ある。

〈表示例〉体型区分表示

寸法列記表示	
サイズ	
バスト	83
ヒップ	91
身長	158
ウエスト	64
9R	

　身長、バスト、ウエスト、ヒップの 4 部
位のすべて、またその中の必要な 1 〜 3 部
位について、身体寸法（ヌードサイズ）で
表示することを原則にしているが、例外的
に「股下丈、スカート丈、ペチコート丈」
を衣料寸法（出来上がり寸法、実寸法）で
併記表示するものもある。

　また、服種によって「体型区分表示」「単
数表示」「範囲表示」のいずれかの方法で表

示することになっている。

〈表示例〉

単数表示		範囲表示	
サイズ		サイズ	
バスト	83	バスト	79〜87
身長	158	身長	154〜162

4 ｜ JIS規格別のサイズ表示

① 成人女子用衣料のサイズ表示

　日本人成人女子の標準サイズは「9R」で
ある。「9」はバスト寸法、「R」は身長を表
す。

号数とバスト寸法

号数	7	9	11	13	15
バスト寸法	80	83	86	89	92

体型記号

	意味
体型	日本人の成人女子の身長を142cm、150cm、158cm、166cm に区分し、さらにバストを74〜92cm を3cm 間隔で、92〜104cm を4cm 間隔で区分したとき、それぞれ身長とバストの組合せにおいて出現率が最も高くなるヒップのサイズで示させる人の体型。

身長記号

R	身長158cm（154-162cm）の記号で、普通を意味するレギュラー（Regular）の略である。
P	身長150cm（146-154cm）の記号で、小を意味するPはプチット（Petite）の略である。
PP	身長142cm（138-146cm）の記号で、Pより小さいことを意味させるためPを重ねて表現する。
T	身長166cm（162-170cm）の記号で、高いを意味するトール（Tall）の略である。

② 成人男子用衣料のサイズ表示

日本人成人男子の標準サイズは「94A5」である。「94」はチェスト寸法、「A」は体型、「5」は身長を表す。

体型記号

体型	意　味
J 体型	チェストとウエストの寸法差が20cm の人の体型
JY 体型	18cm の人の体型
Y 体型	16cm の人の体型
YA 体型	14cm の人の体型
A 体型	12cm の人の体型
AB 体型	10cm の人の体型
B 体型	8cm の人の体型
BB 体型	6cm の人の体型
BE 体型	4cm の人の体型
E 体型	ない人の体型

身長記号

2	身長 155cm	6	身長 175cm
3	身長 160cm	7	身長 180cm
4	身長 165cm	8	身長 185cm
5	身長 170cm	9	身長 190cm

③ 子供服のサイズ表示

子供のサイズ表示は、1950年代から年齢ではなく、身長で表示されるようになった。市場では「乳児期（新生児）」「幼児期（ベビー）」「園児・小学校低学年（トドラー）」「小学校高学年、中学生（スクール）」と分類して売場展開されている。

●乳幼児用衣料のサイズ

呼び方		50	60	70	80	90	100
基本身体寸法	身長	50	60	70	80	90	100
	体重	3	6	9	11	13	16

●少女用衣料のサイズ

体型区分

体型	意味
A 体型	日本人の少女の身長を90cm から175cm の範囲内で、10cm 間隔で区分したとき、身長と胸囲又は身長と胴囲の出現率が高い胸囲又は胴囲で示される少女の体型。
Y 体型	A 体型より胸囲又は胴囲が6cm 小さい人の体型。
B 体型	A 体型より胸囲又は胴囲が6cm 大きい人の体型。
E 体型	A 体型より胸囲又は胴囲が12cm 大きい人の体型。

サイズの種類と呼び方（A 体型）

呼び方		90 A	100 A	110 A	120 A	130 A	140 A	150 A	160 A	170 A
基本身体寸法	身長	90	100	110	120	130	140	150	160	170
	胸囲	48	52	56	60	64	68	74	80	86
	胴囲	46	48	50	52	54	56	59	62	65

●少年用衣料のサイズ

体型区分

体型	意味
A 体型	日本人の少年の身長を90cm から185cm の範囲内で、10cm 間隔で区分したとき、身長と胸囲又は胴囲の出現率が高い胸囲又は胴囲で示される少年の体型。
Y 体型	A 体型より胸囲又は胴囲が6cm 小さい人の体型。
B 体型	A 体型より胸囲又は胴囲が6cm 大きい人の体型。
E 体型	A 体型より胸囲又は胴囲が12cm 大きい人の体型。

サイズの種類と呼び方（A 体型）

呼び方		90 A	100 A	110 A	120 A	130 A	140 A	150 A	160 A	170 A	180 A
基本身体寸法	身長	90	100	110	120	130	140	150	170	170	180
	胸囲	48	52	56	60	64	68	74	80	86	92
	胴囲	48	50	52	54	56	58	62	66	70	74

5 ｜ 採寸

　採寸項目と採寸方法はサイズの知識を身につける上で基本となる。着心地の良い衣服を作るためだけではなく、お客様の体型に合った商品を提供するためにも、一目でお客様のサイズを判別できる能力も身につけておきたい。

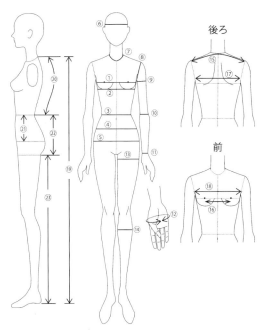

ⅰ）回り寸法

	採寸項目	位置
1	バスト回り	バストポイントを通る水平な周径
2	アンダーバスト回り	アンダーバスト（乳房下縁位）を通る水平な周径
3	ウエスト回り	ウエスト位の水平周囲長

	採寸項目	位置
4	ミドルヒップ回り	ウエストとヒップの中央位置の水平な周径
5	ヒップ回り	腹部にセルロイド板を当て、殿部の最も突出した位置を通る水平な周径
6	頭回り	眉間点を通り後頭部の最も突出した位置を通る周径
7	首つけ根回り	バックネックポイント、サイドネックポイント、フロントネックポイントを通る周径
8	腕つけ根回り	前腋点、肩峰点、後腋点を通る腕つけ根の周径
9	上腕回り	上腕の最も太い位置の周径
10	肘回り	肘点を通る肘の最も太い位置の周径
11	手首回り	手首点を通る手首の最も太い位置の周径
12	手のひら回り	親指を手のひらに軽くつけ、指のつけ根の最も太い位置の周径
13	大腿回り	殿溝の下で、大腿の最も太い位置の周径
14	下腿回り	ふくらはぎの最も太い位置の周径

ⅱ）幅寸法

	採寸項目	位置
15	背肩幅	左の肩峰点から右の肩峰点までの体表の長さ
16	バストポイント間隔	左右のバストポイント間の長さ
17	背幅	左の後腋点から右の後腋点までの体表の長さ
18	胸幅	左の前腋点から右の前腋点までの体表の長さ

ⅲ）丈寸法

	採寸項目	位置
19	総丈	バックネックポイントから床面までの長さ
20	背丈	後ろ正中でバックネックポイントからウエストまでの長さ
21	腰丈	ウエストからヒップまでの長さ
22	股上丈	ウエスト高から股下丈を引いた長さ
23	股下丈	股の位置から床面までの長さ

6. 繊維、糸の知識

繊維は、天然繊維と化学繊維に大別される。それぞれに形状や性質などの特徴を有するので、それぞれの繊維の中から主な繊維を挙げる（表6）。

1 | 天然繊維

① 植物繊維

ⅰ）綿

綿は肌触りが良く、吸湿・吸水性に優れ、蒸し暑い気候に適している。湿潤時の強度は乾燥時より高く、アルカリに強いことから洗濯性に優れ、衣服管理しやすく、安価である。糸加工では天然のよじれ（図10）があることで、紡績し、糸にすることができる。断面には中空道が

あり、この中空道によって吸湿性に優れ、乾燥時には空気を保持し、ふっくらとした仕上がりになる。欠点として、収縮しやすいことや、しわになりやすいことなどが挙げられる。

側面 天然のよじれ　　断面 中空道がある
　　（リボン状）

図10. 綿

ⅱ）麻

麻には、茎の靭皮部分を繊維として加工した靭皮繊維と、葉から採取する葉脈

表6. 繊維の分類

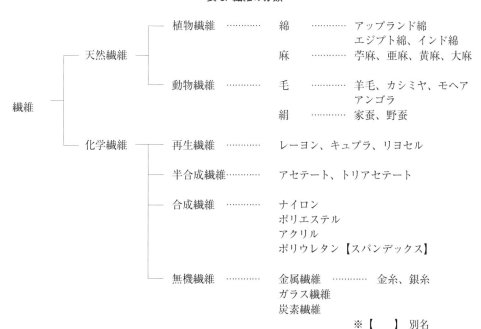

※【　】別名

繊維がある。衣料用は靭皮繊維の亜麻（リネン）と苧麻（ラミー）で、品質表示における「麻」はこれらを指す。ともに断面は多角形で、綿より狭いが中空道がある。側面はやや違いがあるものの、ともに筋やフシがある。麻の特徴は吸湿・放湿性に優れ、光沢があり、引っ張り強度が高く、張り・コシが強く、清涼感・シャリ感があり、夏物衣料に適していること。欠点は、染色しにくく、しわになりやすいことである。

② 動物繊維

ⅰ）毛

毛には羊毛（羊）と獣毛（カシミヤ、モヘア、アンゴラ、キャメル、アルパカなど）がある。羊毛は繊維側面（図11）にスケール（鱗片）がある。スケールには吸湿性と撥水性があり、乾湿によって変化する。繊維は天然のクリンプを有し、このクリンプによって紡績がしやすく、保温性や柔軟性がある。

いずれの製品も保温性に優れ、弾力性に富み、弾性回復率が高い。また染色しやすく、仕上げ加工で形状や風合いを変化させることができる。

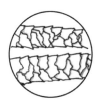

側面　スケール　　　　断面　やや円形・
　　　（鱗片）がある　　　　　楕円形

図11. 羊毛

ⅱ）絹

蚕の生育過程によって「家蚕」と「野蚕」があり、多くは家蚕である。一方、野蚕にはフシや光沢がある。中国やインドなどの柞蚕、日本の天蚕（山繭）など

は独特な光沢と風合いがあり、貴重な絹として知られているが、産量は少ない。

絹の断面は、中心部のフィブロインは三角形（図12）をしていて、その周りをセリシンが取り巻き、さらに外皮層がある。糸にするためには、セリシンを石鹸水で除去（練り）する。セリシンの除去の工程（先練り、後練り）、練りの具合（3分練り、5分練り、全練りなど）によって、風合いの異なる糸や生地が生産されている。

絹は天然繊維の中では唯一の長繊維（繭 1000～1500m／個）で、しなやかな触感、優美な光沢、適度な張り・コシなどを備え、熱に強く、染色性に優れるという長所をもっている。短所として、しわになりやすく、耐摩耗性や耐光堅ろう度が低く黄変しやすいことがある。

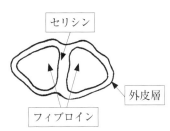

図12. 絹の断面

2 化学繊維

化学繊維は、再生繊維、半合成繊維、合成繊維、無機繊維に大別することができる。

① 再生繊維

原材料は木材パルプで、その主成分は綿や麻と同じセルロースである。セルロースを化学薬品によって溶解し、繊維状に紡糸したものを再生繊維という。

ⅰ）レーヨン

レーヨンは苛性ソーダで処理され、長繊維として製造される。用途によって、

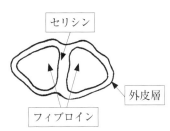

切断されて短繊維（スフ）としても多く使われている。この製法をビスコース法といい、この製法で作られたセルロース繊維を「ビスコースレーヨン」という。

レーヨンは、絹のような光沢と風合いをもっている。吸湿性や染色性に優れ、他の繊維と馴染みやすく、混紡、交織、交編に適している。熱で溶解・軟化することなく、高温に耐えることができる。欠点は、水に濡れると収縮したり、硬くなったり、しわになりやすいことである。この欠点を改良するために樹脂加工などが施されている。

ⅱ）キュプラ

原材料は綿の種子に付いているコットンリンター（主成分：セルロース）である。繊維はすべて長繊維で生産される。レーヨンの欠点を改良した再生繊維であり、光沢があり、しなやかで、肌触りが良く、染色性に優れ、帯電性が少ない。

ⅲ）リヨセル（精製セルロース・指定外繊維）

1994年頃から普及し始めた。リヨセルの原材料は木材で、その主成分はセルロースである。レーヨンのようなしなやかさ、落ち感がある。レーヨンやキュプラより湿潤時に強く、収縮が少ない。張り・コシがあり、染色性はレーヨンより劣るが、仕上がりはソフトである。

② 半合成繊維

セルロースやたんぱく質などの天然の物質をもとに、化学的物質を結合させて作る繊維のことである。

ⅰ）アセテート、トリアセテート

セルロースに酢酸を化学的に結合させた酢酸セルロースをアセトンで溶解させた原液から繊維化したのがアセテートである。したがって、セルロースの性質と合成繊維の性質をもち合わせている。トリアセテートの染色性はアセテートより劣るが、形態安定性や熱可塑性は優れている。衣料用のアセテートとトリアセテートはともに長繊維であり、軽くてしなやかで、絹のような感触がある。短所は強度が低く、湿潤時にはさらに低下すること。摩擦に弱く、しわになりやすい。

③ 合成繊維

石油を原料として合成された繊維。1935年に米国デュポン社のカローザス博士によって発明されたナイロンは、合成繊維の第1号である。その後、アクリル、ポリエステル、ポリウレタンなどが開発された。ナイロン、アクリル、ポリエステルを3大合成繊維という。

ⅰ）ナイロン

ナイロンにはナイロン6とナイロン66がある。類似点が多いが、比較するとナイロン66のほうが耐熱性と強度がやや高く、産業資材に適している。ナイロンは合成繊維の中では比較的、吸湿性があり、染色性も良く、細くてしなやかで強い。少量の混紡でも耐久性、伸縮性、弾性回復率が向上する。婦人用ストッキング、タイツ、肌着など多くに使用されている。天然繊維やセルロース系繊維に比べて速乾性が高い。欠点として、張り・コシがなく、耐光性が悪く黄変して脆化することが挙げられる。

ⅱ）ポリエステル

化学繊維で最も多く生産されているのがポリエステルである。強度や耐熱性があり、しなやかで寸法安定性に優れている。合成繊維であることから熱可塑性があり、その性質を利用した製品が多い。長繊維と短繊維は6：4の割合で、双方の長所を活用した方法で製品化されている。短繊維は

綿と混紡することで、軽く、速乾性に優れ、丈夫になる。長繊維は技術が飛躍的に進歩し、異形断面糸（図13）による性質の付加によってさまざまな機能素材が生産されている。また、綿の断面のように繊維の1本ごとに中空道を作って軽量化し、保温性や吸湿性を付加した繊維の開発が進み、異形中空繊維（図14）も作られている。ただし、吸湿性が悪く、帯電しやすい。洗濯時に再汚染するという短所もある。

短繊維は綿を混紡してワイシャツ、ブラウス生地、中わたなど多くの生活場面に供給されている。長繊維は服地やファンデーション、インテリア製品などに使われる。利用範囲の多様性から身近な合成繊維といえる。

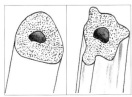

図13. ポリエステル異形断面糸の断面　　図14. 異形中空繊維の断面

iii）アクリル

合成繊維の中でも羊毛に近い風合いをもち、弾力性や捲縮（けんしゅく）加工によるかさ高性が得られ、軽くて保温性に優れている。合成繊維だが短繊維で使う場合が多く、羊毛と混紡して製品化されることが多い。高温に弱く、80℃程度で軟化してしまうため、アイロンをかけるときには要注意である。また、摩擦によりピリング（毛玉）が起こりやすい。

iv）ポリウレタン

ポリウレタンはスパンデックスとも呼ばれ、ストッキング、靴下、ファンデーション、スポーツウェア、ストレッチパンツな

ど、伸縮性を必要とする衣類によく使われる。ゴムより細くすることができ、軽く、伸縮性に優れ、染色性もある。欠点は漂白に弱いこと。ポリウレタンはすべて長繊維で使用され、他の繊維に巻き付けたコアヤーン、カバードヤーンとして使う。

ⅴ）無機繊維

アパレル素材に用いられることは少ない。

3 | 紡績、紡糸、製糸

短繊維は撚りをかけて糸にする。その工程を「紡績」といい、できた糸を紡績糸（スパンヤーン＝スパン糸）という。

長繊維は化学的に作られ、原料を溶融し、ノズルに通して1本の糸にする。これを「紡糸」という。多くの場合は紡糸した糸を何本か集束して軽く撚りをかけて糸（フィラメントヤーン＝フィラメント糸）にし、用途に応じた集束本数によって適切な糸の太さにする。

天然の長繊維である絹は、1個の繭から1本の繊維をとる。1本では強度が低いので、用途に応じて何本かを束にして糸にする。その工程を「製糸」という。

A　　紡績糸
B-1　長繊維（無撚糸）
B-2　長繊維（甘撚糸）

A　　B-1　B-2

図15. 紡績糸と長繊維糸

① 糸の知識

原綿（わた）状の綿をくしとぎ、繊維を一定方向に引き揃えることをカーディング（carding）という。カーディングされた綿繊維はさまざまな工程を経て糸（カー

ド糸）になる。また、綿の短い繊維をコー
マ機（comber、combing）にかけて除去
し、長い繊維だけで紡績した糸をコーマ糸
（combing yarn）という。カード糸はカジュ
アルな太番手の糸が使用され、コーマ糸は
薄地の高級綿生地に使用される。

　羊毛の場合は、カーディングした短毛の糸
を「紡毛糸」、短毛を除いた長毛の糸を「梳
毛糸」（綿のコーマ糸に相当する）という。

　また、糸は撚り数、撚り方向、撚り合わ
せ本数によって風合いの異なるものを作る
ことができる。

　ⅰ）撚り方向
　　　撚り方向には、S撚り（右撚り）とZ
　　撚り（左撚り）がある。

撚りの方向

Z撚り　　S撚り
（左撚り）（右撚り）

図16. 撚り方向

　ⅱ）撚り数
　　　無撚糸：ごく少ないもの
　　　甘撚糸：300 T/m 以下のもの
　　　並撚糸：300〜1000 T/m 以下のもの
　　　　……紡績糸
　　　強撚糸：800〜3000 T/m 以下のもの
　　　特別強撚糸：2000 T/m 以上のもの
　　　　……縮緬糸
　　　　　　※ T/m＝1m 間の撚り数（twist）
　ⅲ）撚り合わせ糸（撚糸）
　　　単糸は、右撚りか左撚りのどちらかで
　　紡績された1本の糸で構成されている。

　双糸は、2本の下撚りした糸を合わせて
上撚りをかける（下撚りと逆方向で撚る）
ことで作られる糸のことである。用途に
よって3本、4本などと糸を合わせて撚
り、糸を作る。

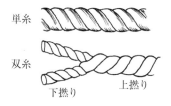

単糸

双糸

下撚り　　　　　上撚り

図17. 単糸と双糸

　ⅳ）飾り撚糸（ファンシーヤーン）
　　　飾り撚糸は「ファンシーヤーン」「意匠
　　撚糸」ともいい、紡績工程で作る糸と、
　　撚糸工程で作る糸がある。撚糸条件（太
　　さ、撚り数、撚り方向、配色など）を変
　　えることによって、さまざまな形状や配
　　色を作ることができるため、種類は無数
　　にある。飾り撚糸は1〜3本の糸で構成
　　され、基本的には芯になる「芯糸」、これ
　　にからませる「からみ糸」、形状を安定さ
　　せる「押さえ糸」で構成されている。主
　　な飾り撚糸に次のようなものがある。

　●スラブヤーン

　　　紡績工程で作られるスラブヤーン、
　　ネップヤーンなど、1本の単糸で部分的
　　に細太やネップを作った糸。

　●杢糸

　　　色違いの2本の糸を同じ方向、同じ
　　撚り数の下撚りをかけた糸を合わせて
　　上撚りを逆方向にかけた組み合わせ糸。

●壁糸

強く撚りをかけた太い糸に細い糸を引き揃えて撚り戻すと、太い糸が螺旋状にからみ、波を打ったような形状の糸になる。

●ループ糸

芯糸に撚りを強くかけ、からみ糸は逆方向の中撚りにし、大きくループ（輪）にした糸。

4 │ 糸の太さを表す単位

●番手法

基準の長さと重さを決め、そのどちらかを一定にして糸の太さを表示する方法である。重さを一定にして太さを表す「恒重式」番手法と、長さを一定にして太さを表す「恒長式」番手法がある。

恒重式は、綿や麻、毛など紡績糸の番手（N）を表示する。恒長式は、長繊維に用いられ、天然繊維の絹、化学繊維類の太さを表す。

ⅰ）綿

1ポンド（453.59g）・840ヤード（768.1m）あるものを1番手、重さが一定で長さが2倍（1680ヤード=1536.2m）あれば2番手となる。綿番手の表示には「s」が使われる。また、1本の糸のことを単糸、2本を合わせて1本になっている糸のことを双糸という。例えば、40番単糸は40／1、40番双糸であれば40／2sと表示する。

ⅱ）毛

毛はメートル番手といい、1000gで1000mあるものを1番手とする。重さが1000gで一定で長さが2000mあれば、2番手となる。表示は1／40とか2／40とし、綿番手と逆の表示になる。ともに番手は数字が大きくなると、糸は細くなる。

恒長式には、デニールとテックスの呼称がある。現在、デニール（dまたはD）は生糸に、テックス（tex）は1999年の国際表示法によって化学繊維に用いることとなった。デニールは9000m・1gの場合に1デニール、テックスは1000m・1gを1テックスとする。糸の長さを一定にして、その重さが2倍であれば2デニール、あるいは2テックスとなる。ともに数字が大きくなると糸は太くなる。

例えば、100デニール単糸は100dと表示し、双糸は撚り糸の場合、100d×2、2本引き揃え糸は100d／／2と表示する。テックスも同様に、単糸は100tex、双糸撚り糸は100tex×2、2本引き揃え糸は100tex／／2と表示する。

7. 織物の知識

1 │ 織物

織物は経糸と緯糸で構成されている。経糸が緯糸の上にあるのか下にあるのかで、組織は異なる。この関係を図式化したものが、組織図（意匠図ともいう）である。組

織図は経糸が緯糸の上にあるところをマークし、この1マスが糸1本を表している。織布するときには、この組織が繰り返され、生地ができる。この繰り返される最も最小の組織を一完全組織（図18）と呼ぶ。

織物の基本となる「平織」「斜文織」「朱子織」を三原組織（図19）という。ほかに、三原組織を基本とした変化組織（斜子織、ヘリンボーンなど）（図20）、異なる構造や外観で立体的な効果を生む特別組織（梨地織、蜂巣織など）（図21、22）、平織組織と斜子織など別組織が一緒に織られた混合組織がある。

平織は経糸・緯糸が1本交互で構成された、最もシンプルな組織である。

斜文織は多数あり、表は斜文線が右上がりで、裏は逆になる組織。片面斜文織（図23）は、デニムのように経糸と緯糸の出方が表裏で異なる生地になる。飛び数によって斜文線の角度を自由に変えることができ、急傾斜の変化斜文織（図24）もある。

朱子織は綜絖枚数5枚で構成されている5枚朱子、さらに8枚朱子、12枚朱子などがあり、経糸が多く表面に出ているものを

図19. 三原組織

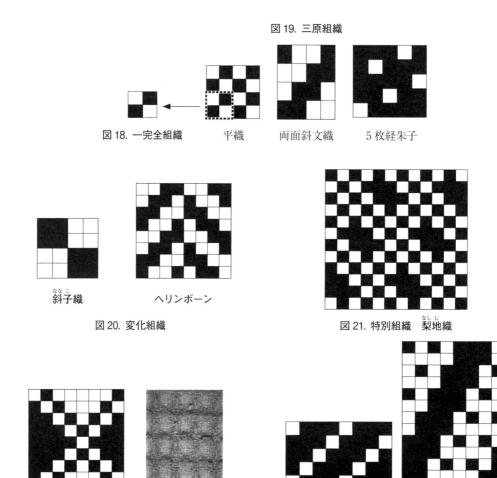

図18. 一完全組織　　　平織　　　両面斜文織　　　5枚経朱子

斜子織　　　　ヘリンボーン

図20. 変化組織

図21. 特別組織　梨地織

組織　　　　　生地

図22. 特別組織（蜂巣織）

図23. 片面斜文（デニム）　図24. 急斜文

経朱子、緯糸が多く出ているものを緯朱子という。糸の飛び数が大きいため、押さえの糸が目立たず、滑らかで光沢のある織物になる。

織物を大きく分けて**表7**にまとめた。

「一重組織」は三原組織を基本とした組織である。

「重ね組織」は糸が重なり、経糸か緯糸のどちらか、あるいは両方が二重以上の重ね組織になっているものをいう。重ね組織の利点として、①緻密な地合いを得ることができる、②両面織ができる（リボン、ベルトなど）、③表裏で異なる色や柄を出すことができる、④袋物ができる（袋、消防用ホース、帯）、⑤広幅を作ることができる、などがある。

「緯二重織」は、経糸が1種類で緯糸が2種類で織る。緯糸の1種が表緯糸となり、もう1種が裏緯糸となることで表裏で色の異なる織物を表現できる。「経二重織」はその逆で、経糸が2種、緯糸が1種で織る。二重

組織の「風通織（ふうつう）」は経緯二重織で、多重組織はその重ね組織で非常に複雑かつ厚地になる。

「パイル組織」は緯糸でパイルを作る緯パイルの別珍、コール天など、そして経糸がパイルを作る経パイルのビロード、シール、モケットなどがある。タオル組織は基本的には経パイル組織である。

「搦み組織（から）」には紗（しゃ）（図25）、絽（ろ）、羅（ら）がある。紗は隣り合う経糸同士をからませ、緯糸を挿入し、押さえた組織。このように紗が全経糸の隣同士を1組にしてクロスしているのに対して、絽は紗に平織を入れた組織である。入れた平織の本数によって、3本の場合は三越絽、5本の場合は五越絽という。羅は2本1組ではなく多本数1組でからみ模様ができる組織である。

「紋織（ジャカード）組織」はジャカード装置を付けて織る組織で、経糸が1本ずつ自由に上下にコントロールされ、具体的な柄を織ることができる。現在ではコン

表7. 織物組織

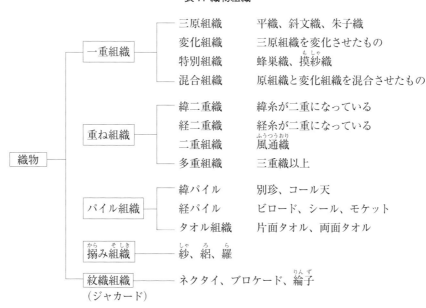

織物	一重組織	三原組織	平織、斜文織、朱子織
		変化組織	三原組織を変化させたもの
		特別組織	蜂巣織、摸紗織（もしゃ）
		混合組織	原組織と変化組織を混合させたもの
	重ね組織	緯二重織	緯糸が二重になっている
		経二重織	経糸が二重になっている
		二重組織	風通織（ふうつうおり）
		多重組織	三重織以上
	パイル組織	緯パイル	別珍、コール天
		経パイル	ビロード、シール、モケット
		タオル組織	片面タオル、両面タオル
	搦み組織（から　そしき）		紗（しゃ）、絽（ろ）、羅（ら）
	紋織組織（ジャカード）		ネクタイ、ブロケード、綸子（りんず）

ピュータジャカード装置へと進展して、複雑な柄をニーズに応じて容易に表現できるようになった。

図25. 紗

2 │ 不織布

不織布は、繊維を織りも編みもせず、ウェブ（蜘蛛の巣）状に固めシート状にしたものである。不織布は寸法安定性が良く、多孔性で、方向性がないため、どちらの方向にもほつれず、裁断が可能であることから、芯地などの使い捨て素材として多く使われる。製造法は、ウェブに接着剤を散布して、熱で乾燥させ、繊維同士を接着させる方法が最も一般的である。

---

8. 染色の知識

① 繊維と染料

繊維製品の染色には染料と顔料がある。染料は繊維に対して親和性があり、水や溶剤に溶けて繊維内に吸収され固着する。それに対して顔料は水や溶剤に溶けにくく、繊維に吸収されず表面に付着する。顔料単独では付着せず、バインダー（接着剤）が必要となる。

染料には自然から採れる天然染料と、石油などから合成された合成染料がある。合成染料は19世紀半ばに開発され、改良を重ね、堅牢（けんろう）な染料として多様に進化してきた。

② 染色

染色は被染物（ひ せんぶつ）、染料、水、助剤、温度などが適切な条件のときに可能になる。どの

表8. 染色加工マップ

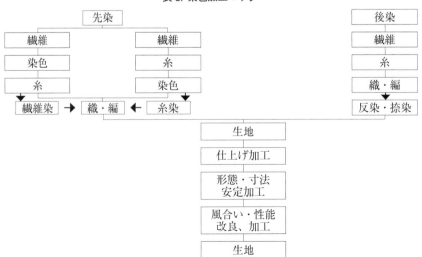

条件が欠けても堅牢な染色にはならない。被染物の素材や形状（繊維、糸、布）によって染色条件と装置が異なる。

③ 染色加工

　繊維や糸の段階で染める先染と、布になってから染色する後染がある。後染には、浸染やプリント（捺染）などがある。これらの染色法以外に、アパレル商品になって

から染色する製品染がある。

④ 加工

　繊維製品は用途によってさまざまな加工が施される。主な加工には、①生地そのものの表面の加工、②外観・風合いの変化を付与する加工、③新たな外観（見た目）や性能を付与する加工などがある。加工方法は素材によっても異なる。

9. ニットの知識

　ニットとは、1本の糸をループ状にして編む技術、または編んだもののことをいい、緯編と経編がある。多種多様なニットを表9にまとめた。

表9. 編物

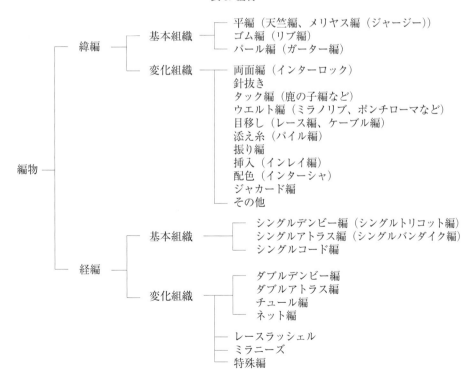

1 ｜ 緯編

① 基本組織

　緯編は、基本的には１本の糸をループ（編目）状にして、横方向（コース方向）に連ねて作られた編地である。緯編には、らせん状に編目を作り筒状の編地を編む丸編と、編目を往復しながら作りフラットな反物状の編地を編む横編がある。

　基本組織は「平編」「ゴム編」「パール編」の３種類（図26、27、28）である。

　「平編」は、天竺編やジャージー編（メリヤス編）ともいう。平編は表目（図29）だけで表し、裏には裏目（図30）だけが横方向に走る。この生地は横方向に伸びやすく、まくれ（カール）を起こしやすい、またループが切れるとどこからでも解れ（ラン）を起こす。

　「ゴム編」はリブ編ともいい、表目と裏目を交互に編み、縦方向に表目と裏目の筋が構成される。横方向に伸縮があるのでニット製品の袖口、ウエスト、首回りなど伸縮性を必要とする部位に用い、着脱を容易にする。デザイン性にも優れ、伝統的なフィッシャーマンセーターや男女ともにリブ編のタートルネックセーターがよく知られる。生地の耳まくれがなく、裁断しやすい。

　「パール編」はガーター編ともいい、ゴム編とは異なり、縦方向に表編と裏編を交互に編み、横方向に表目と裏目が連なっている。縦方向に伸びるのでストッキングなどに用いられる編み方である。

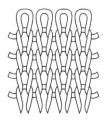
図26. 平編

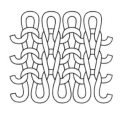
図27. ゴム編

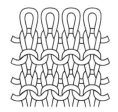
図28. パール編

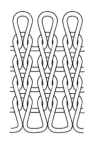
図29. 平編　表目

図30. 平編　裏目

② 変化組織

基本組織を変化させた組織である。

ⅰ）両面編

　スムース編、インターロック編ともいう。ゴム編を重ね合わせたような組織で、平滑でスムースな感触で、形崩れしにくい。

ⅱ）針抜き編

　一定間隔で針を抜いて編成した編地のこと。針を抜いたところに編目が形成されないのでゴム編のような縦縞になる。

ⅲ）タック編

　引き上げ編ともいう。コースの編目を次コースの編目あるいは数コース飛ばした目

と一緒に1目で引き上げて編むことで完成する組織。その結果、凹凸ができ、肌への接触点が少なくなる。スポーツウェアによく見られる「鹿の子編」は、平編にタック編を加えた組織となっている。

iv）ウェルト編（ミスと浮き）

コース方向に一定の間隔で編針を外し（ミス＝飛ばし）、編地の裏に糸を浮かせて（浮き糸）、編地を組織する。編地の表面は浮かせ糸で引き寄せられて凹凸感が生まれ、裏は浮き糸によって伸縮が抑えられた生地となる。伸縮性が低く、ジャケットやコートのミラノリブによく使われる。

図31. タック　　　　図32. ミス

v）目移し

編目を隣接する編目に移して透かし柄（レース編）を作ったり、針床から前針床に、あるいは針床から横針床に移してケーブル編（縄編）を作るときに使う。

vi）添え糸

1本の編針に2種類の糸を揃えて補強したり、添えた糸の角度を変えて一緒に編む編地のことをいう。それによって異素材、異色の効果を表現したり、丈夫な編地を形成したりすることができる。

vii）振り編

横編機特有の組織である。針床を左右に振りながら編むので、編地が「くの字」型の模様編になる。

viii）挿入

インレイ編ともいい、地糸と裏毛糸を用い、地糸で編地を形成し、タックとウェルト（引き上げと浮き）によって裏面に裏毛糸を挿入することで組織を編成する。毛糸を起毛させることで、トレーナーやカジュアルな防寒用アウター生地を作ることができる。

ix）配色（インターシャ）

ジャカードのように裏面に渡り糸がなく、糸の切り替わりはクロスしてつなぎ合わせるようにして配色編ができる。アーガイル模様はその代表的な柄といえる。インターシャ装置を付けて編むことで多色配色ができ、ジャカードのような渡り糸がないため地厚にならない。

x）ジャカード編

一般に柄を表現できる編組織をジャカードという。ジャカード装置を付けた編機を使い、1列の針床で編成できるシングルジャカードと、2列の針床でできるダブルジャカードを編む。シングルジャカードは裏面に糸交換の渡り糸があり、まくれ現象が生じたり、渡り糸の処理が必要となる。ダブルジャカードは渡り糸の必要がなく、生地もまくれ現象が起こらず、安定しているが地厚である。現在ではコンピュータジャカード機によって、容易に複雑な柄を編むことができる。

※丸編機で編む丸編、無縫製ニット機で編む無縫製ニットは、緯編の一種である。

※緯編、経編ともに編地の横方向をコース、縦方向をウェールという。

※編目密度（ゲージ＝gauge）：1インチ（2.54cm）間の編針本数。ローゲージは1.5〜5G、ミドルゲージは7〜10G、ハイゲージは12G以上。

2 | 経編

経編の編機には、トリコット機、ラッシェル機、ミラニーズ機がある。機械の特徴も、できる編地もそれぞれ異なり、編み方も緯編とは全く異なる。織物と同様に整経した糸をビーム（緒巻き）にセットし、整経する。そして手編みの鈎針（かぎばり）で連続した縦方向に編目を作っていくが、これだけでは生地になりにくい。筬（おさ）が左右・前後することでこの縦方向の編目を、横方向に閉じ目（図33）あるいは開き目（図34）を連続しながらからみ合わせて生地にしていく。経編機には主にトリコット（tricot）機、ラッシェル（rashel）機が使われる。

図33. 閉じ目

図34. 開き目

生地は織物と緯編地の中間的な性質をもち、緯編地より保形性に優れている。紡績糸使いの製品もあるがフィラメント糸使いが多く、平滑な薄地を作ることができる。しかし、成型編はできない。したがって、織物と同様、衣料品にするには裁断が必要となる。

① トリコット機による経編
● 基本組織

トリコット機により1枚筬で基本組織を編んでも、ウエール方向に鎖編されるだけで生地にはならない。大半は2枚、3枚、あるいは4枚筬によって経編地の組織が形成され、生地は厚くなる。

ⅰ）シングルデンビー編

3つの基本組織の1つで、シングルトリコット編ともいい、針床が1列のトリコット機で編む。シンプルで非常に薄い編地となる。一般的には裏地や接着用編地として使う。列の経糸に隣接する針の上に交互にかけて編目を作る。編成する最も基本的な組織である。編目には閉じ目と開き目があるが、一般には閉じ目で形成されることが多い。

ⅱ）シングルアトラス編

基本組織の1つで、シングルバンダイク編ともいう。編目を斜め方向にずらし、逆に同じ回数ずらすことでジグザグの縞を作る組織である。通常は開き目で構成され、伸縮性がある。

ⅲ）シングルコード編

基本組織の1つで、2本以上離れた編針（間隔をおく）に経糸をかけて編目を作る組織。やや厚みがあり、伸縮性が低い。通常は閉じ目が多い。

● 変化組織

組織は筬の枚数と動きによって変化する。

ⅰ）ダブルデンビー編

シングルデンビー編を重ねた二重編で、プレーントリコット編ともいう。1本の編針を2枚の筬で経糸2本ずつかけ、これが左右対称的に動き反対向きに編目を作る。ウェール方向がシンカー部分で交錯

して丈夫な生地を形成する。編目が鮮明な縞状に現れた、安定的な編地である。トリコット生地として下着、縫手袋などに使われる。

ⅱ）ダブルアトラス編

ダブルバンダイク編ともいい、シングルアトラス編を重ねた二重編組織である。編地は密で、しっかりとした縞編地を形成する。

ⅲ）チュール編

トリコット機やラッシェル機でも作ることができる小さな六角形の撚成網（からみ合わせて作る）で、メッシュ状のもの。絹や綿で作られていたが、現在はナイロン製のものが多い。

ⅳ）ネット編

網地には、結び合わせた結節網と、からみ合わせて作る撚成網がある。ネットは素材や糸の太さを変えて作られ、種類は多い。衣料用として絹、レーヨン、アセテート、ナイロン、ポリエステル製などがある。

※撚成網は糸の撚りを利用して編む。一方、結節網は糸を結びながらネット状に編む。

② レースラッシェル機とミラニーズ機で編む経編

ⅰ）ラッシェルレース（raschel lace）

ラッシェル機で作られるレースのこと。マーキゼットという方形の編地、またはチュールメッシュ編地を基布として、多枚筬のラッシェル機によって編まれた経編レース。インテリア用カーテン、医療用カーテン、婦人服レース、ショール、下着など婦人物に多く使われている。

ⅱ）ミラニーズ（milanese）

斜め柄を得意とするミラニーズ機で編まれたダイヤ柄やチェックのニット生地。

3 ｜ ニット製品の加工

ニット製品の加工には以下の方法がある。

① 成型編（full fashion）

緯編には、ニット生地を作るのではなく、編成中に編目の増減によって袖、前身頃、後ろ身頃の編地を作り、それらを接合したり、リンキングを施してセーターやカーディガンなどを作る方法がある。これを成型編という。

※無縫製ニット：ニットCADシステムによって無縫製で製品ができる。

② カットソー（cut and sewn）

カットソーとは和製英語で、ニット生地を織物と同様に裁断（cut）、縫製（sewn）して作るニット製品のこと。正式には cut and sewn（cut & sewn）という。最近では多く見られるようになった、流し編や丸編で作られたジャージーなどもカットソー製品である。伸縮性のある糸やニット用特殊ミシンで縫製される。

※流し編：成型編のように編目を増減せず、生地のように編むこと。丸編は緯編の一種で、らせん状に編み進むこと。双方ともカットソーのニット生地を作る。

ファッション造形知識

第4章

ファッションデザイン

1. デザイン画と製品図の理解

1 | ファッションデザイン画と製品図

　ファッションは、人間が安全な環境で生活できていることを前提に、より豊かで楽しい生活をしたいと思うゆとりから生まれる。狭義のファッションは「衣服と装飾品の流行」であるが、広義のファッションは「人間の衣・食・住すべての文化的な生活のスタイル・生活様式」を含む。ファッション＝「流行」は、衣食住など生活行動や、芸能・芸術・広告・思想などが一定の期間に一定の人々の間に普及する社会現象を意味する。

　ファッション＝「流行」、その移り変わりの速さからファッション＝「服飾」とも訳される。デザインは「設計」、または designのスペルから「de（完全な）」「sign（記号）」を意味する。つまり、ファッションデザイン画は、服飾のアイデアをわかりやすく他人に伝える設計図であるといえる。

　ファッションデザインに限らず、デザインには「設計」すべき対象をまず平面に起こして、視覚的に意識できるようにするという作業が伴うが、ファッションデザインでは、

この平面での表現に「ファッションデザイン画」と「製品図」の2種がある。ファッションデザイン画（以下、デザイン画）は「スタイル画」とも呼ばれ、製品図は「アイテム図」「デザイン図」「商品図」「ハンガーイラスト」とも呼ばれる。

　このうち、デザイン画は顔をはじめ人体を衣服の表情を含め全体的に描くもので、衣服のイメージや着装感とともに、素材の質感、柄、ディテール、ときには色も明確に表現されていなければならない。

　一方、製品図は衣服だけを簡潔に表現する線描きの平面図であり、形状とディテール以外は、文字や生地スワッチ等で示すものである。

2 | デザイン画の基本

　デザイン画には、一定の情緒を訴えるという役割と、設計図としての役割の両面が求められる。この後者の要素が純粋絵画と違う点である。

デザイン画では、衣服がもつ雰囲気だけでなく、静止している人体、動きの中での瞬間を捉えた人体のポーズや顔の表情まで、バランス良く描くことがポイントになる。また、時にはアクセサリーまでコーディネートさせなければならない。そのことによって、生産する側に設計図、服づくりのガイドとして納得してもらい、販売あるいは着用する側には商品構成のアイデア、着装プランとして活用してもらうのである。

したがって、デザイン画を描くためには、衣服に関する幅広い知識とファッション感性、そして絵として表現し相手に伝える技能が必要になる。この表現の技能にもう1つプラスされなければならないのが、デザイン画としてのプロポーションの知識である。

3 | デザイン画のプロポーション

デザイン画の人体プロポーションは、成人男女の場合、日本人の平均が7頭身以上になっていることから、8頭身を基本として描かれる。最近では9頭身を基本とすることが増え、それ以上の10頭身で描かれる場合もある。

プロポーションとは、比例、比率、割合を示す。人体を描いていく上で、全身と各部位の比率関係を把握し、目で見て理解しやすい頭身で描くことがデザイン画として重要になる。つまり、基本はあくまでも現実の人間のプロポーションであり、その正確な理解があって初めて美しいデフォルメが描かれる。

人体のもつ美しいカーブを描き出すためには、人間の骨格や筋肉の組織についてもできるだけ深い理解が必要となる。人間は昔から絵画、彫刻、装飾、建築などのために身体計測を繰り返し、理想の身体プロ

ポーションを探し出そうとして数多くの研究を重ねてきた。

また、企業でも人体プロポーションの研究が数多く行われ、「ゴールデンプロポーション」「ビューティフルプロポーション」などと名付けられて発表されている。202頁の図35はその例で、20歳代の日本人女性のゴールデンプロポーションとビューティフルプロポーションである。デザイン画の場合、成人男女は8頭身を基準としている。また、15歳程度は7〜7.5頭身、10歳程度は6〜7頭身、5歳程度は5〜6頭身、1歳程度は4頭身を基準としている（図36）。

4 | デザイン画の目的

デザイン画は、着装した人物であり、アイテムの組み合わせや着こなし、ボリューム感といった全体のバランスが重視される。服の構造を重視した製品図と比べると立体的に表現され、スタイリングやコーディネート、ヘアメイクなどトータル的なイメージを提案するために用いられる。

デザイン画では、シルエット、ディテール、色・素材・柄を伝えることが重要である。

シルエットで全体のボリューム感を伝え、アイテムのゆとりを表現し、ディテールで服の細かい構造や靴・帽子・鞄など小物のデザインを伝える。同じシルエットでもディテールが違えば何万通りものデザインに展開できる。また、服のデザインが同じでも素材や色が変わるだけでかなり印象が変わってくる。

さらに、デザイン画は使用される場面の目的によって役割が変わる。どのようなときに使われるか、その場面を例示すると、次の通りである。

ゴールデンプロポーション		ビューティフルプロポーション	
		年齢別	20 歳代
身長	162cm (7.3 頭身)	身長	162cm (7.1 頭身)
体重	50kg	体重	身長－112 (50kg)
バスト	85cm	バスト	身長×0.515 (83cm)
アンダーバスト	72cm	アンダーバスト	身長×0.432 (70cm)
ウエスト	59cm	ウエスト	身長×0.370 (60cm)
ヒップ	89cm	ヒップ	身長×0.542 (88cm)
ヒップの高さ	81cm (身長の1/2の位置)	ヒップの高さ	身長×0.500 (81cm)
		股下高さ	身長×0.455 (74cm)

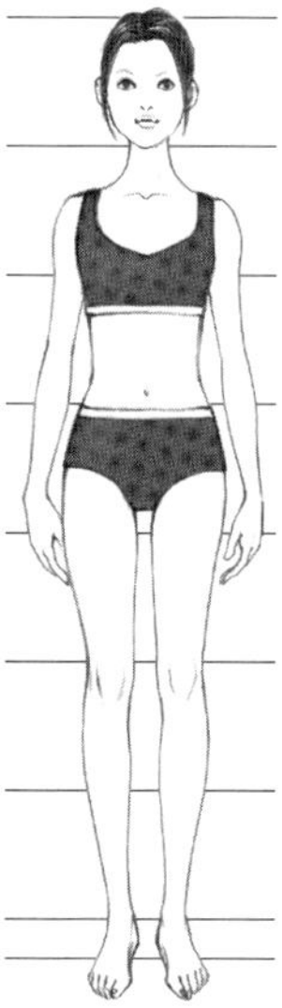

＊カッコ内の数値は 20 代の理想とされる身長
　から換算した各部位の値を示している

図 35. ゴールデンプロポーションとビューティフルプロポーションの一例

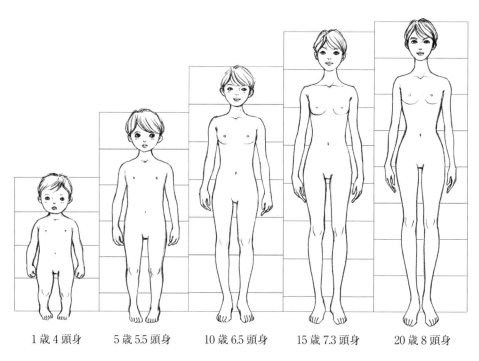

| 1 歳 4 頭身 | 5 歳 5.5 頭身 | 10 歳 6.5 頭身 | 15 歳 7.3 頭身 | 20 歳 8 頭身 |

図 36. エイジ別のプロポーション基準

ⅰ）生産用

　基本デザインの決定、デザイン展開、パターンメーキング等の前段階、サンプルチェック、生産指示書に添えるイメージの伝達など。

ⅱ）販売促進用

　カタログ、広告、ポスター、ＰＯＰ用など。

ⅲ）ファッションショー用

　ショーの企画、衣装合わせ、モデル決定、香盤表作成用など。

ⅳ）舞台や衣裳企画用

ⅴ）ファッションコンテスト用

ⅵ）デザイナーのＰＲツール用

　私たちの生活にかかわる実用的な造作物や空間は、もともとデザインされたものである。そのようなデザインの1つに、アパレルデザインやコスチュームデザインといわれる衣服のデザインがある。

　衣服デザインのヒントは、生活空間の至る所にある。過去の美術品の鑑賞からデザインのインスピレーションを受けることもあるし、ストリートファッションの動向や人々の着こなしの変化を観察していて、次のシーズンで流行るものをデザインする、または前述の目的に応じてデザインすることもある。

　デザインは、シルエットやディテールだけでなく、素材の選択から色決め、加工の仕方や縫製方法の選択など、完成するまでの過程すべてに責任がある。一般的にアパレル商品は、生産に先立ちサンプルが作られるが、その段階でさらにバランスやプロポーション、色や縫製、さらに着やすさ・動きやすさ等をチェックし、修正を行う。

　最終的に生産されるまでのすべての工程がデザインにとって重要であり、その意味でデザイン活動には感性と知性の融合が必要となる。ファッションビジネスにおいて売れる商品のデザインには機能性を備えた美

しさが求められる。

5 ｜ 製品図とその活用

　製品図は「アイテム図」「カチン画」「平面図」「平絵」「デザイン図」「ハンガーイラスト」とも呼ばれ、衣服のみを描いた絵のことである。平面的に直線と曲線で服だけが1点ずつ描かれ、人体に着装させた形で描くわけではないので、余分なしわや陰影をつけず、着丈（長さ）、幅（ゆとり）のバランスを描き分けること、ディテールをわかりやすくバランス良く描くことが求められる。

　人物に服を着せて全身のイメージを表現したデザイン画に比べると、平面的で、服の構造や形を細かく丁寧に表現していることが特徴である。製品図は、誰が見ても具体的に服のデザインが理解できるため、縫製仕様書やカタログ、商品リストやデザインマップなどに使用され、デザイナーやパターンメーカー、縫製工場、プレスなど、アパレルメーカーの各職種をつなぐ大事な役割を担っている。

　製品図は、ハンガーに吊った状態を描く「ハンガーイラスト」（図37）と、平面に置いた状態を描く「平絵」（図38、204頁）に大別される。ハンガーイラストが一般的で、縫製仕様書からデザイン画のバックスタイルまで幅広く使われている。

図37. ハンガーイラスト

図 38. 平絵

平絵はパッドの入っていないトップスの袖を展開し、袖のデザインやディテールをアピールするときに使われる。

製品図は、CGで作業する機会が増え、PCを使用することにより効率良く効果的に表現することができるようになった。さらに、デザイン画よりも手早く表現できるので、ファッションビジネスでは広く活用されており、応用範囲が広い。描き慣れれば、街を歩いている人の服、店舗で新鮮さを感じた商品等を製品図のかたちにスケッチしたり、お客様や取引先小売企業が要望するものを目の前で描いて確認したりすることが可能になる。また、商品カタログに使われているアイテムの製品図を読解できれば、アイテムのデザインポイントを読み取り、商品を薦めることができる。

製品図は、デザイナーやファッションイラストレーターを志望する人たちだけでなく、アパレルMD、アパレル営業、FA（ファッションアドバイザー）を目指す人たちも、ファッションビジネスで活躍するための武器として、ぜひ描き慣れておいてほしい。

6 | コンピュータによるデザイン画

昨今では、デザイン画制作にコンピュータの利用が増えている。デザイン画をコンピュータで描く場合、主に2つのソフトウエアが使用されている。

1つは、線描きした絵をスキャナーで読み込み、ペイント系の作業をするソフトウエア「Photoshop」である。マウスやペンタブレットを利用して、手で描くのと同じように筆や鉛筆、エアブラシのタッチで表現する。また、写真を加工してはめ込んだり、色の変換も簡単にできるので、さまざまなバリエーションを作成できる。

もう1つは、ドロー系ソフトウエアの「Illustrator」である。同じくマウスやペンタブレットを使ってデザイン画を描き、そこにカラートーンをはめるような要領で仕上げる。均一な線で仕上がるので、製品図の表現に適している。また、さまざまなタイプのシルエットや衿、ポケットのデザインバリエーションを描き、それらを組み合わせることによりデザイン展開や企画書の作成、工場への縫製仕様書の作成に役立っている。

2. デザインと機能

1 | 衣服の機能

衣服の起源には「環境適応説」「装飾説」「羞恥説」など諸説あるが、現代人にとっての衣服の機能は大きく分けて3つある。

① 人体保護機能
② 社会的・心理的機能

③　生活活動補助機能

　1つめの「人体保護機能」は、自然環境から人体を保護する気候調節機能及び外界からの物理的な障害などから人体を保護する防護的機能に分類できる。

　2つめの「社会的・心理的機能」は、人間関係や社会的環境に適応するための心理的な面での衣服機能と、着用している衣服によって性別・年齢・職業・地位などを表示したり、認識したりする識別の機能、人間の本質的な美的要求に基づく装飾を衣服によって満足させる機能に分けることができる。

　また、容儀上の機能として、社会的に容認されている儀礼や慣習などに応じた適切な衣服を着装することによって、個人の意思や感情を伝達する機能がある。時間（Time）と場所（Place）と着用目的（Occasion）、いわゆるＴＰＯは「時と場所、場合に応じた方法・態度・服装等の使い分け」を意味する。その服装規定をドレスコードと呼び、この概念は「ＶＡＮ」創始者の石津謙介氏によるといわれている。ファッションデザインは、時代そのものを表現し、伝統を包含しながら多様化した機能である。

　3つめの「生活活動補助機能」は、衣服は人体に最も近い環境と捉えている。衣服にはファッション性、装飾性とともに快適性、機能性が重要であり、着用することで物理的・生理的に生活活動を補助する機能が求められる。

2 ｜ アパレルに求められる機能

　アパレルにおけるデザインとは、人々がアパレルに対して要求する商品を考案することである。人々が多くの商品の中から選び、購入し、着用してくれるのは、それが自分の欲求を満たしてくれる商品だからである。消費者がアパレルに求める機能は、大きく「装飾性」と「実用性」の2つに分けられる。

　装飾性とは、前述の社会的・心理的機能にあたる。おしゃれをしたい、美しく見せたい、異性に好かれたいといった欲求である。

　実用性とは、人体保護機能と生活活動補助機能にあたり、寒さや雨、怪我から身を守るといった機能のほか、動きやすさ、着脱しやすさ、扱いやすさ、さらには買いやすさまで含む。

　これら2つの機能が求められるのは当然だが、さまざまな場で着用できる、飽きがこない、シンプルであるといった機能も同時に求められているのが、今日のアパレルの特徴であり、それを満たすことがデザインの1つの目的にもなっている。

3 ｜ 服種や着装方法によって異なる機能

　デザインにとって装飾性と実用性は、ともに重要である。しかし、その配分は服種や着装方法によって異なる。ネクタイは、起源となっている戦地で無事を祈るお守りから装飾的なものへと変化した。アイテムとして求められる機能は、結びやすさ以外はほとんど装飾性、つまり色や柄が優先されている。下着、パジャマ、シャツ、ベスト、上着、コート類、あるいはスカートやパンツといったボトムなども、それぞれの服種に応じて重視される機能が大きく異なる。

　例えば、身体に一番近い最内層に着用するインナーウェア、下着は、肌に接したときの心地よさや清潔さといった触覚的・生理的な機能や動きやすさ、着やすさが求められ、構造上の機能性や素材の性能が必要とされる。

シャツも下着と同様のことがいえるが、人の目につくという点では、下着よりも装飾的な機能が求められる。下着もシャツも着用頻度が高く、身体に接する面積が大きいため、洗濯に対する機能性も求められる。つまり、洗濯しやすい素材であること、乾きやすくしわになりにくいなどで、こうした実用的な機能は商品としてのセールスポイントにもなっている。

アウターウェア、外衣、上着、表衣などの最外層の衣服の場合は、最も外側に着るため、他人の目にも外気にも触れることから、装飾性の面でも実用性の面でも多くの機能が求められる。

ジャケットやベストなど上半身を覆う「トップス」とスカートやパンツなど下半身を覆う「ボトムス」では、求められる機能が異なる。いずれもその衣類に求められる基本的な機能によって形、素材、サイズ、全体のボリュームが検討されることになる。

近年は、衣服の着装方法はさまざまであり、重ね着（レイヤードルック）などのコーディネートや、1つのアイテムであっても衣服を数枚重ねたデザインになっていたり、多くの素材が組み合わされていたりと多岐にわたる。デザインや素材によって付与される機能も異なる。

4 ｜ 部位によって異なる機能

頭部、頸部（首）、躯幹部（ボディ）、腕部、脚部、手、足といった人間の部位によっても、アパレルに求められる装飾性と実用性の機能は異なる。例えば、頭や肩、ウエスト部分は基本的に身体にフィットしている必要がある。また、衿の多くは装飾的であるが、防寒の目的では形態がかなり決まってくる。

しかし、アパレルは着用して無理なく動けることが心地よさであり、それが最も基本的かつ重要な機能である。

その意味で、人体の動きに合わせることが重要であり、アパレルの構造上、ボディと袖の関係は極めて大切で、しかも非常に難しい部分でもある。実際、実用的にも装飾的にも多彩なスタイルがあり、ラグランコート、ドルマンセーターなど袖の名称がスタイル全体を表現することがある。

5 ｜ 生活行動と実用機能

「いつ」「何のために」「どこで着るのか」「何をするのか」などによって、装飾性、実用性ともに求められる機能が異なる。

表10のように、生活行動の目的によって種々のアパレルが着用される。生活の中で求められる実用的な機能とは、誰にとってもわかりやすく、目的に合わせて作られる。アパレルの場合、実用的な機能を追求したものとしては、アウトドアや登山や海水浴用の衣服などのほか、競技スポーツ用の衣服がある。日常的に用いられるものではレインコートなどがその代表である。

一般に実用機能を優先したアパレルは、「何をするために」という目的が明快なものが多い。「生活・活動」「就寝」「社交・儀礼」「特殊作業」の目的に合わせて衣服は着用される。例えば「生活・活動」用には、通勤するためのビジネスウェアや通学するためのスクールウェア、仕事の内容に対応したワーキングウェアがある。「就寝」するためにはパジャマなどの寝衣、「社交・儀礼」用には婚礼衣装のウェディングドレスや参列者の礼服、喪服などがある。さらに、「特殊作業」用は、厳しい冬山の寒さの中で頂上に登るためや海上での漁労作業、あるいは

熱風の中での作業など特殊な環境下での作業に対応した衣服である。

　これらの行動については、目的を果たすための道具を携帯する場合もある。気象の急激な変化などの危険から身を護るため道具を携帯したり、作業や競技を楽にしたりするためなどその目的に沿った多様な機能が求められることになる。

表10. 着用用途・目的による分類

用途・目的	服種
シティ、ビジネス 通勤・通学・外出時の服装	タウンウェア
	カレッジウェア （スクールウェア）
	ビジネスウェア
	ユニフォーム
レジャー 余暇時間などの服装	トラベルウェア
	ハイキングウェア
	サイクリングウェア
	ビーチウェア
	フィッシングウェア
スポーツ 競技をするための服装	テニスウェア
	スキーウェア
	ゴルフウェア
	スイムウェア
	ライディングウェア
家庭 プライベートな時間を過ごすための服装	ラウンジウェア
	ホームウェア
	ナイトウェア
社交・儀礼 ＴＰＯをわきまえた服装	フォーマルウェア （礼服）
	フォーマルウェア （社交服）
	フォーマルウェア （改まった外出）
防雨	レインウェア
その他	マタニティウェア
	障害者用ウェア
	特殊防護服
	特殊環境服
	舞台衣裳

6 多機能型、複合機能型

　機能とは、欲求を満たす働きであり、いくつもの欲求を満たそうとすると多機能型、複合機能型になる。

　例えば、登山服は雨や風や雪などを防ぎ、保温効果を高めるといった機能に加え、危険防止のために遠くからよく見えることも機能の1つとして重要になる。また、戦闘服は丈夫であることに加えて、相手から見えないことも重要になる。さまざまな状況下で、こうした多機能型衣服、複合機能型衣服が求められているのも、近年のデザインの大きな特徴である。

　さらに、それらの機能をセールスポイントとして販売されている商品も増えている。運動機能の向上、筋肉や関節への負荷の緩和、疲労軽減・回復などの機能をもち、伸縮性の高い生地によって着用時に身体に着圧をかけることで、身体のサポートをする「コンプレッションウェア」や、「吸水速乾・調湿」「接触冷感」など冷房だけに頼らずに夏を快適に過ごすための工夫などが、従来にも増して求められている。日本の化学繊維メーカーは多くの機能素材を開発し、夏季の快適性を高めるものでは汗対策を中心に、機能を1つに絞り込むのではなく、紫外線カットや消臭効果などを加えて、複数の機能を訴求する素材や商品を増やしている。

　一方、「保温・発熱（吸湿・遠赤外線放射）」など、冬季の快適性を高める発熱素材も多数開発され、インナー素材として多くの商品に使用されている。近年注目を集めている吸湿発熱素材は、繊維自身が熱を発して体を暖める。最近では発熱機能だけでなく、柔らかな風合いや吸水速乾などの別の特長を付与して、快適性をさらに高めた素材が人気を集めている。衣服内の蒸れを

抑える機能や、繊維が太陽光を吸収して熱に変換し、衣服内を暖める「蓄熱保温」の機能などを付与した素材も開発されている。

これらの機能に加えて「消臭」「抗菌」「制菌」が付加された商品が増えている。匂いのもとになる菌の増殖を防ぐ目的で付与される機能である。抗菌加工は主に臭いに対する抑制技術で、嫌な臭いが発生しない程度に菌の増殖を抑える。これに対して制菌加工は、繊維などに付着してしまった菌の増殖を防ぐ。

デザインだけではなく、素材の機能に付加価値を付けた商品も求められている。

7 | 性能と機能

機能に類似した言葉に性能がある。両者はしばしば混同して使われるが、性能とはさまざまな欲求を満たす働きの能力（程度）を指す言葉である。「雨を防ぐ機能」という場合、どの程度防ぐ能力があるかを表すのが性能である。車には走る機能があるが、どの程度速く、あるいはどの程度多くの人や物を運べるかが性能になる。

実用型のアパレルの場合は、単に機能だけではなく、この性能も同時に求められることが多い。例えば、スピードスケートやスキーのような競技ウェアの場合、空気抵抗を防ぐといったことも、性能の分野に属する。

したがって、現代にあっては、実用的な機能や性能の衣服を、科学的な裏づけなく、単にイメージだけでデザインすることは不可能である。特に性能は素材によるところが大きいため、素材に付与された機能を活かした商品企画をすることが今日的なデザインのあり方の1つになっている。

---

3. 色彩基礎知識

1 | 色の特性

ファッション生活者は、商品やスタイルを、色の違いによって判断することが多い。また色は、美しい・醜い、ふさわしい・ふさわしくない、心地よい・不愉快、といったように、物の美しさや快適性を左右する力をもっている。ファッションビジネスでは、このような色の働きを活用することで、商品の企画・生産・販売などの各業務を有効に進めることができる。

色が見えるには、次の3つの条件が必要である。

① 光があること
② 眼が働いていること
③ 見るべき対象物があること

光は物理的エネルギーの一種で、照明を消すと色が見えなくなるように、色が見えるには光の存在が不可欠である。人は光のエネルギーを眼で感じて、その情報を大脳に送っている。しかし、照明光と眼が一定の条件であったとしても、対象物の特性（赤い布と青い布の違いなど）によって、違う色に見える。色が同じに見えるのは、①光、②眼、③対象物の3つが一定の場合である。

2 | 色を表示する方法

色を表示するには、次のような方法がある。

① 色票による表し方（マンセルシステムなど）
② 色彩調和を目的とした方式（PCCS、オストワルト体系など）
③ 色名方式（JIS色名、PCCS系統色名など）
④ 数値による光の表し方（XYZ表色系など）
⑤ 特定目的のために作られた体系（パントン、DICなどの色見本帳、カラーコード、企業の商品コードなど）

● 色票による表し方のうち、マンセルシステムは、色相（HUE）・明度（VALUE）・彩度（CHROMA）の三属性により表記され、現在、JISにも採用されている。
● 色彩調和を目的とした方式のうち、PCCS（日本色研配色体系）は日本色彩研究所が開発した体系で、三属性のほか、トーン体系、系統色名体系を網羅している。
● 色名には、アイボリーやネイビーブルーといった事物や事象の名称を借りて個々に付けられた慣用色名（または固有色名）と、色立体を分割して体系づけられた系統色名がある。

3 | 色の三属性

色を知覚する3要素を取り出すと、色相・明度・彩度になり、これを色の三属性という。

色相とは、赤み、黄み、青みなどの色合いのことをいい、これを循環させると色相環になる（図39、213頁）。色相分類は、マンセル、PCCS、オストワルトによって異なるが、本書で解説するマンセルシステム（JIS）では、R（赤）、Y（黄）、G（緑）、B（青）、

P（紫）の主要5色相を選び、それぞれの補色色相であるBG（青緑）、PB（青紫）、RP（赤紫）、YR（黄赤）、GY（黄緑）を加えて、10区分にしている。

補色とは、色相環で180度の関係にある色をいう。マンセルシステムにおける補色は、混色した結果が無彩色となる物理補色である。それに対して、色の1点を凝視した後、視点を移動したときに残像として感じられる補色を心理補色といい、PCCSの色相環ではこれを採用している。

明度とは、色の明るさの度合いをいう。マンセルシステムでは、黒～グレイ～白の系列を感覚的に等しく分割して、理想的な黒を0、理想的な白を10としている（ただし、色票で表せる範囲は1～9.5）（図40、213頁）。

彩度とは、色のさえ方の度合いをいい、無彩色を起点に色みの強さ（鮮やかさ）によって尺度化されている（図40）。また、黒～グレイ～白を無彩色、色みのある色を有彩色といい、同一色相で最もさえた色、つまり最も彩度の高い色を純色という。

マンセルシステムでは、色を色相・明度・彩度の三属性で、例えば5R 6/4（5アール6の4と読む）と表示し、無彩色の場合はNeutralのNを用いて、N3（エヌの3）と表示する。

色立体とは、色相・明度・彩度が3つの座標で系統的に組み立てられた模型をいう。色立体では、中心軸に白を頂点とする無彩色を段階的に配列し、周囲に色相環を配列して、外側の純色に向けて彩度順に配列されている（図41、214頁）。

4 | トーン

明度と彩度をあわせもった概念がトーン（色調、明彩調）であり、デザイン分野で

広く使われている。その理由は、色相が異なっても、トーンが同じなら共通イメージがあり、カラーコンセプトの設定や配色計画に適しているからである。トーンは「ビビッド」のようにそれぞれのイメージに対応した形容詞で呼ばれる（図42、214頁）。

有彩色のトーンは、清色と濁色に大別できる。清色とは、純色に白（明清色）または黒（暗清色）を加えた場合をいい、濁色とは純色に白と黒の両方を加えた場合をいう。

なおトーン分類は、各種カラーコードでも使用目的に応じて独自に設定されている。

5 ｜ 色名

慣用色名とは、ある時代に人々に慣用され、定着した色名で、日常生活で色のイメージを区別するために使用される。ＪＩＳには和色名、洋色名、合わせて269色が採録されている（本書では紙面の都合で解説していないが、ビジネスの現場では慣用色名で会話がされることも多いため、色彩のテキストで学習しておいてほしい）。

系統色名は、基本色名に修飾語を加えて表される。例えば、「ローズピンク」という慣用色名は、ＪＩＳでは「明るい紫みの赤」と呼ばれるが、これは基本色名である「赤」に明度と彩度に関する修飾語である「明るい」と、色相に関する修飾語である「紫みの」を付けた色名である。

　ⅰ）基本色名……赤、黄赤、黄、黄緑、緑、青緑、青、青紫、紫、赤紫、白、灰色、黒

　ⅱ）明度・彩度の修飾語……ごくうすい、明るい灰みの、灰みの、暗い灰みの、ごく暗い灰みの、うすい、やわらか

い、くすんだ、暗い、明るい、つよい、こい、あざやかな

　ⅲ）色相の修飾語……赤みの、黄みの、緑みの、青みの、紫みの

6 ｜ 三原色、混色

色がいくつか合わさると新しい色が生まれるが、それを混色という。しかし、色には、他の色と混合しても得られない独立した色があり、これを原色という。原色には、物理的に三原色があり、色料（顔料、染料）と色光によって色相は異なる。

色料の三原色は、印刷インクに用いられるマゼンタ（M）、イエロー（Y）、シアン（C）の3色である。色料は、色を混ぜるにしたがって暗く濁っていき、混色するごとに光が減算されていく。これを減法混色という（図43、214頁）。

色光の三原色は、青（ブルー／B）、緑（グリーン／G）、赤（レッド／R）の3色である。色光は、重なるにつれて明るくなり、明るさが加算されていく。これを加法混色という。テレビ画面は、この色光の三原色の組み合わせで表現されている（図44、214頁）。

加法混色の一種で、明るさが平均して保たれ、一見2色のちょうど中間の色になる混色を中間混色という。中間混色には、継時混色と並置混色がある。継時混色とは、2色に塗り分けられた円盤を毎秒30回転以上したときに得られる混色である。また並置混色とは、色点を細かく並置することで、一定の距離以上から眺めたときに得られる混色で、スーラーの絵画や、織物のシャンブレー、カラー網版印刷などに見られる。

7 | 配色

　配色とは、特定の目的を達成するために、対象物に複数の色を配すること、言い換えれば「色の組み合わせ」のことである。

　配色の基本は、「変化と統一のバランスがとれていること」にある。「変化」とは、色相や明度などが異なっていることで、このタイプの配色を対照系の配色（コントラスト配色）という。また「統一」とは、色相や明度などが同じか近いことで、このタイプの配色を類似系の配色（アナロジー）という。

　配色には、色相差、明度差、彩度差、トーン差による配色があり、それぞれに同一のもの同士、類似するもの同士、中差のもの同士、対照的なもの同士の配色がある。色相とトーンを例にとると、次図のようになる。

● 色相差による配色

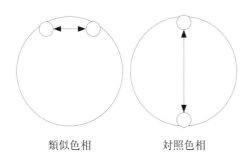

類似色相　　　　　対照色相

● トーン差による配色

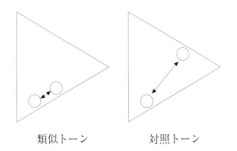

類似トーン　　　対照トーン

① 配色用語
● モノクローム配色
　モノトーンとも呼ばれ、単色の濃淡のみによる配色で、質感や表面効果が活かされる。
● 補色配色
　色相環上で180度の関係にある2色配色。
● トーンオントーン配色
　同系色濃淡といわれる配色で、同一（または類似）色相で統一を図り、トーンで変化をつける配色。
● トーンイントーン配色
　同一トーンで統一を図り、色相で変化をつける配色。
● トーナル配色
　トーンイントーン配色のうち、濁色（ダルトーン、グレイッシュトーンなど）を用いた配色。
● カマイユ配色
　「カマイユ」とは単一色のいくつかの色調変化で描く単彩画法のこと。色彩の世界では、色相、明度、彩度とも微妙な差しかない色同士の組み合わせをカマイユ配色という。
● フォカマイユ配色
　フランス語の「フォ」には「見せかけの」「不正確な」といった意味があり、フォカマイユ配色とは、カマイユ配色よりややずれを感じさせる色みになっている配色をいう。

② トーンを表す用語
● 高明度低彩度領域の用語
　パウダー調、シャーベット調、パステル調など。
● 中明度低彩度領域の用語
　フレスコ調、ナチュラル調、スモーキー調など。

●低明度低彩度領域の用語
　リッチカラー、フォークロア調など。
●高彩度領域の用語
　トロピカル調、サイケ調など。

8 ｜ 色の心理的効果

① 色の三属性がもたらす心理的効果
　色の心理的効果は、色相・明度・彩度と関係が深い。

ⅰ）色相
　色相環における赤・オレンジ・黄の暖色色相は暖かく感じ、青・青紫の寒色色相は冷たく感じる。

ⅱ）明度
　明度は明暗の度合いであるため、高くなるほど明るく感じ、低くなるほど暗く感じるが、それ以外に軽・重感、硬・軟感の心理的効果もある。明度の高い色は軽く感じ、明度の低い色は重く感じる。また、明度の高い色は軟らかさを感じ、明度の低い色は硬さを感じる。

ⅲ）彩度
　彩度には、清・濁感のほかに、派手・地味感の心理的効果がある。彩度が高くなるほど派手で華やかに感じ、低くなるほど地味に感じて目立たない。

② 色の進出・後退効果
　ある色は飛び出て見え、ある色は引っ込んで見える。飛び出て見えることを色の進出効果といい、一般に暖色は進出効果がある。逆に引っ込んで見えることを色の後退効果といい、寒色は後退効果がある。また、周りの色や背景の色との明度差が大きいほど、進出して見える。例えば、黒の背景のもとで黄色を見ると、飛び出して見える。

③ 色の膨張・収縮効果
　ある色は膨らんで見え、ある色は縮んで見える。膨らんで見えることを色の膨張効果といい、明るい色は大きく見える。逆に縮んで見えることを色の収縮効果といい、暗い色は収縮効果がある。例えば、同じ大きさの円を、黒字に白く描いた場合と、白地に黒く描いた場合を比較すると、黒字に白く描いた場合のほうが、円が大きく見える。

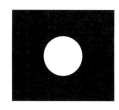

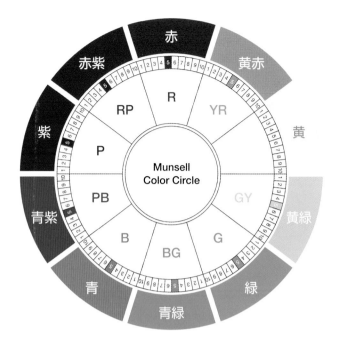

図39. 色相環（マンセルシステム）「ファッション販売3」より引用

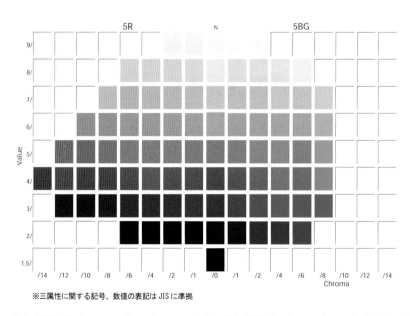

※三属性に関する記号、数値の表記はJISに準拠

図40. 等色相断面図（マンセル値5Rと5BGの色相の等色相断面）「ファッション色彩Ⅰ」より引用

図41. 色立体（日本色彩株式会社）

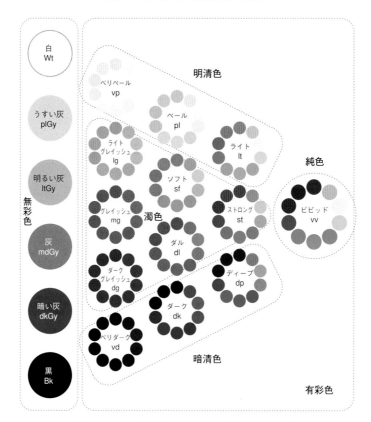

図42. トーン分類 「ファッション色彩Ⅰ」より引用

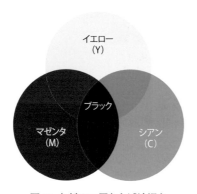

図43. 色料の三原色と減法混色

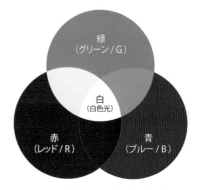

図44. 色光の三原色と加法混色

図43. 44.「ファッション色彩Ⅰ」より引用

4. 柄の知識

1 ┃ 柄の知識

柄を表現する染色の方法は、繊維や糸の状態で染色する「先染（さきぞめ）」と、生地になってから染める捺染（なっせん）（プリント）などの「後染（あとぞめ）」に大別される。染色の視点で柄を捉えることで、製造工程はもとより、生地の性能や特徴を一層理解することができる。

柄は「織柄」「プリント柄」「ニット・編柄」に分類でき、生地（織、編）の構造と染色方法により、特徴をもった柄がある。

2 ┃ 先染

異なる色を混ぜて繊維を染色することで複雑な多色糸にしたり、あらかじめ糸を染めて配列して整経し、織ることで、先染織物として柄を表現することができる。

① 織柄

シンプルな織柄としてストライプが挙げられる。

●ストライプ（stripe）

日本ではストライプというと縦縞を指すことが多い。縞の幅や本数などによって呼び分けられている。横縞はそのまま使うか、ホリゾンタルストライプともいう。

　i）シングルストライプ（single stripe）
　　1本の細い線が等間隔に配列されているシンプルなストライプ。
　ii）ピンストライプ（pin stripe）
　　ピンヘッドストライプともいう。ボーリングのピンが並んでいる様子を上から見たようなストライプ。
　iii）チョークストライプ（chalk stripe）
　　黒板にチョークで線を引いたような、かすれた表情のストライプ。
　iv）ペンシルストライプ（pencile stripe）
　　鉛筆で線を引いたようなストライプ。
　v）ロンドンストライプ（London stripe）
　　5mm幅程度の等間隔のストライプ。
　vi）ブロックストライプ（block stripe）
　　ロンドンストライプより幅が広いストライプ。
　vii）ダブルストライプ（double stripe）
　　ストライプ線が2本あるもの。

〈織組織で作るストライプ〉
　i）ダイアゴナルストライプ（diagonal stripe）
　　フランス綾などのように幅の広い斜め線で構成したストライプ。
　ii）サッカーストライプ（sucker stripe）、サテンストライプ（satin stripe）、ヘリンボーンストライプ（herringbone stripe）など
　　同一組織の方向違いや別組織との組み合わせで構成するストライプ。

〈その他〉
先染の子持ち縞（異なる幅）、鰹縞（かつお）（異なる色）、滝縞（異なる幅と色）など多種多様な日本のストライプがある。

ピンストライプ

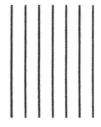

ペンシルストライプ

ロンドンストライプ

ブロックストライプ

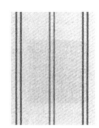

ダブルストライプ

● チェック（check）

　縦縞と横縞が重なって構成される柄で、格子柄ともいう。多種多様な格子柄がある。

〈綿先染織物〉

　ⅰ）ギンガムチェック（gingham check）
　　同幅の白糸と色糸の2色使い（5mm幅程度）で平織した格子柄の綿織物。幼児服やレディスのブラウス、シャツ地によく用いられる。最近では多色ギンガムもあり、どちらもポピュラーでカジュアルな衣料品やインテリア用品に使われている。

　ⅱ）マドラスチェック（madras check）
　　インドのマドラスが発祥地とされる平織の綿織物。もともとは草木染であっ

ギンガムチェック

マドラスチェック

たため、色彩が素朴で優しい感じのものが多い。

〈ウール先染織物〉

　ⅰ）ウインドーペーン（window pane）
　　ウールの斜文織で窓枠をイメージして作られた細いラインの格子柄。

　ⅱ）千鳥格子（hound's tooth check）
　　別々の2色の糸を各4本ずつ交互に配列し、両面斜文織で織布すると千鳥のような柄が現れることから名付けられた。海外ではこれが犬の牙のように見えたことから、英名が付けられた。毛織物のカジュアルウェアやゴルフなどのスポーツウェアで用いられる親しみのある生地である。

　ⅲ）シェパードチェック（shepherd's check）
　　羊飼いのチェック柄の意。白色と黒色の太めのラインで構成され、千鳥格子のように足が出ないシンプルな格子柄。

　ⅳ）グレンチェック（glen check）
　　glen は谷間の意で、スコットランドのグレナカート（谷間）で最初に織られ、

グレナカートチェックと呼ばれ、略された。経糸・緯糸ともに2本交互、4本交互に同配列し、両面斜文織で織った伝統的な格子柄の先染毛織物である。

v）ガンクラブチェック（gun-club check）
シェパードチェックの白黒の2色の格子柄に対して、このチェック柄は白、あるいは茶系2色、黒色の3色の格子柄である。1874年にアメリカのガンクラブ（狩猟クラブ）のユニフォームに採用されたことが名称の由来。

vi）タータンチェック（tartan check）
スコットランドの由緒ある氏族（clan=氏族、一門）ごとにある家紋的なタータンがもとになっている。現在ではファッション性豊かに多様なタータンチェックが生まれ、カジュアルジャケットや高校生の制服、ユニフォームなどに多く採用されている。赤、緑、青、黄などの濃色が多く使われていたが、現在は多くの色が使われ、ウール梳毛糸（そもうし）の先染織物が両面斜文織で織られている。

vii）タッターソールチェック（tattersall check）
明るい生成糸に細い赤、黒を配列した格子柄。タッターソールとはロンドンの馬市場の名前で、その創設者リチャード・タッターソールにちなむ。そこで馬にかける毛布の柄として使われていた。現在ではいろいろな配色があるが、白地に2色線が交互に配列された単純な格子柄のこと。

viii）絣
先染に分類される染色技法。インド、インドネシアの民族衣装に使われる生地でもある。織る前の経糸や緯糸、あるいは経・緯糸ともにデザイン通りの別糸でくくり、防染することで柄を仕込み、織りながら柄を形成していく。日本では着物などの和装品、民族調を意識した直線裁ちのコート、ワンピース、ブラウスなどにも使用されている個性的で伝統的な技法による生地である。

ウインドーペーン

千鳥格子

シェパードチェック

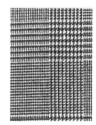
グレンチェック

ガンクラブチェック

タータンチェック

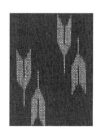
絣

3 | 後染

① プリント（捺染）

プリントにはシルクスクリーン捺染、ロール捺染、型を使って捺染する型染などがある。どの方法も柄の色数分の「版」が必要となり、色を染め重ねることによって原画（デザイン）通りに仕上げる。この方法による柄はシルクスクリーンの版の大きさやロール捺染の円周の長さ、型紙の大きさに柄のリピートが制約される。

現在ではCGで描いた柄をすぐに自由にプリントできるインクジェットプリントが台頭してきている。インクジェットプリントは4万色以上をノズルから噴射してコピーと同じように染色していくので、リピートの大きさ、長さに制約されない。柄を構成する模様は多種多様で、そのサイズ、組み合わせは無限にある。

ⅰ）プリント柄

柄の分類方法は多種ある。例えば具象柄、抽象柄、幾何学柄などに大別できる。またシンプルなドット（水玉模様）柄、植物柄、動物柄もあれば、海や山、波、雲、雨などの自然をモチーフとした柄、民族柄や地域に特有の柄、芸術の潮流から生まれた柄（アールヌーボーやアールデコなど）もある。生産にあたっては、用途や捺染方法の制約、コストなどが関係する。多種多様な要素、条件設定によって多くのプリント柄が製品化されている。

ⅱ）ドット柄

ドットは点の意味で、織柄もあるが、一般的にはプリント柄が圧倒的に多い。水玉模様としても知られた模様である。ドットは小さいサイズからコインドットと呼ばれる直径1.5cm程度のもの、さ

らに大きいサイズのものもある。1色使いのドットもあれば、カラフルな多色のドットもある。

ⅲ）具象柄

花、動物、人物、風景、車、飛行機などの乗り物、テーブル・椅子などのインテリアなど身近なものをモチーフとした柄。

ⅳ）花柄

花柄には小花から存在感を示す大きな花、リースのような飾り花、花びらを散らしたようなデザインなどさまざまある。花をモチーフとして自在に表現され、ブラウス、ワンピース、スカーフ、ハンカチなど主に婦人用衣料品に使われている。

ⅴ）アニマル柄

よく知られているヒョウ柄やゼブラ柄など動物の表皮柄をモチーフにした柄のこと。

ⅵ）抽象柄

具象柄に対して抽象柄という。事物をそのままの形で図柄として使うのではなく、形を崩したり、左右非対称にしたりして表現した柄のこと。

ⅶ）幾何学模様

三角や四角などの矩形（くけい）を組み合わせたりする直線的な柄や、円などの図形的な柄を組み合わせた模様のこと。

ⅷ）アフリカ柄

アフリカ地域の特徴ある模様を模した柄。

ⅸ）ペイズリー

インドのカシミールショールに見られる伝統模様であったが、18世紀初めにスコットランドのペイズリー市に移入されたことをきっかけに多様なデザインが生まれ、広まった。原形はカシミール地方にある。

ｘ）更紗

　インドネシアのジャワ更紗やインド更紗が日本に入ってきて和更紗となった。更紗はインドの発祥とされ、世界各地に広まり、地域独自の進化を遂げた。

ｘｉ）絞り

　日本では特に和装品に用いられている。縫い絞、板締め絞、織絞などがあり、精緻な柄やプリミティブな柄が表現されている。絞ることで防染して柄を生む。

② 柄の配置

　柄の配置とは、柄を単体で存在させるのではなく、構図として構成することをいう。次のような柄の配置がある。

ｉ）パネル柄

　スカーフやハンカチなどの四角布の輪郭線に沿って額縁のようにプリントした柄。

ⅱ）ボーダー

　スカートやブラウスの裾に入った横方向の柄。横縞もあるが、花柄や幾何学模様が横方向にプリントされているものもある。

ⅲ）ワンウェイ、ツーウェイ

　生地の柄のリピートとその方向。一方向で捺染するワンウェイ（one way）と、両方向の向きで捺染するツーウェイ（two way）がある。ワンウェイは柄の方向性が強調されるので、用途によっては適さない場合もある。衣料用生地はツーウェイが裁断しやすい。

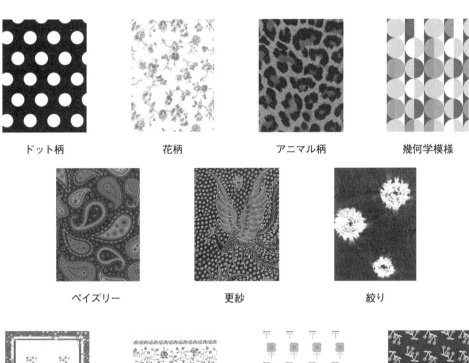

ドット柄　　　　　花柄　　　　　アニマル柄　　　　幾何学模様

ペイズリー　　　　更紗　　　　　絞り

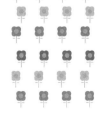

パネル柄　　　　ボーダー　　　　ワンウェイ　　　　ツーウェイ

4 │ 織柄（特殊装置）

ⅰ）ドビー柄

ドビー装置で織られた織柄のこと。ドビー装置は、綜絖32本程度で構成される小さな柄の繰り返しを得意とする。

ⅱ）ジャカード柄

ジャカード装置によって表現される模様柄。現在はコンピュータジャカード機によって、具象柄、抽象柄ともに織柄として表現できる。

5 │ ニット柄

ⅰ）リブ

ゴム編のこと。目数によって幅を変える

ことができ、そのラインの太さによって柄を出す。1目ゴム編、2目ゴム編など。

ⅱ）縄編

ケーブ編ともいい、ニットの移し目技法によってできる。複数の目移しを左右にクロスして作り、縄で編んだような柄になる。

ⅲ）アーガイル

緯編のインターシャやニットジャカード機で編まれるダイヤ型の連続した柄。セーターや靴下によく用いられる。

ⅳ）編レース

緯編変化組織の寄せ（編目を左右の編目に重ねることで穴の開いた組織）によってシンプルなレース調の柄を表現したり、ダイヤ型に寄せた編レース柄。

ドビー柄

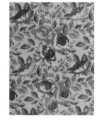

ジャカード柄

リブ

縄編

アーガイル

編レース

第5章

ファッション・エンジニアリング

1. 服飾造形に関する基礎知識

1 | 服飾造形とは

　服飾とは、着装された衣服のうち、実用面よりも装飾面を重視した概念で、衣服と帽子や靴などの装飾品も含まれる。衣服は人体の体幹部を覆うものを指し、人体を覆うために平面的な布を人体に合わせて立体にしたものである。

　商品製作としての服飾造形では、多くの知識だけでなく技術を身につけることが大切である。衣服を着用する多くの人に合わせるためには、土台となる人間の体型の特徴や動きを知らなくてはならない。立体を平面の布でどう包むかで服の形（シルエット）が作られる。

　さらに、デザインした服を実際の形に作り上げる過程では、素材の選択が大きくかかわってくる。素材を理解するということは、布の表情や布の織り、糸や織り方の違いによる布の動き等の特性を見極め、服づくりに最大限に生かすことである。また素材を知るには、実際に作品として作ってみることで、肌触りや風合いを感じ取り、感

覚を通して習得する部分が大きい。これらのことを学び身につけることによって、初めて美的要素と機能的要素をバランス良く結びつけた衣服の造形につなげることができる。

　近年、アパレル生産の産業界における技術革新は目を見張るものがあり、多くのコンピュータ機器が導入され、厳しい競争の時代になっている。

　しかし、服づくりの基本は、新しい発想と美しさを見極める感性や着やすさに対するこだわりであり、これらをなくしては良いものは生まれない。そしてどのように時代が変わっても、素晴らしいものづくりというのは、人のみが生み出す力をもっている。機械は能率的な作業をするための道具であって、機械が発達すればするほど、人の力の偉大さを認識しなくてはならない。これからの時代は、機械に置き換えられる作業者ではなく、人にしかできない完成度の高い技術を身につけた人材が求められるのである。

2 ┃ 衣服製作のための人体計測

　着心地の良い衣服を製作するためには、正確な人体計測と人の身体の動きを妨げないことが重要である。

　それだけではなく、着る人の体型に合っていることや着たときに美しくバランス良く見えることが大切である。

　デザインが良くても着たときに身体の寸法や体型に合っていなければ、着心地も悪く、動いたときに美しくなく、動きづらいものとなる。

　体型は、骨格や筋肉のつき方、皮下脂肪のつき方により個人差が大きく、年齢や性別、人種、行動習慣や長期間行ってきた運動等によっても異なる。また、同じ人でも左右差があったり、年齢とともに変化したりする。

　だからこそ、美しい衣服を作るためには、人体をよく観察し、人の身体について知ることが大切である。

3 ┃ デザインと素材

　デザインは、個人的な製作（個別製作）と商品としての製作（大量生産）とでプロセスが多少異なる。個別製作の場合は、着用者の趣味・嗜好・着用目的・季節・予算などによってデザインを決定する。

　企業で商品企画する（既製服として大量生産する）場合は、マーケットリサーチの情報を参考にターゲットにする顧客層・地域・年齢層などに応じてブランド別・部署別に目標額を設定し、ブランドの特徴やシーズンのコンセプトを明確にして、デザインを決定する。

　いずれの場合も、デザインを最もよく表現できる素材の選択が不可欠である。アイテムやデザインに合った素材でなければデザインは生かされない。大量生産の場合は、サンプル用の素材を決定し、サンプルメーキングを行うが、個別製作の場合は、デザインをする上で素材の知識や素材選びのセンスが問われる。

　衣服のデザインは、着用目的に応じて時代感覚を的確に捉えて表現することを意識し、服の形（シルエット）、機能、素材や色、縫製の方法、着用の仕方までの一連の計画を立てる作業である。

　したがって、デザインをするためには、その発想の根源となるイメージやアイデアをもち、それを実際の形に作り上げるための具体的な方法を考え出していかなくてはならない。つまりデザイン発想の源となるイメージやアイデアを幅広くもつことが、センスの良い服を作るために大切なことである。

4 ┃ パターンメーキング

① 平面製図と立体裁断

　衣服のパターンメーキングには、デザインに基づいて立体である人体をイメージしながらパターンを作成する平面製図（作図）と、ボディ（人台）に布（シーチングなど）を直接当てながらパターンを作成する立体裁断がある。

　平面製図は、原型や計測した人体の寸法をもとに作成し、アイテムの出来上がりをイメージして作図する。さらに作図したものがデザイン通りになっているかを確認するために、シーチングなどを用いて組み立ててイメージ通りかを確認してパターンメーキングする方法である。

　立体裁断は、ボディ（人台）に直接布（シーチングなど）を当てて、布目を確認しながらデザインに合わせてピン打ち、裁断

し、ゆとりを加えながらパターンメーキングする方法である。

立体裁断は、ボディに当てていくため出来上がりの立体を確認しながらパターンメーキングできるので、デザインに合わせてシルエットやディテールの調整を行うことができる。ただし、布目や布の扱い方、ピン打ちなどの技術が未熟な場合、平面のパターンに展開する際に不正確な部分の修正が多くなり、出来上がったパターンの正確さに欠けることがある。立体裁断には高度なテクニックと熟練した技が求められる。

平面製図も、慣れていないと立体になった場合の想像をしにくいが、原型や人体計測寸法をもとに作図するため、寸法の不足等の修正が少ないのが特徴である。

パターンメーキングは、平面製図の簡便さと、出来上がりが想像しやすく、布の特性を表現しやすい立体裁断を併用することが理想的である。

② 原型について

平面製図にはさまざまな方法があるが、多くの場合は、原型と呼ばれる基型が用いられる。教授方法や企業・ブランドによっても原型は異なる。原型には、身頃原型、袖原型、スカート原型、パンツ原型、ジャケット原型などがあり、アイテムごとにデザインされていない基本的なパターンも原型と呼ばれている。

原型を作るには、人体の必要部位を計測し、主にバスト回りの寸法をもとに算出された各部の寸法をもとに平面製図する方法と、ボディ（人台）にシーチングを当ててピンを留めながら立体裁断で作る方法がある。衣服を作る上で身体に合った原型を作ることは基本であり、原型を土台にデザイン通りのパターンを作り、仮縫いでシルエットや人体への適合具合を確認し、補正をしてパ

ターンを完成させる。

原型とは一般的に身頃原型を指すが、性別や年齢によって成人女子原型、成人男子原型、ジュニア原型、子供原型などがある。

成人女子の身頃原型にも形態によって、
- タイトフィット（ウエストフィット）型
- ボックス型
- トルソー型

があり、それぞれ成人女子の場合は胸のふくらみを形成するためのダーツ（胸ぐせダーツ）が入っている。

製図するアイテムやシルエットによって使い分け、トルソー型の原型はジャケットなどのパターンを製図する際に展開しやすいためデザインに合った原型を選び、パターンを作成することで着やすく修正の少ないパターンを作ることができる。

5 | 裁断

布地の持ち味を生かし、形崩れしない衣服を仕立てるために布地を裁断する前に地づめ、地直しを行う。

地づめ（縮絨(しゅくじゅう)）は、布地の特徴を出すために染色や防しわ、防縮など多くの工程を経て仕上げられる。布地によっては無理な幅出しで伸ばされたり、布目がゆんでいたり、耳がつれているものなどがある。完成した衣服が洗濯によって変形しないように、洗濯などの手入れをどうするかによって、地づめの方法を決める。

地づめ（縮絨）には、①水通し、②スチームアイロンをかけて処理したり、③ドライクリーニングに出したり、④ドライアイロンをかけたりする方法がある。

また、耳がつれている場合は、切り込みを入れたり、耳を切り落としたりして、アイロンを用いて地の目（布目）を正す。

その後の印付けの方法によって、布地の表と裏を見分け、表を内側にする中表、または表を裏側にする外表にして型紙を布目や縫い代を考慮して配置し、まち針で留めたり、文鎮を置いたりして型紙と布地を固定し、必要に応じて縫い代を入れてはさみを入れる。布地に柄がある場合は、柄合わせが必要となる。不規則な柄の場合は、柄や位置の配置を優先し、着装時を想定して配置を決定することもある。

裁断には、基本的に裁断ばさみを使用するが、ロータリーカッターなどの用具を使用する場合もある。裁断はやり直しがきかない作業なので、慎重に行う必要がある。

6 │ 縫製

縫製は、効率を考え工程を検討する。衣服製作の作業工程には、ミシン作業、ロックミシン作業、アイロン作業、手作業があり、それらを組み合わせて縫製する。

既製品の工業生産では、工程によってミシンやアイロンの数を決め、作業場のレイアウトを決める。工程分析や管理にはコンピュータが使用され、近年では自動縫製機の開発も進み、布地をセットすれば自動ミシンで衿や玉縁ポケットが縫製できるなど、多種多様な作業が機械化されている。

7 │ 着装

衣服を作るための作業工程では、仮縫合わせしたものを試着補正のために着装する。さらに出来上がったもので、デザインが着用の目的に合っているか、着用者の体型に合っているか、日常的な動作に支障はないか等を確認する。

ほかにも、デザイン的な要素や美的完成度など実用面とあわせて確認することが重要である。

8 │ 注文服と既製服の工程の違い

① 注文服

個人が着用目的に合わせて好みを優先して作る衣服であり、着用者の着用目的、季節や予算等を考慮してデザイン、素材が決定される。アイテムによっては着用者のワードローブについて相談しながら、デザインや素材を決める。

身体計測（採寸）を行い、原型作成や服づくりに必要な部位を計測し、体型の特徴を把握してパターン作成の参考とする。原型を縫い合わせて試着し、体型に合わない部分を直して「補正原型」を作成する。パターンは、デザインに基づき、平面製図または立体裁断の方法を用いて作成する。デザインによっては、平面製図と立体裁断を併用してパターンを作成する。

仮縫いは、実物の布地で試着補正を行う実物仮縫いと、シーチングで一度仮縫いし、試着補正を行い、修正したパターンで、実物生地を裁断して再度仮縫いする場合がある。仮縫いは、実物の布地の場合、解（ほど）きやすいように手縫いで行い、デザインしたシルエットに最も近い形になるように縫い合わせる。

試着補正では、体型に無理なくフィットし、デザイン通りの表現ができ、着用者に合っているかを見る。その際、ボタンやその他の装飾的な付属品を決める。本来、縫製は素材によって扱い方が異なるので、扱う布地の特徴を理解して行う。

袖の本縫い前には、袖付けや袖丈等の点検をする。これを「中仮縫い」と呼ぶ。これ

らの工程を経て完成した衣服は、着用者の希望通りのデザインに出来上がったか、着心地に問題はないかを確認して完成となる。

② 既製服

注文服と異なり、大量生産される既製服は、同じサイズの人なら誰でも着やすく、より多くの人の共感が得られるファッション性や適合性が求められる。不特定多数の人を対象とするため、個々の体型の中から標準となる寸法を導き出し、それをもとにパターンを作成し生産する。

生産は、まず収集した情報からシーズンの商品イメージを決め、素材、色、価格、販売時期などの商品計画を行う。計画に従ってアイテム別に基本デザインを決め、デザイン展開をし、サンプル用の素材も決定する。

サンプル作成用にパターンメーキングを行い、仕様書を作成する。仕様書に従って縫製したサンプルを展示会や生産販売会議で検討し、商品化されるものが決定する。

商品化が決まったサンプルはさらに検討され、工業用（量産用）パターンを作成し、工場での大量生産となる。

既製服の生産では、ＣＡＤ（パターンなどをコンピュータを利用して作成するシステム）やＣＡＭ（自動裁断機などの縫製支援機器）などにより、多くの工程が機械化されている。縫製に際しては、縫製仕様書などの生産指示書に従って効率を考え、チームを組んで工程ごとにミシンやアイロンの担当を決め、商品を完成させる。

既製服では試着することなく、ボディに着用させたり、ハンガーに吊るした状態で、縫製上のミスやサイズ上のミス、付属品のミスなどがないか検査が行われ、出荷される。

2. パターンに関する基礎知識

パターンの基礎知識は、パターンメーカー（パタンナー）だけがもっていればよいというものではない。例えば、ファッションアドバイザーも、お直し・補正の必要性が発生したとき、パターンの上でそれが可能なのか、どこを修正すれば美しいシルエットになるのかなどがわかるかどうかによって、お客様への対応、コスト、修正期間の長短の判断に大きく関係することになる。

また、パターンメーキング、裁断、平面作図または立体裁断によるパターンづくりから生地裁断までの過程をカッティングと呼び、良いデザインもカッティングが悪いと着られないといわれるくらい重要な仕事である。

パターンメーキングは、まず体型をよく観察し、正確な採寸をすることが重要になる。次に、着心地の良い適度なゆとりと機能性を加えながら、バランスの良い美しいシルエットを作ることが必要である。そのためには、全体の分量、丈や身頃のゆとり、あき、衿幅など細部にわたって注意しなければならない。

工業用パターンの場合は、無駄のないマーキング（裁ち合わせのパターン配置）ができると同時に、能率的な縫製ができるパターンにすることが大切である。

また、縫製には注文を受けてから個人の体型に合わせて作る高級縫製（オートク

チュール）や大量生産のための工業縫製（プレタポルテ）などいろいろな方法があるが、デザインが生かされ、素材や芯地などの正しい扱い方と着用目的に合った縫製が望まれる。いずれも縫い方の順序をよく考えて、ミシン縫いとアイロンがけ、手作業がそれぞれまとめてできるように、無理や無駄のない縫製工程表を作成し、効率良く作ることが大切である。

パターンメーキングには、縫製の知識も必要とされるため、基本的な縫い方だけでなく、工業的な縫い方もしっかり習得することが大切である。

1 | 既製服のパターンメーキング

パターンメーキングは、デザイン画に基づきデザイナーとパターンメーカーがシルエットやディテールを打ち合わせて作成される。パターンメーカーは、出来上がったパターンでトワルを組み立て、デザイナーとトワルチェックを行って出来上がりの確認作業を行う。

ほとんどの企業ではこのパターン作成をCAD（Computer Aided Design）で行っている。CADにはパターンの作成に必要な展開や縫い代付け及びパターンを拡大・縮小する「グレーディング」や裁断時に効率良くパターンを配置する「マーキング」といった機能が備わっている。

CADを使用することにより作業の効率化や情報の共有化ができ、作業性も格段に向上しているため、パターンメーカーはこれまでのデザインや素材情報をもとに新しいパターンを作成し、シルエットや仕様を決めることができる。

既製服のパターンメーキングでは、まず「ファーストパターン（サンプルパターン）」が作成される。サンプルパターンで作られたサンプルを検討した結果、修正されたパターンを最終的に基準パターンとして完成させる。これを工場生産のための基本パターンにすることから「マスターパターン」と呼ぶ。マスターパターンが完成した時点で、もう一度サンプルを作り直してパターンの最終確認をするのが一般的である。

最終確認されたマスターパターンから工場でそのまま裁断できるように縫い代も付けられたパターンが「工業用パターン」となる。

アパレルメーカーによっては、縫い代付けやポケットなどの部分パターン、衿・見返しなどの素材に合わせたパターン展開を縫製工場に任せる場合がある。

縫製工場は、企画や指示書に忠実に製品を作り上げるが、依頼された加工数量の製品が納期に間に合うように、工場の設備機器に合わせてパターンを作り変えて生産する工夫もしている。そのように生産の環境や状況に合わせて作られたパターンを「生産用パターン」と呼び区別している。

2 | 既製服と人台

人台（ボディ）はスタンとも呼ばれ、人体の模型で、婦人用、男子用、子供用のトルソー型からパンツボディまでさまざまな種類がある。立体裁断、仮縫い、着装チェック、縫製など衣服製作に欠かせない用具であり、衣服を立体的に仕上げていく過程でシルエットやデザインを見るのに欠かせないものである。

既製服の製作では、対象とする顧客層を想定したうえで、その体型、サイズに合う人台を使用してパターンを作成する。

衣服のデザイン表現やゆるみ分量も、顧

客層の趣味嗜好や行動パターンに大きく左右されるので、できる限り具体的に顧客層を把握することが必要である。

人台は立体裁断やパターンチェック、仮縫い、検品など、パターンメーキングから補正までの各段階で使われ、使用目的に応じてさまざまな種類がある。

既製服のパターンメーキングには、主に「工業用ボディ」と呼ばれるゆとりが加えられた人台が使われる。ヌードボディとの大きな違いは、人体が日常生活を送る上で行う動作のために必要な最低限度のゆとり分量が加えられていることである。ゆとり分量はボディによって差があり、企業やブランドがイメージしている体型によって選択され、必要に応じて肉付けされたり、独自のボディが開発されたりしている。

工業用ボディは、許容量やカバー率が高く、基準値を保ちながら美しいプロポーションであることが望まれる。

3 | 既製服の原型

既製服のパターンメーキングは、企業、ブランドごとに基本とする体型、サイズ、シルエットを表現した基本原型の作成に始まり、年々のシルエットの変化を加えたシルエット原型へと展開する。

また、ブラウス、ジャケット、コート、スカート、パンツ等の服種別原型や、さらにそのシーズンだけに使用する基本パターンも原型のバリエーションとして活用されている。

既製服の基本原型は立体裁断で作成した身頃とスカート、袖で構成されるドレス原型と、バストラインを水平にしたストレート原型の形が一般的で、ほかに先述の通り目的に応じてトルソー原型やブラウス原型など、いろいろな形の原型が使用される。

4 | ファーストパターン

ファーストパターンはサンプルパターンとも呼ばれ、デザインを表現するために最初に作るパターンである。第一パターンやデザイナーパターンとも呼ぶ。デザインイメージを重視したパターンメーキングであり、デザインに応じた方法でパターンを作成する。

ファーストパターンを作るには2つの考え方がある。1つは立体的な考え方によるもので、実際に人台にシーチングを留めながら形作る「ドレーピング」や、その平面操作である「パターンメーキング」が該当する。もう1つの考え方は平面的にパターンを作る「平面製図」である。寸法をもとに自由に線を引き、パターンの形を創作するデザインの表現であり、寸法とパターンの形状を重視する。これら「立体」と「平面」によるパターン作成方法には多くの相違点があり、その結果としての「ファーストパターン」がもつ雰囲気に大きな影響を与える。

ファーストパターンの作成は、企業やブランドのパタンナーや外部のパタンナーが担うことが多いが、デザイナーが兼ねる場合もある。現在はCADで行われることが多く、既存のパターンをコンピュータに取り込んでデータ化し、既存のパターンから修正してパターンを作成することもある。

既製服のように量産の場合には、日本人全体の計測値を基準に各ブランドがターゲットにしている顧客のサイズや体型の特徴を考慮してパターンを作成する。

ファーストパターンを使用して量産前にサンプルを製作し、デザイン、シルエット、ディテール、着心地などの確認を行うことをサンプルチェックと呼ぶ。

サンプルチェックや展示会、生産販売会議で商品化が決まったサンプルは、量産に向けて工業用（量産用）パターンが作成され

る。工業用パターンは、縫い代が付けられ、そのまま裁断に使えるようになっている。

5 | フラットパターンメーキング

「平面製図」ともいい、人体のサイズに合うように身頃の場合は原型を土台にしてデザインされたアイテムの製図を描く方法で、そのパターンによって布地を裁断し、それを立体的に組み立てたとき、デザインの通りになっているか確認してパターンメーキングする方法のことである。過去に作成したパターンのデータを頭に入れて作業することで能率良くパターンメーキングすることができ、データの積み重ねによってデザインから数値を判断する能力が高められる。

ある程度決まったデザインのバリエーションなら、他の方法に比べて手早くパターンを作成することが可能だが、過去にない斬新なデザインを的確に捉えて表現するには、かなりの経験が必要となる。

フラットパターンは、紙と鉛筆と定規があればすぐに描くことができ、いつ、どこでも仕事ができることが特徴である。

フラットパターンを描く方法には、次の4つの種類がある。

① 原型を使用して描く方法

服には限りない種類やデザインや流行があるので、効率の良いものづくりには、どの服にも適用できる原型を作り、それを展開させていく方法が人体へのカバー率も高く、手早くパターンができる方法の1つとされている。

② 囲み製図という方法

簡単な形状パターンのときは平面製図の一種として、寸法だけで製図する方法がある。

ストレートなシルエットのドレスやギャザースカート、簡単な衿・袖、平面的なTシャツ、日本調や東洋風の直線断ちのものを製図するのに適した方法の1つとされている。

③ 製品のパターンをコピーする方法

仕上がった商品と同様の製図が必要なときに、パターンをシーチング等の布を使ってトレースする方法。

シーチングを製品に留め付けて写し取り、写し取ったものをパターン化する方法で、「ラブ・オフ法」と呼ばれている。

もう1つの方法として、製品各部位の経・緯の布目を正確にキャッチし、寸法を測りながら、平面に描き写していく方法がある。

④ 企業におけるフラットパターン

企業イメージやブランドイメージに適したサイズの人台や、フィッティングモデルに合わせて完成された原型（ブランド原型）を使用して平面製図をする方法。

また、別の方法として、企業の既存のパターンや前シーズンの売れ筋パターンなどの「有り型」をもとにして展開していく方法がある。

6 | ドレーピング

ドレーピングは立体裁断とも呼ばれ、人台（ボディ）にシーチングをカットしながら留め付けて、実際の形や布目の流れを見ながらパターンを作る方法である。人台を使って着装時と同じ3次元的状態で布地を観察することができるため、量感のバランス、フォルムを捉えながら服の立体感を追求できる。特に新しくシルエットを作り出したり、複雑な立体のデザインのシルエット

を作り出すのに適している。

　ただし、作業時間がフラットパターンメーキングに比べて長くかかる場合が多いことと、初心者はサイズ的なばらつきを出しやすいことが欠点である。

　ファーストパターンメーキングのうち、ドレーピングで作った原型などを使用して立体的にパターン展開をする狭義のパターンメーキングは、ドレーピングのできる人なら、同じ立体裁断の考え方で平面展開するので時間的にも速く、サイズ的にも正確なのが特徴である。通常は出来上がったパターンをシーチングに写し、組み立てて人台に着せてチェックするが、そこまでを含めてもドレーピングより短時間にパターンを作成できる。

3. アパレル製造の基礎知識

1 ｜ アパレル製造の流れ

　アパレルメーカーは、川上で製造された生地や糸を用いて商品を企画し、サンプルメーキング、パターン、グレーディング、マーキング、縫製仕様書などの生産指示書の作成までの工程を担当する。

　縫製工場では、縫製の準備及び縫製の工程を担当する。アパレルメーカーは、自社に製造機能をもつ場合もあるが、一般的には製造メーカーである縫製工場に生産を依頼する。

　生産を請け負った工場は、依頼された仕様、コスト、納期を管理しながら製品の量産を行う。そして生産された商品は、百貨店、専門店、セレクトショップなどから消費者に販売される。

2 ｜ アパレルの生産工程

① 企画

　消費者のニーズの変化に対応した商品を企画するため、国内外のファッション情報、トレンド情報やマーケット情報などからシーズンごとの販売時期に合わせてデザイン、価格、素材などを決める。

　企画段階では、マーチャンダイザー（MD）やデザイナーが情報の収集と分析を行い、シーズンコンセプトとシーズンイメージを作成して、テキスタイルデザイナーも加わり素材の選定を行う。それらに基づいてデザイナーがデザイン出しをして次のシーズンの企画が決定する。

```
┌────────────────────────────────┐
│ 情報の収集と分析 (MD・デザイナー)        │
│        ↓                        │
│ シーズンコンセプト、シーズンイメージの      │
│ 作成 (MD・デザイナー)               │
│        ↓                        │
│ 素材選定 (テキスタイルデザイナー)         │
│        ↓                        │
│ デザイン出し (デザイナー)              │
└────────────────────────────────┘
```

② 設計

　設計の段階では、企画で決定したデザインや素材をもとにパターンメーカー（パタンナー）がファーストパターンと縫製仕様書を作成する。シーチング等でトワルを作成し、シルエット、ディテール、仕立て、付属などをデザイナーやMDと打ち合わせながらサンプルパターンと仕様書を作成し、資材と

ともにサンプル製作を工場に依頼する。

　出来上がったサンプルをもとにMD、デザイナー、パターンメーカーが検討を行い、小売企業からの受注を目的として、次のシーズンの商品展示会を開催する。展示会用に各色展開したサンプルを作成して展示会や生産販売会議を行い、展示会情報や素材の納期、量産工場についても検討し直し、サイズ展開や数量、納期を決定する。

　決定したサンプルは量産用にパターンや仕様書を作成し直す。量産用のパターンは、工業用パターン、プロダクトパターンとも呼ばれ、この完成後はサイズ展開のためのグレーディングや、限られた生地の幅・用尺の中で最も経済的なパターン配置になるようにマーキングを行う。グレーディングやマーキングにはCADが利用される。

　縫製工場で生産するために、数量、納期、工程等の加工依頼書とともに、裁断、接着芯貼り、縫製、検査規格、仕上げ、発送までの生産指示書である縫製仕様書を作成し、縫製工場へ製作を依頼する。

```
┌─────────────────────────┐
│ ファーストパターン作成        │
│ (パターンメーカー)            │
│         ↓                   │
│ ファーストサンプル            │
│ (工場)                      │
│         ↓                   │
│ サンプル検討                 │
│ (MD・デザイナー・パターンメーカー)│
│         ↓                   │
│ サンプル検討後、再度パターンを作成し、│
│ サンプルの作成を行う。          │
│         ↓                   │
│ 量産検討                    │
│ (MD・デザイナー・パターンメーカー・生産)│
│         ↓                   │
│ 量産用パターン作成            │
│ (パターンメーカー)            │
└─────────────────────────┘
```

③ 生産

　量産する縫製工場は、量産用パターンと仕様書に基づき、量産に取りかかる前にサンプルを作成してパターンメーカー、デザイナー、MDに確認をとる。最終確認をパターンメーカーとデザイナーが中心になって行い、サイズ、仕立て、生地、付属等の確認を行う。

　量産工場は、これらの確認情報に基づいて製品を製作し、出来上がった商品の品質を確認するため検品され、出荷される。

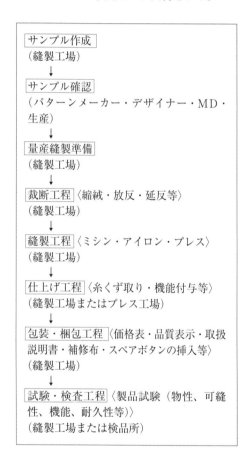

```
┌──────────────────────────────┐
│ サンプル作成                      │
│ (縫製工場)                       │
│        ↓                        │
│ サンプル確認                      │
│ (パターンメーカー・デザイナー・MD・  │
│ 生産)                           │
│        ↓                        │
│ 量産縫製準備                      │
│ (縫製工場)                       │
│        ↓                        │
│ 裁断工程〈縮絨・放反・延反等〉        │
│ (縫製工場)                       │
│        ↓                        │
│ 縫製工程〈ミシン・アイロン・プレス〉   │
│ (縫製工場)                       │
│        ↓                        │
│ 仕上げ工程〈糸くず取り・機能付与等〉   │
│ (縫製工場またはプレス工場)          │
│        ↓                        │
│ 包装・梱包工程〈価格表・品質表示・取扱 │
│ 説明書・補修布・スペアボタンの挿入等〉 │
│ (縫製工場)                       │
│        ↓                        │
│ 試験・検査工程〈製品試験（物性、可縫  │
│ 性、機能、耐久性等）〉              │
│ (縫製工場または検品所)            │
└──────────────────────────────┘
```

　一般的には、アパレル生産企業またはアパレル工場と呼ばれる縫製工場で生産を行う。縫製工場は、ニットを除き織物の生地を使った製品を生産し、扱う服種や得意分野で細分化されている。

　縫製工場には、商品企画と素材が支給さ

れ、工賃を受け取る「受託加工型」や、商品企画・素材確定・素材購入も行う「製造販売型」、またこれらの中間で企業がこの縫製工場から仕入れる形をとる「協力工場型」に分かれる（本書では詳述しないが、カットソーの製造の場合は協力工場型が多い）。

縫製工場は、アパレルが求める商品を効率良く、高い品質で作ることが求められる。そのため工程分析では、製品を作るために必要な作業の順序や機器を検討し、問題点や改善点を確認する。

④ 流通

量産工場から出荷された商品は、流通管理され、企画で決められた店頭展開時期に合わせて各店舗に納品され、販売される。

3 | 前処理・延反

生地は、裁断前に縮絨、地づめ、放反などで、あらかじめ収縮させる必要がある。前処理した生地を裁断するためには、台の上に生地を広げなければならない。これが延反であり、工場生産では何枚も積み重ねる方法を採る。

延反では、設計段階で指示されたサイズ別、色柄別に布物性（伸び、縮み、せん断変形など）を考慮し、延反の長さを決める。

最近では自動延反機を使って延反するところが増えているが、手動式の延反機もあり、柄合わせが必要な場合やロットが少ない場合は延反機を使わず、ハンド延反の方法を採ることもある。

手作業で行う場合、通常はターン式解反機、布地を把持するキャッチャー、所定の長さにカットする自動カッターの3機種を使用する。この場合、両サイドに人手が必要になるため、2名以上で行わなければな

らない。

現在では、自動化された延反機が増え、生産性と作業効率を向上させている。自動延反機には自走式とコンベア式があり、生地の特性や延反方法によって使い分けられる。

4 | 裁断（カッティング）

延反した生地を裁断する方法は、大きく次の3つのタイプに分かれる。

ⅰ）ストレートカット法
延反して積み重ねられた生地を、カッターが移動しながら切っていく方法。
ⅱ）バンドナイフカット法
カッターが固定されていて、生地を移動させながら、そのカッターで切っていく方法。
ⅲ）ダイカット法
所定のパターンに基づいて金型を作り、その金型を利用して生地を打ち抜く方法。

最近はCAMによる裁断が増えているが、CAMはストレートカット法に属しており、マーキングデータを読み取りながら生地を切っていく。

手作業で行う場合は、スタンド式タテ刃裁断機やバンドナイフ裁断機が使用される。一方、自動裁断機には、積層式レシプロナイフ自動裁断機、1枚裁ち自動裁断機、レーザー自動裁断機、ウォータージェット裁断機がある。

5 | 縫製

縫製は、パーツ縫製と組立縫製に大別される。例えばフラットカラーのブラウスであれば、パーツ縫製で身頃、ポケット付け、袖、カフス、衿などの縫製と中間プレスとなる。組立縫製では、肩・脇縫い、袖付け、衿付け、裾縫い、穴かがり、ボタン付けなどの縫製と中間プレスとなる。ボタン付けまでの全工程は、標準工程で63工程に及ぶ。

縫製作業で主に使われる機器は、上記のブラウスを例にとると、本縫いミシンとアイロンであるが、部分的には縁かがりミシン、穴かがりミシン、ボタン付けミシンなどの特殊ミシン（本縫いミシン以外）も使われる。

「JIS B 9070」(旧規格)では、ミシンの種類を縫い方式による分類（大分類）、用途別の分類（中分類）、ヘッドの形状別分類（小分類）に区分している。大分類では、①本縫い、②単環縫い、③二重環縫い、④扁平縫い、⑤縁かがり縫い、⑥複合縫い、⑦特殊縫い、⑧溶着がある。

このほか、1本針本縫いミシン、2本針本縫いミシンというように針数で区別したり、オーバーロック（縁かがり縫い）、フラットシーム（扁平縫い）、ジグザグ（千鳥縫い）ミシンといった通称で呼ぶこともある。

縫製作業に際して、どの部分にどのミシンを使うかは、経験上ほぼ決まっているが、原則的には縫製指示書に記入することになっているため、針目ピッチの目安や縫合の種類（図45）も指示されている。

6 | プレス

アイロンプレスの作業は、縫製の中間工程と仕上げ工程で行う。パーツの縫製や組み立ての途中で行うアイロンがけを「中間プレス」、組立縫製の後に行う熱処理や蒸気処理などを「仕上げプレス」という。

中間プレスは、それぞれのパーツ縫製や組立縫製の前後に、生地を安定させるために行うものである。倒しプレス、割りプレス、切り込み返しプレス、裾折りプレスなどさまざまな段階でのプレスがあり、蒸気アイロン、電気アイロン、電蒸併用アイロンを用いる。

一方、仕上げプレスは、縫製終了後、製品そのものの形状を安定させ、風合いを良

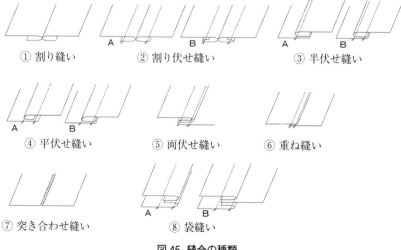

① 割り縫い　② 割り伏せ縫い　③ 半伏せ縫い

④ 平伏せ縫い　⑤ 両伏せ縫い　⑥ 重ね縫い

⑦ 突き合わせ縫い　⑧ 袋縫い

図45. 縫合の種類

くするために行うものである。フラットプレス、立体プレス、自動立体プレス、ハンガープレスなどが服種・使用素材・部位に応じて使い分けられる。

　プレス機には、手動または別踏式、自動加圧式、蒸気式、高熱式がある。プレス機は、上コテで蒸気の噴霧、下コテでバキューム吸引を行う。多種の素材や形状に対応できるよう、基本的な構造に加えてさまざまな機能が付与されているものもある。

7 ｜ 生産システム

　アパレルの生産システムは、服種や工場の規模・考え方によってさまざまであるが、多くの工場は工程別の分業方式を採り、工程間でのパーツの移送にロスが少ないよう工夫を凝らしている。

　生産方式の分類には、「分業方式（流し作業方式）」と「丸縫い方式（一枚流し生産方式）」がある。

　分業方式には、①ワイシャツなどを対象としたシンクロシステム（ライン生産方式）、②婦人服やファンデーションなどを対象としたグループシステム（セル生産方式）、③コートなどを対象としたバンドルシステム（ロット生産方式）、④スラックスなどを対象としたバンドルシンクロシステム（バンドル単位でのシンクロシステム）などがある。

　丸縫い方式は、縫製作業者が特定の工程を分担するのではなく、製品完成までの全工程を7〜8人で行うもので、モラールアップの面で効果が大きいとされている。

　なお、縫製作業は従来、椅子に腰掛けて行うのが一般的だったが、周囲に何台かのミシンを配して、その間を移動しながら、立った状態で作業を行う「立ちミシン方式」も増えている。

補足用語集

ファッション造形知識

第 1 章

アパレル（apparel） 衣服（クローズ）と同義語で、本来はクローズの古語であったが、アメリカで統計データなどに公式語として使われるようになり一般化した。

モード（mode） ヨーロッパでは、ファッションの同義語として使われる。日本では、先端的なファッションや高級ファッションに使われることが多い。

既製服 不特定多数の人を対象に量産され、すぐに着用できる衣服で、注文服とは対照的である。日本ではレディメイドと呼ばれることもある。

流行 衣食住などの生活行動や人間生活とかかわりのある世界で、一定の期間に人々の間に普及する社会現象。

プレタポルテ（prêt-à-porter） 1950年代初めからオートクチュールを手がけるデザイナーの高級既製服を指すようになったが、現在ではコレクション等で発表される高級既製服及びファッション性の高い既製服をいう。

オートクチュール（haute couture） 高級洋装店または専属デザイナーによる、特定の顧客に対する特別仕立ての注文服。

テキスタイル（textile） 織物の意味。現在では、織物のほか、広義には繊維原料、繊維、糸のほか、編物、紐、不織布なども含めることがある。

ファブリック（fabric） 繊維、糸を組み合わせて組織する繊維製品の平面体のことで、現在では布、布地、織物の意味として用いられる。

ヤーン（yarn） 織物や編物に使う糸のこと。

クリエイション（creation） 新しい物事をつくり出すこと。創造の意味。

デザイン（design） 生活に必要な製品を製作するときの「実用的な目的をもつ美的造形についての設計・計画」のこと。

造形 自然の力、人工の力のいずれによっても、形がつくられること。特に、美術、工芸、デザインの分野で創造性を強調する意味からこの言葉が用いられる。

シルエット（silhouette） 影絵、輪郭の意味で、アパレル分野では「服の外形」を意味している。

ディテール（detail）　細部・詳細の意味で、アパレル分野では衿、袖、カフス、あき、ポケット、ウエスト回り、裾回りなどの細かな部位のことや、それらの形状や付け方を指す。

ユニバーサルファッション（universal fashion）　障害者や高齢者と、健常者が共用できる普遍性あるファッション。

サブカルチャー　正統的・伝統的な文化に対して、その時代の少数派を担い手とする文化のこと。

第2章

コーディネート（coordinate）　全体を「調和する」の意で、ファッション用語としては、複数の服種やアクセサリー等の装身具を組み合わせて、あるいは色、素材、柄、テイストなどの調和を考えて服装を整えることを指す。

スタイリング（styling）　「スタイルを作ること」の意。ファッション用語としては、前述のコーディネートにより選ばれたアイテムや素材構成を踏まえ、それらを着用するシーンやオケージョンに合わせてコントロールし、さらにアレンジを加えて一定のスタイルを作ることを指す。

服種　衣服の品種の意味。

アイテム（item）　品目の意味。衣服では、服種をさらに分類したものをいう。

ディスプレイ（display）　商品などに演出を加えて、効果的に（見やすく、わかりやすく、買いやすく、印象的に）見せること。

客導線　来店客が商品と出会う機会を増やすために工夫する店内の道筋のこと。

第3章

布帛　もとは綿、麻、絹を素材とした織物を指していたが、現在では織物地全般を指すことが多い。

インティメートアパレル（intimate apparel）　女性用ランジェリーやファンデーションなど肌に直接着ける衣料品を指す業界用語。インナーウェアと同義。

カットソー（cut and sewn）　ニット生地を裁断して縫製すること。

お直し　既製服の寸法をお客様の体型や好みに合わせたサイズに修正すること。

ＪＩＳ（Japanese Industrial Standards）
日本産業規格。日本の産業製品に関する規格や測定法などが定められた日本の国家規格。

紡績（spinning）　繊維をつむいで糸にすること。

紡糸　化学繊維を製造するために原料を液体にして、紡糸口金（ノズル）から押し出して繊維にする工程。

長繊維糸、フィラメント糸　絹のように連続した長さをもつ糸。

短繊維、ステープル　木綿や羊毛のようなわた状の短い繊維のこと。通常は紡績によって糸（紡績糸）として使用される。

混紡（こんぼう）　２種類以上の異なったステープル（短繊維）を混ぜ合わせて紡績すること。

混繊（こんせん）　２種類以上の異なったフィラメント糸を１本のフィラメント糸（長繊維糸）にすること。

撚糸（ねんし）　糸に撚り（より）をかけること、または撚りをかけた糸のこと。

熱可塑性（ねつかそ）　熱を加えると変形することができ、常温に戻すと変形したままで固定する性質のこと。

ウォッシュ＆ウェア性　衣服が洗ってすぐに着られること。アイロンがけが不要で、型崩れもしない性質。

染色堅牢度（けんろう）　日光・洗濯などによって退色しない度合いのこと。

織物　長さ方向の経糸と幅方向の緯糸が、織機によって互いに直角に交差したもの。

編物（ニット）　経糸または緯糸のいずれか一方向の糸が、編目（ループ）を基本単位に連続されることによって作られるもの。

生機（きばた）　染色・仕上げ加工される前の面状の布。

先染　わたや糸、トウ・トップ（梳毛紡績における中間製品）の状態での染色。

後染　織・編物にしてからの染色。後染はさらに浸染と捺染（プリント）に分けられる。

浸染（しんぜん）　染料を溶かした染液の中に織・編物を浸して染色すること。

捺染（プリント）　生地に染料や顔料を使用して模様染をすること。

成型編（fashioning）　編成中に編幅を増やしながら、袖、身頃など製品の各部分、または全体の形に合うように編むこと。

第4章

ファッションデザイン画　顔をはじめ人体を衣服の表情を含め全体的に描くもので、衣服のイメージや着装感とともに、素材の質感、柄、ディテール、ときには色も明確に表現されていなければならない。「スタイル画」とも呼ばれる。

製品図　衣服だけを簡潔に表現する線描きの平面図。「アイテム図」「デザイン図」「商品図」「ハンガーイラスト」のほか、業界では「絵型」とも呼ばれる。

モノクローム配色　モノトーンとも呼ばれ、単色の濃淡のみによる配色で、質感や表面効果が活かされる。

補色配色　色相環上で180度の関係にある2色配色。

トーンオントーン配色　同系色濃淡といわれる配色で、同一（または類似）色相で統一を図り、トーンで変化をつける配色。

トーンイントーン配色　同一トーンで統一を図り、色相で変化をつける配色。

トーナル配色　トーンイントーン配色のうち、濁色（ダルトーン・グレイッシュトーンなど）を用いた配色。

カマイユ配色　「カマイユ」とは単一色のいくつかの色調変化で描く単彩画法のこと。色彩の世界では、色相、明度、彩度のいずれも微妙な差しかない色同士の組み合わせをカマイユ配色という。

フォカマイユ配色　フランス語の「フォ」には「見せかけの」「不正確な」といった意味があり、フォカマイユ配色とは、カマイユ配色よりややずれを感じさせる色みになっている配色をいう。

色相（hue）　赤み、黄み、青みなど、色合いのこと。

明度（value）　明暗の度合いのこと。

彩度（chroma）　色のさえ方の度合いのこと。

チェック（check）　格子模様の総称。

ストライプ（stripe）　縞模様の総称。

第5章

CAD（Computer Aided Design）　コンピュータ支援設計の意。紙ではなくコンピュータ上で製図すること。

CAM（Computer Aided Manufacturing）　コンピュータ支援製造の意。製品の製造を行うために、CADで作成されたデータを入力データとして、製造用の

プログラムを作成するなどの生産準備全般をコンピュータ上で行うこと。アパレル分野では主に裁断工程で活用されている。

人台 ドレーピング、パターンチェック、仮縫い、検品などのために用いる人体模型。ボディ、スタンともいわれる。

フラットパターンメーキング 平面製図のこと。

ドレーピング 立体裁断とも呼ばれる。人台（ボディ）にシーチングをカットしながら留め付けて、実際の形や布目の流れを見ながらパターンを作る方法。

グレーディング 標準サイズのパターンを拡大・縮小すること。

マーキング アパレル生産工程で生地に無駄が出ないように型紙を的確に配置すること。型入れともいう。

延反 反物を台の上に広げて、必要な長さだけカットし、それを何枚も積み重ねていくこと。

参考文献（順不同）

日本ファッション教育振興協会編　『ファッションビジネス能力検定試験3級ガイドブック（平成11年版）』
　　日本ファッション教育振興協会

日本ファッション教育振興協会編　『ファッションビジネス［Ⅰ］ファッションビジネス能力検定試験3級準拠』
　　日本ファッション教育振興協会

日本ファッション教育振興協会編　『ファッションビジネス2級新版』　日本ファッション教育振興協会

日本ファッション教育振興協会編　『ファッション色彩』　文化出版局

山村貴敬　『ファッションビジネス入門と実践』　繊研新聞社

山村貴敬　『増補新版アパレルマーチャンダイザー』　繊研新聞社

山村貴敬、鈴木邦成　『図解雑学アパレル業界のしくみ』　ナツメ社

繊維産業構造改善事業協会編　『アパレルマーケティングⅡ／アパレル企業の流通戦略』　繊維産業構造改善
　　事業協会

フィリップ・コトラー、ゲーリー・アームストロング　『マーケティング原理』　ダイヤモンド社

ファッション総研編　『ファッション産業ビジネス用語辞典』　ダイヤモンド社

さんぽう編　『分野別ガイドブックNo.6　ファッション・アパレル・被服系をめざす人へ』　さんぽう

WWD JAPAN　Vol.2114・2119　INFASパブリケーションズ

『ファッションビジネス基礎用語辞典』　光琳社出版

杉野芳子　編著『図解服飾用語辞典』　ブティック社

日本パーソナルスタイリング振興協会著　『基礎からわかるパーソナルスタイリング』　学研プラス

田中千代　『新・田中千代 服飾事典』　同文書院

大沼　淳、荻村昭典、深井晃子　『ファッション辞典　FASHION DICTIONARY』　文化出版局

文化服装学院編　『文化ファッション大系 アパレル生産講座① ファッションビジネス基礎』　学校法人文化
　　学園　文化出版局

文化服装学院編　『文化ファッション大系 アパレル生産講座② ファッションビジネス応用編』　学校法人文化
　　学園　文化出版局

文化服装学院編　『文化ファッション大系 アパレル生産講座⑥ CADパターンメーキング』　学校法人文化学園
　　文化出版局

文化服装学院編　『文化ファッション大系 アパレル生産講座⑩ アパレル製品企画』　学校法人文化学園　文化
　　出版局

文化服装学院編　『文化ファッション大系 アパレル生産講座⑪ アパレル生産企画』　学校法人文化学園　文化
　　出版局

文化服装学院編　『文化ファッション大系 アパレル生産講座⑫ アパレル製造企画』　学校法人文化学園　文化
　　出版局

文化服装学院編　『文化ファッション大系 アパレル生産講座⑭ ニットの基礎技術』　学校法人文化学園　文化
　　出版局

文化服装学院編　『文化ファッション大系 アパレル生産講座⑮ 工業ニット』　学校法人文化学園　文化出版局

文化服装学院編　『文化ファッション大系 服飾関連専門講座④ ファッションデザイン画』　学校法人文化学園
　　文化出版局

大沼　淳　『文化学園大学 アパレル生産工学講座① アパレル縫製の基礎 ファッションクリエイション学科編』
　　学校法人文化学園　文化出版局

大沼　淳　『文化学園大学 ファッション造形学講座① ファッション造形学の導入 服装造形学科編』　学校法人
　　文化学園　文化出版局

日本衣料管理協会刊行委員会編　『アパレル設計論 アパレル生産論』　日本衣料管理協会

高村是州　『ファッションデザインテクニック デザイン画の描き方』　グラフィック社

消費者庁　経済産業省　『家庭用品品質表示ガイドブック』

鈴木美和子　共著　『アパレル素材の基本』　繊研新聞社発行

鈴木美和子　共著　『ニットの基本』　繊研新聞社発行

WEB

消費者庁　家庭用品品質表示法　製品別品質表示の手引き　繊維製品一覧表　繊維の名称を示す用語
　　　https://www.caa.go.jp/policies/policy/representation/household_goods/guide/fiber/fiber_term.html
　　　https://www.caa.go.jp/policies/policy/representation/household_goods/pamphlet/pdf/representation_
　　　cms219_20191220_02.pdf
"化学繊維の用語集" 日本化学繊維協会　https://www.jcfa.gr.jp/about_kasen/knowledge/word/index.html
"ＳＣの定義"（一社）日本ショッピングセンター協会　http://www.jcsc.or.jp/sc_data/data/definition
ＩＴ用語辞典　http://e-words.jp/
就職白書 2020 ―就職活動・採用活動のコミュニケーション編―　株式会社リクルートキャリア
　　　https://www.recruit.co.jp/newsroom/recruitcareer/news/pressrelease/2020/200317-01/
就職白書 2020 ―就職活動・採用活動の振り返り編―　株式会社リクルートキャリア
　　　https://www.recruit.co.jp/newsroom/recruitcareer/news/pressrelease/2020/200226-01/
新卒採用に関する企業調査　2020 年卒採用　内定動向調査／ 2021 年卒採用計画　株式会社ディスコ
　　　https://www.disc.co.jp/press_release/7306/
『新卒』に関するキャリア・転職の相談　jobQ　https://job-q.me/tags/1501
就活スケジュールと進め方　マイナビ 2022　https://job.mynavi.jp/conts/2022/susumekata/
コトバンク　https://kotobank.jp
日本ビジュアルマーチャンダイジング協会　www.javma.com/
一般財団法人カケンテストセンター　学ぶ・調べる　https://www.kaken.or.jp/learn

引用文献

大沼　淳、荻村昭典、深井晃子『ファッション辞典 FASHIONDICTIONARY』　文化出版局　P642 ココ・
　　　シャネル プロフィール
文化服装学院編『文化ファッション大系　改訂版・服飾関連専門講座① アパレル品質論』学校法人文化学園
　　　文化出版局　P51〜53 組成表示例
日本ファッション教育振興協会　『ファッション色彩［Ⅰ］』文化出版局　P40 等色相断面図、色立体（日本色
　　　彩株式会社）、P45 トーン分類、P62 色料の三原色と減法混色、色光の三原色と加法混色
日本ファッション教育振興協会　『ファッション販売 3』、P125 色相環

執筆者 (執筆順)

山　村　貴　敬

山　岡　真　理

川　原　好　恵

德　岡　敬　也

鹿　田　治　子

濵　屋　　　但

布　矢　千　春

鈴　木　康　久

武　藤　和　也

水　嶋　丸　美

鈴　木　美和子

資料協力 (掲載順)

表参道ヒルズ（株式会社 プラチナム）
認定 NPO 法人 フェアトレード・ラベル・ジャパン
NPO 法人 日本オーガニックコットン協会
文化学園ショップ 501
株式会社 三越伊勢丹
株式会社 ビームス
イオン 株式会社
株式会社 ラフォーレ原宿（株式会社 プラチナム）
文化出版局
ゲッティ イメージズ ジャパン
文化学園 ファッションリソースセンター
株式会社 七彩
文化服装学院
一般財団法人 日本綿業振興会
日本紡績協会
一般財団法人 大日本蚕糸会
オーストラリアン・ウール・イノベーション
公益財団法人 日本環境協会
公益財団法人 日本デザイン振興会
特定非営利活動法人 ユニバーサルファッション協会
一般財団法人 ニッセンケン品質評価センター
一般社団法人 繊維評価技術協議会
一般財団法人 日本繊維製品品質技術センター
日本色彩 株式会社

イラスト

今 須　　 瞳
竹 花 友 哉
岡 本 あづさ
山 本 有 依

ファッションビジネス3級 新版
ファッションビジネス能力検定 3級 公式テキスト

2022 年 2 月20日	第 1 版 1 刷発行
2022 年 12月 1 日	第 2 版 1 刷発行
2024 年 4 月 5 日	第 3 版 1 刷発行

発行者　　一般財団法人 日本ファッション教育振興協会
発行所　　一般財団法人 日本ファッション教育振興協会

〒 151-0053
東京都渋谷区代々木 3-14-3 紫苑学生会館 2 階
電話 03-6300-0263　FAX 03-6383-4018
URL http://www.fashion-edu.jp

印刷・製本　　株式会社 文化カラー印刷

ISBN 978-4-931378-40-7